Werner Munter

3x3 LAWINEN

Risikomanagement im Wintersport

Bildnachweis

Eidgenössisches Institut für Schnee- und Lawinenforschung, Davos:
Seite 9, 16, 20, 21, 22, 25, 27, 31, 35, 39, 40, 42, 45, 47, 49, 55, 61, 80, 98, 105, 167. 172, 173, 182, 199
M. Braun: Seite 147
G. Kappenberger: Seite 150
Klopfenstein: Seite 169
R. Ludwig: Seite155
W. Mayr: Seite 76
H. Seidl: Seite 37, 175
Alle übrigen von W. Munter

Umschlagfoto: Klaus Fengler

Umschlaggestaltung: Nagel, Werbeagentur, Garmisch-Partenkirchen

Lithos und Filmbelichtung: Lanarepro, Lana (Südtirol)

Herstellung und Produktion: Publishing Production

Dritte Auflage

Herausgeber: Verlag Pohl & Schellhammer,
Edition VIVALPIN,
Hauptstraße 36-38, 82467 Garmisch-Partenkirchen

Gedruckt auf chlorfrei gebleichtem Papier

Printed in Germany · ISBN 3-00-010520-4

INHALT

Seite 55

KAPITEL 7

WETTER UND LAWINEN

Seite 77

KAPITEL 8

DIE SCHNEEDECKE UND IHRE BELASTBARKEIT

Seite 101

KAPITEL 9

ABSCHIED VOM REPRÄSENTATIVEN SCHNEEPROFIL

Seite 115

KAPITEL 10

STRATEGISCHE LAWINENKUNDE

Formel 3 x 3 und Reduktionsmethode mit goldener Regel

Seite 131

KAPITEL 11

BEURTEILUNG DER LAWINENGEFAHR

Seite 149

KAPITEL 12

LAWINENGEFAHR IM SOMMER – EISLAWINEN

Seite 153

KAPITEL 13

AUSLÖSUNG VON SCHNEEBRETTERN

Seite 159

KAPITEL 14

VORSICHTSMASSNAHMEN IM GELÄNDE

Seite 165

KAPITEL 15

DIE HÄUFIGSTEN FEHLER

Seite 169

KAPITEL 16

FAKTOR MENSCH – BERGSTEIGEN ALS GEISTIGE LEISTUNG

Seite 175

KAPITEL 17

ENTSCHEIDEN IN RISIKOSITUATIONEN

Grenzen der Erkenntnis

Seite 183

KAPITEL 18

RECHTLICHE ASPEKTE EINES LAWINENUNFALLS

Ansätze zu einer forensischen Nivologie

Dieses Lebenswerk ist meiner Frau Margrit gewidmet, die mich moralisch und finanziell unterstützt hat, auch dann, als ich allein war.
Sie hat unbeirrt an meine Ideen geglaubt und mir viele Jahre ein Leben als Privatgelehrter ermöglicht. Die Lebenskraft, die sie mir geschenkt hat, wäre ihr beim Kampf mit ihrer unheilbaren Krankheit vonnöten gewesen.
Sie starb am 16. Februar 1998.

VORWORT

Immer mehr Tourengänger suchen die Ruhe tiefverschneiter Berglandschaften, immer mehr Variantenfahrer und Snowboarder suchen den Nervenkitzel mit Abfahrten in möglichst unberührten Steilhängen abseits gesicherter Pisten. Sie alle setzen sich – bewusst und aus Unkenntnis leider häufig unbewusst – den Gefahren möglicher Lawinenabgänge aus. In vielen Fällen führt erst das Befahren eines Hangs zur Auslösung einer Lawine. So haben in über 90% aller registrierten Lawinenunfälle die Betroffenen »ihre« Lawine denn auch selbst ausgelöst. Während der letzten zwölf Jahre sind allein in der Schweiz weit über 1300 Personen von Lawinen erfasst worden, 278 Personen haben dabei ihr Leben verloren.

Die Beurteilung der Lawinengefahr ist schwierig. Zentrale Faktoren sind dabei die Schnee- und Wetterverhältnisse, das Gelände und der Mensch selbst. Der Lawinenlagebericht vermittelt die Einschätzung eines Gebietes, nicht aber eines Einzelhangs. Ob man einen Hang befährt oder nicht ist deshalb letztlich eine persönliche JA/NEIN-Entscheidung, bei der zudem der Faktor Zeit hineinspielt. Bei derartigen Entscheiden verbleibt stets ein Restrisiko. Auch die Wissenschaft vermag hier trotz intensiver Bemühungen nicht umfassend Antwort zu geben. Es ist deshalb äußerst wichtig, dass diese JA/NEIN-Entscheidungen unter Berücksichtigung aller möglicher Einflüsse und Erfahrungen getroffen werden.

Das vorliegende Buch vermittelt mit der »Formel 3 x 3« und der »Reduktionsmethode« als Kernstück eine ausgezeichnete Methodik zur raschen und gezielten Entscheidungsfindung. Der Autor vergleicht eine Methode mit der Rasterfahndung bei der Polizei. Die Schnee- und Wetterverhältnisse, das Gelände und der Mensch werden dabei mit den drei geographischen Räumen Region, Tourengebiet und Einzelhang im Sinne eines immer feiner werdenden Filters verknüpft. Die Methodik besticht in ihrer Einfachheit und verhindert damit, dass insbesondere unter Zeitdruck wichtige Entscheidungselemente vergessen gehen.

Der Autor Werner Munter ist patentierter Bergführer und seit 1996 Mitarbeiter an unserem Institut. Seit vielen Jahren beschäftigt er sich intensiv mit Fragen zur Schneedecke, zur Lawinenbildung und zur Lawinenprävention. Er hat dabei stets mit viel Mut und Engagement die traditionelle Lehrmeinung hinterfragt und ihr häufig auch unkonventionelle Denkansätze gegenüber gestellt. Für die Wissenschaft war dies nicht immer einfach, letztlich aber doch sehr befruchtend und den Belangen der praktischen Lawinenkunde förderlich. In unzähligen Ausbildungskursen hat er als versierter Praktiker und insbesondere als begnadeter Pädagoge sein unschätzbares Wissen und seine Erfahrung an Bergführer und Tourenleiter weitervermittelt und sich dabei große Verdienste erworben. Davon zeugen denn auch zahlreiche Ehrungen im In- und Ausland.

Das vorliegende Buch ist sowohl Fachbuch – und damit eine wertvolle Ausbildungshilfe – als auch Sachbuch und für den interessierten Laien eine ausgezeichnete Einstiegshilfe in die komplexe Materie der Lawinenbeurteilung.

Dr. Walter Ammann, Institutsleiter
Eidg. Institut für Schnee- und Lawinenforschung, CH-7260 Davos

EINLEITUNG

Das Buch wendet sich in erster Linie an Bergführer, Skilehrer, Tourenleiter, Jugend + Sport-Leiter, Fachübungsleiter sowie an Tourenfahrer, Variantenfahrer und Snowboarder, kurz: an alle, die draußen im Gelände selbständige und eigenverantwortliche JA/NEIN-Entscheide fällen müssen, bei denen es um Leben und Tod gehen kann. Angestrebt wurde eine handlungsorientierte Lawinenkunde im Sinne einer Entscheidungshilfe in kritischen Situationen. Die Darstellung ist problemorientiert und die Perspektive diejenige des Bergsteigers. Es sind Ratschläge an Kollegen und Gleichgesinnte, an alle, die dem Berg mit Leib und Seele verfallen sind.

Das Buch verspricht nicht Sicherheit, sondern entwickelt Strategien im Umgang mit Unsicherheit; es enthält keine Patentrezepte, sondern empfiehlt einfache Maßnahmen zur Reduktion des Risikos auf ein sozialverträgliches Maß. Die allgemein verbreitete Sicherheitsphilosophie der 70er und 80er Jahre wird konsequent aufgegeben zugunsten eines geschärften Risikobewusstseins und eines bewussten Risiko-Managements. Wer in dieser untererforschten Materie Sicherheit verspricht, ist ein Ignorant oder ein Scharlatan. Das verkrampfte Sicherheitsdenken, das den Blick auf Möglichkeiten, Alternativen und Varianten verstellt, soll einem spielerischen Umgang mit Wahrscheinlichkeiten Platz machen. Die Unfallforschung hat längst gezeigt, dass risikobewusste Menschen weniger Unfälle verursachen als Leute, die glauben, die Sache im Griff zu haben!

Da die Schneebrettauslösung am Schnittpunkt zwischen dem komplexen System Schneedecke und dem komplexen System Mensch geschieht, stellt der Mensch die Hälfte des Problems dar. Lawinenkunde muss deshalb auch Menschenkunde einschließen. Bergsteigen erfordert eminent geistige Leistungen. Erkennen, Entscheiden und Verhalten in Risikosituationen sind in hohem Maße von kognitiven, emotionalen und sozialen Faktoren beeinflusst, deshalb ist der Einbezug der Humanwissenschaften unbedingt erforderlich. Leider ist diese interdisziplinäre Gesamtschau vorerst bloßes Wunschdenken. Hier gilt es, den traditionellen Alleinanspruch der technisch-naturwissenschaftlichen Disziplinen in ihre Schranken zu weisen. Mindestens so wichtig wie die Kenntnis der Metamorphose der Schneekristalle ist die Einsicht in die Mechanismen unserer wettbewerbsorientierten Gesellschaft. Wer mehr riskiert, genießt in der Gruppe höheres Ansehen – erlaubt ist letztlich, was gelingt! In solchen gruppendynamischen Prozessen liegt die Ursache zahlreicher Lawinenunfälle begründet, nicht unbedingt in der Fehlbeurteilung der Lawinenverhältnisse. Schönheit und Erhabenheit des winterlichen Gebirges sind untrennbar mit Gefahren verknüpft. Wer in die Berge geht, nimmt bewusst und freiwillig ein erhöhtes Risiko in Kauf. Skitouren und Abfahrten abseits gesicherter Pisten gehören zu den Risikosportarten wie Wildwasserfahren, Gleitschirmfliegen, Höhlenforschen, Hochseesegeln und Tiefseetauchen. Ohne seriöse Ausbildung ist die Ausübung dieser abenteuerlichen Aktivitäten lebensgefährlich. Doch wer die in diesem Buch empfohlenen Maßnahmen konsequent einhält, hat große Chancen, unzählige spannende Augenblicke zu erleben. Ein bisschen Glück gehört hie und da auch dazu.

Vernamiège, im September 1997
Werner Munter

KAPITEL 1

LAWINEN EINST UND JETZT

»Besorgt muss man indessen feststellen, dass sich inzwischen ein neuer Feind in die alten Schutzwälder eingeschlichen hat. Man weiß heute genau, dass es keine Hexe ist, sondern der eigene Unverstand. Ist die Lawine am Ende doch eine Strafe? Eine Strafe für die der Natur zugefügten Umweltschäden?«

ALBERT HAUSER

Für die Bewohner der Alpentäler zählten die Eis- und Schneelawinen schon immer zu den bedrohlichsten Formen der Naturkatastrophen, weil sie unberechenbar waren. Solange man über Lawinenbildung und -auslösung völlig im Ungewissen war, glaubte man an das Werk von bösen Geistern und Hexen oder an göttliche Strafgerichte. Diese animistischen und religiösen Vorstellungen sind in zahlreichen Sagen, Bräuchen und Redensarten überliefert.
Die Schutzwirkung des Waldes wurde schon im Spätmittelalter erkannt und die wichtigsten Wälder mit Bann belegt, so im Jahre 1382 in Flüelen und 1397 in Andermatt. Aus alten Dokumenten der Reformationszeit geht hervor, dass sich die Leute über den Auslösemechanismus dieser zerstörerischen Naturgewalt Gedanken machten. Man beobachtete, dass schon kleinste Erschütterungen, beispielsweise Schallwellen (Peitschenknall, Schreie, Glockengeläute), genügten, um labile Schneemassen in Bewegung zu setzen. Auch die künstliche Auslösung von Lawinen mit Schneebällen war bekannt. Man konnte sich sogar vorstellen, dass das Gewicht eines Vogels genügte, um eine Lawine auszulösen, groß genug, um eine ganze Ortschaft zu zerstören. Selbstverständlich war auch bekannt, dass große Erwärmung (Föhn, Regen) die Schneemassen zum Absturz bringen konnte.
Das eingedeutschte Wort »Lawine« (althochdeutsch lewina) stammt vermutlich aus dem Lateinischen, ableitbar aus labes f. = Fall, Sturz, Abgleiten. Im Mittellateinischen ist das Wort lavina bezeugt. Die gleiche Wortwurzel liegt den Fremdwörtern »Lapsus« und »labil« zugrunde. Die Tessiner verwenden mundartlich die Bezeichnung luvina neben slavina. Im Italienischen entstand valanghe und im Französischen avalanche. Die heute von den Einheimischen hauptsächlich gebrauchten Ausdrücke Laui, Loui, Läui, Leui, Loiwi, Loibi und Ähnliche (im Österreichischen »Lahn« mit Abwandlungen) gehen möglicherweise auf das Althochdeutsche lâo = lau(warm) zurück und bezeichneten infolgedessen eine durch Tauwetter in Bewegung geratene Schneemasse. Auch die häufige Flurbezeichnung »Laub« (Lauberhorn) gehört in dieses Wortfeld und meint einen Lawi-

1 Belastbarkeit zweier Ziegelsteine in der Ebene und auf einer schiefen Ebene. In der Ebene ist die Härte maßgebend und auf der schiefen Ebene die Haftreibung zwischen den Steinen. Diese Haftreibung wird in der Nivologie basale Scherfestigkeit oder kurz Basisfestigkeit genannt (siehe auch Abb. 60).

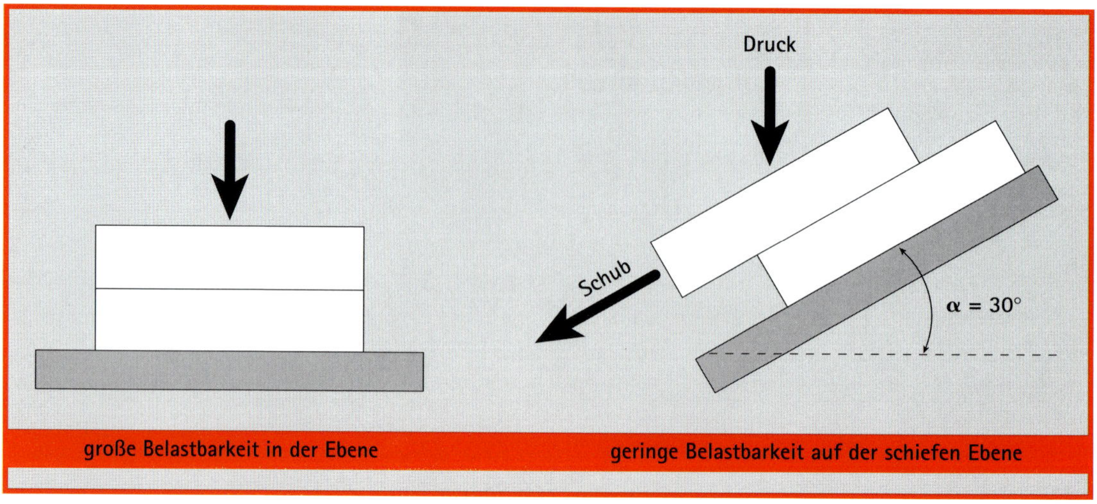

2 Die gefährlichste Skifahrerlawine – das Schneebrett! Es ist charakterisiert durch den linienförmigen Anriss, der Hunderte von Metern breit sein kann. Dieses weiche und trockene Schneebrett wurde vom Autor vom Aufnahmestandort aus fernausgelöst.

nenhang. Etliche Ortsnamen verweisen auf die Lawinentätigkeit der Gegend, so Lauenen und Burglauenen im Berner Oberland. Viele bekannte Lawinenzüge tragen Namen mit Wortzusammensetzungen aus - laui: Breitlaui, Rotlaui, Spreitlaui, Wilerlaui und andere.

Die ersten überlieferten Lawinenunfälle betrafen vor allem Heere, die bei ihren Kriegszügen den Alpenkamm überschritten und dabei von niedergehenden Schneemassen überrascht wurden. Das bekannteste Ereignis dieser Art stieß Hannibal 218 v. Chr. zu. Er verlor auf seiner Alpenüberquerung 18000 Soldaten, 2000 Pferde und einige Elefanten. Die ersten touristischen Lawinenunfälle ereigneten sich im Sommer und zwar 1820 am Montblanc und 1828 am Großglockner. Im Januar 1899 erlitten am Sustenpaß die ersten Skifahrer den Lawinentod. Die größte Lawinenkatastrophe in Europa ereignete sich im Dezember 1916 an der österreichisch-italienischen Dolomitenfront, wo nach einer einwöchigen Niederschlagsperiode innerhalb von 48 Stunden rund 10000 Soldaten ihr Leben in den herabstürzenden Schneemassen verloren. Die Lawinen lösten sich damals nicht bloß von selbst, sondern sie wurden vom Gegner bewusst durch Artilleriebeschuss künstlich ausgelöst. An der österreichischen Front war damals der legendäre Skipionier und Ver-

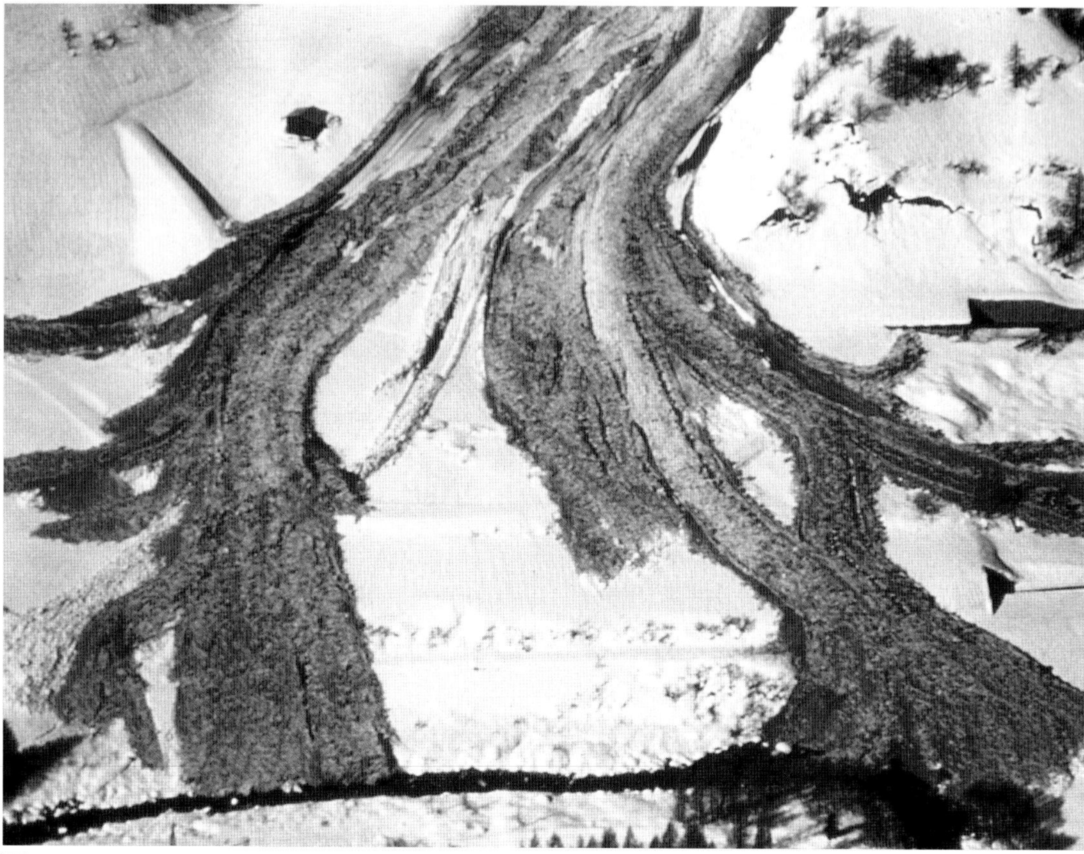

3 Lawinenkegel einer nassen Grundlawine

fasser der ersten systematischen Lawinenkunde, Mathias Zdarsky, im Einsatz, der bei Bergungsarbeiten selbst verschüttet wurde und mit 80 Knochenbrüchen überlebte. Die gesamten Verluste an der Dolomitenfront im Ersten Weltkrieg infolge Lawineneinwirkung werden von Militärhistorikern mit rund 50000 Mann beziffert.

Die größte zivile Lawinenkatastrophe dieses Jahrhunderts im Alpengebiet ereignete sich im Winter 1950/51: In der Schweiz waren 97 und in Österreich 135 Todesopfer zu beklagen.

Wie außergewöhnlich die Situation war, zeigt ein Fall in Badgastein, wo eine Lawine einen 500-jährigen Bauernhof zerstörte und eine vierzehnköpfige Familie auslöschte. Im Jahre 1954 starben in Österreich nochmals 145 Menschen den Weißen Tod, allein im Großen Walsertal wurden mehr als 100 Todesopfer aus den Schneemassen geborgen. Seither ist die Zahl der Katastrophenopfer infolge massiver Aufforstungen und Lawinenverbauungen stark rückläufig (siehe auch Kapitel 4).

Einem Jahrhundertschneefall sind diese Bauwerke jedoch nicht in jedem Fall gewachsen, und auch der kränkelnde Wald wird seiner Schutzfunktion stellenweise nur noch in normalen Wintern gerecht. Zukünftige Lawinenkatastrophen großen Ausmaßes (man denke an die wesentlich dichtere Besiedelung) sind also vorprogrammiert. Ob man dann allerdings noch ruhigen Gewissens von Naturkatastrophen reden darf, ist eine offene Frage.

KAPITEL 2

DREIZEHN FATALE IRRTÜMER

des gesunden Menschenverstandes

»Alle Unwissenheit ist gefährlich, und die meisten Irrtümer müssen teuer bezahlt werden. Und der kann von Glück sagen, der bis zu seinem Tode einen Irrtum im Kopf herumträgt, ohne dafür bestraft zu werden.«

ARTHUR SCHOPENHAUER

»Dass bei Frostwetter keine Lawinen gehen und dass nach drei Tagen jeder Neuschnee gesetzt ist, sind überlieferte Albernheiten«, rügte Mathias Zdarsky, Skipionier und Begründer der Lawinenkunde, schon 1916. Doch Vorurteile, die dem Bedürfnis des Menschen nach einfachen Zusammenhängen soweit entgegenkommen, dass sie in Sprechblasen Platz finden, pflegen ein zähes Eigenleben zu führen, umso mehr, als sie fast immer ein Körnchen Wahrheit enthalten.
Solche Viertels- und Halbwahrheiten können sich in den Bergen unter Umständen fataler auswirken als Nichtwissen, weil sie den Blick auf die Wirklichkeit verstellen (»man sieht nur, was man weiß«). So erscheint es hilfreich, einen Katalog der gängigen Vorurteile zusammenzustellen und sie mit den naturgemäßen Erkenntnissen zu konfrontieren. Aus dieser Gegenüberstellung entsteht eine Einführung in die Lawinenkunde, die selbst »alten Füchsen« neue Einsichten vermitteln dürfte.

Lawinen lösen sich irgendwo hoch oben von selbst und verschütten uns, weil wir uns unglücklicherweise in diesem Moment in der Schusslinie aufhalten (vergleichbar mit Steinschlag)

Es kommt sehr selten vor, dass ein Mensch, der sich frei im Gelände bewegt, von einer Spontanlawine erfasst wird. Die Trefferquote dieser Naturereignisse ist glücklicherweise sehr niedrig (spontan heißt: ohne menschliche Einwirkung infolge natürlicher Prozesse).
Sie lösen sich vor allem bei akuter Gefahr (das heißt bei großer oder sehr großer Gefahr), sie sind also größtenteils vermeidbar, wenn man den Lawinenbericht abfragt und an diesen wenigen Tagen des Winters zu Hause oder in der sicheren Unterkunft bleibt, oder wenn man bei Sulzschnee früh startet (wenn nötig nachts), um vor dem Aufweichen rechtzeitig aus den Gefahrenzonen zu sein.
In den meisten Fällen »ereignen« sich die Lawinenunfälle jedoch nicht spontan, sondern sie werden vom Menschen provoziert (siehe Kapitel 13). Skifahrer lösen ihr Schneebrett fast immer selbst aus durch örtliche Überlastung der schwachen und zerbrechlichen Schneedecke. Es handelt sich in den meisten Fällen um eine kausale Gefahr, weil das Schadenereignis vom Menschen ausgelöst wird. In diesen Fällen ist die »Trefferquote« natürlich sehr viel höher als bei Zufallsereignissen.

Bei großer Kälte gibt es keine Lawinen

Ein Irrtum, der vor allem von der einheimischen Bergbevölkerung geteilt wird. Der irrige Glaube stammt wahrscheinlich aus einer Zeit, als man Skitouren – wenn überhaupt – nur bei Sulzschnee unternahm. Bei durchfeuchteter Schneedecke ist die Faustregel »warm = gefährlich, kalt = sicher« natürlich richtig. Die Übertragung auf eine trockene, hochwinterliche Schneedecke ist aber grundfalsch.

Trockene Schneebretter (die häufigste Form der Skifahrerlawine) können bei tiefsten Temperaturen ausgelöst werden!

Zudem konserviert Kälte eine bestehende Gefahr über längere Zeit, weil die Spannungen in der Schneedecke nicht abgebaut werden können. In solchen Fällen wirkt eine langsame und maßvolle Erwärmung positiv und entspannend auf die Schneedecke.

Bei dünner Schneedecke ist es nicht gefährlich

Diesem Irrtum dürfte die Verwechslung von Neuschnee und Altschnee zugrunde liegen. Neuschnee wirkt praktisch immer gefahrenverschärfend (siehe Kapitel 7). Ein Großschneefall stabilisiert sich jedoch verhältnismäßig rasch infolge des hohen Eigengewichtes. Eine mächtige Altschneedecke ist in der Regel besser verfestigt als eine dünne. Dünne Schneedecken werden zudem bei Strahlungswetter (schön und kalt) rasch in Schwimmschnee umgewandelt und bilden dann ein schwaches Fundament für die nachfolgenden Schneefälle (siehe Kapitel 7).
In schneearmen und kalten Wintern werden deshalb von Skifahrern wesentlich mehr Lawinen ausgelöst als in schneereichen und milden (siehe Abb. 47). Aus den gleichen Gründen bilden die schneearmen und kalten Regionen (zum Beispiel Engadin) ein größeres Gefahrenpotenzial als die schneereichen und milden (zum Beispiel Tessin).
Eine dünne Schneedecke mit herausragenden Grasbüscheln und Felsblöcken vermittelt dem Skifahrer unter Umständen ein trügerisches Sicherheitsgefühl. Natürlich sind nicht alle dünnen Schneedecken gefährlich, aber die geringe Mächtigkeit sagt vordergründig nichts aus über ihre Stabilität.

Wald schützt vor Lawinen; unterhalb der Waldgrenze ist es nicht gefährlich

Schon in der Schule (spätestens bei der Lektüre von »Wilhelm Tell«) haben wir gelernt, dass Wald vor Lawinen schützt.

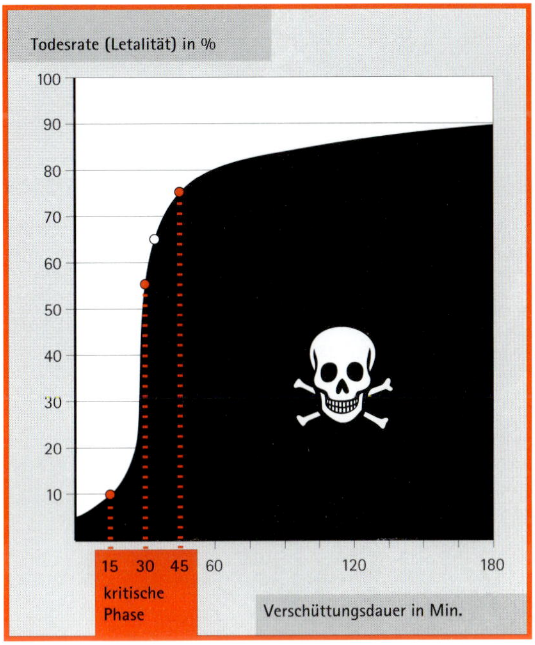

4 Zusammenhang zwischen Verschüttungsdauer und Letalität. Die Todeskurve verläuft S-förmig mit einer kritischen Phase zwischen 15 und 45 Minuten, wo die Letalität extrem steil ansteigt. In dieser Phase geht es um Minuten: Innerhalb von 10 Minuten verdoppelt sich die Letalität. Wenn die durchschnittliche Such- und Grabzeit von derzeit 35 Minuten (Kameradenhilfe mit Lawinen-Verschütteten-Suchgerät, LVS) um nur 10 Minuten verkürzt werden könnte, würden doppelt so viele überleben. Für die Praxis heißt das: immer wieder üben und immer Schaufel und Sonde mitführen. Denn nur mit einer Sonde kann man in der letzten Suchphase punktgenau orten und lebensentscheidende Minuten gewinnen.

Diese Bannwälder oder Schutzwälder schützen wohl Siedlungen vor Großlawinen, aber leider nicht Skifahrer vor Schneebrettern. Wald vermittelt dem Skifahrer ein ähnlich trügerisches Sicherheitsgefühl wie eine dünne Schneedecke.
Die Schutzwirkung des Waldes besteht zur Hauptsache darin, dass bei jedem Schneefall ein großer Teil des Niederschlags auf den Baumkronen hängenbleibt und bei Erwärmung nach und nach zu Boden fällt. Auf diese Weise entsteht eine völlig andere

5 Kleine Waldlichtung mit Skifahrer-Schneebrett. Lichter Wald schützt den Skifahrer nicht vor Schneebrettern. Zum Schutz bedarf es eines hochstämmigen und dichten Fichtenwaldes, der sich zum Skifahren nicht eignet, weil die Stämme zu dicht stehen. Sobald wir im Wald skifahren können beziehungsweise größere Teile des Himmels sehen, schützt er uns nicht mehr (siehe Abb. 22).

Schneedecke als im offenen Gelände. Lawinenanbrüche im Schutzwald sind deshalb selten und erreichen kaum größere Ausmaße. Diese Ausmaße sind jedoch für den Skifahrer schon zu groß.

Die Schutzwirkung funktioniert nur im dichten Fichtenwald, der sich zum Skifahren überhaupt nicht eignet!

Sobald der Baumbestand aufgelockert und gelichtet ist – und sich aus diesem Grunde zum Skifahren eignet –, schützt er nicht mehr genügend. Anders gesagt: Sind die Stämme so weit entfernt oder die Kronen so licht, dass größere Teile des Himmels sichtbar sind und wir die Stämme bequem umfahren können, dann schützt uns dieser Wald nicht vor Schneebrettern (siehe Abb. 5). Man muss einmal gesehen haben, wie ein Schneebrett praktisch ungehindert durch einen Wald abfließt. Büsche und Sträucher sind lawinenbildende Faktoren, weil sie die Schwimmschneebildung fördern (Hohlräume).

Ski- und Tierspuren garantieren für Lawinensicherheit

Auch diese plausible Meinung hält genauerer Prüfung nicht stand. Ein gefährlicher Hang wird nämlich nicht unbedingt vom ersten Skifahrer ausgelöst (Beispiele nach dem 10. Skifahrer sind bekannt). »Kamikaze«-Einsätze zur Prüfung der Schneedecke sind deshalb wenig sinnvoll. Häufig ist gar nicht bekannt, bei welchen Verhältnissen eine Spur gelegt wurde. Gerade bei Früh-

jahrsschnee (Sulz) können Hänge am Vormittag nach nächtlicher Auskühlung sicher begangen werden (solange die Oberfläche den Skifahrer trägt, ohne dass er einbricht), die Stunden später aber lebensgefährlich sind. Auch kurz nach trockenen Neuschneefällen ohne Windeinwirkung können hie und da Steilhänge im lockeren Pulverschnee sicher befahren werden, die kurze Zeit später infolge Setzung des Neuschnees Schneebrettgefährlich sind. Setzung ohne gleichzeitige Bindung mit der Unterlage wirkt gefahrenverschärfend (siehe Kapitel 13).
Einzelne Spuren in einem Hang garantieren also keinesfalls für Lawinensicherheit! Anders sieht die Situation natürlich aus, wenn ein Hang mit zahlreichen Spuren kreuz und quer durchzogen ist und man kaum noch unberührte Flächen für die eigenen Schwünge findet (siehe Abb. 6). In diesem Fall darf auf Anbruchsicherheit geschlossen werden. Insbesondere häufiges und regelmäßiges Befahren stabilisiert die Schneedecke. Noch weniger aussagekräftig als Skispuren sind Gemsspuren. Abgesehen davon, dass wir mit Skiern diesen Spuren gar nicht genau folgen können, müssen wir vor allem berücksichtigen, dass Gemsen nur halb so schwer sind wie Menschen und zudem mit ihren Läufen (Schalen) die Schneedecke völlig anders belasten als Skifahrer mit Ski.
In der österreichischen Schadenbilanz der Lawinenkatastrophe vom Januar 1951 sind übrigens neben 178 Stück Großvieh auch 209 Stück Hochwild verzeichnet.

Unebenheiten am Boden verankern die Schneedecke

Dies gilt höchstens für Schneefälle auf aperen Boden, zum Beispiel beim Einschneien im Frühwinter. Bodenrauhigkeiten, Unebenheiten und Widerlager wie Kuhtritte, Felsblöcke, Wegeinschnitte, kleine Stufen usw. können nur **Bodenlawinen** hemmen. Die typische Skifahrerlawine ist aber die **Oberlawine** (siehe Abb. 14), bei der eine Schneeschicht auf einer darunter liegenden

6 Häufig befahrener Hang mit Schneebrettanrissen knapp außerhalb des »gefahrenen« Bereichs

7 Mini-Schneebrett mit tödlicher Wirkung

älteren Schicht abgleitet. Diese älteren Schichten haben bei den ersten Schneefällen die Unebenheiten ausgeglichen. Es entstehen nach und nach immer größere zusammenhängende Gleitflächen, auf denen Schneebretter völlig ungehemmt abrutschen können. Sogar aus der Schneedecke herausragende Felsblöcke hemmen das Abgleiten nicht, im Gegenteil, sie schwächen die Schneedecke (Hohlräume mit Schwimmschnee). Hingegen gleiten feuchte Bodenlawinen häufig direkt auf der Grasnarbe ab. Nur in diesen Fällen spielt die Beschaffenheit des Grases (ob gemäht oder nicht) eine wichtige Rolle.

In diesem kleinen Hang kann nicht viel passieren

Volumen und Gewicht der Schneemassen werden von den meisten Skifahrern arg unterschätzt, zudem können auch kleine Schneebretter lebensgefährlich sein. Ein Mini-Schneebrett mit den Ausmaßen 20 x 30 x 0,35 m wiegt je nach Schneeart 20 bis 40 Tonnen! Für eine lebensgefährliche Verschüttung genügt ein Bruchteil dieser Schneemasse. Der Ausspruch des Berglers, »schon ein Kratten voll Schnee kann einem das Leben nehmen«, behält seine volle Gültigkeit (siehe Abb. 7).

Nach 2 bis 3 Tagen hat sich der Neuschnee gesetzt und die Schneedecke ist tragfähig

Die Schneedecke hat sich in dieser kurzen Zeitspanne vielleicht nur oberflächlich so weit stabilisiert, dass keine Spontanlawinen mehr abgehen. Die Setzung des Schnees bewirkt primär die Bindung zwischen den Kristallen. Der Neuschnee wird gebunden und kann erst jetzt (im Gegensatz zum lockeren Schnee) Schneebretter bilden. Die für die Stabilität der Schneedecke maßgebende Bindung zwischen Schichten (Basisfestigkeit) dauert in der Regel wesentlich länger als die Bindung zwischen Kristallen innerhalb derselben Schicht (siehe Kapitel 8).
Es ist deshalb ohne weiteres möglich, dass sich der Neuschnee wohl gut gesetzt, aber noch nicht genügend mit der Altschneedecke verbunden hat. Dies gibt dem Skifahrer ein trügerisches Sicherheitsgefühl: Der Schnee trägt scheinbar, man sinkt mit den Skiern nur noch wenig ein.

8 Der Lawinenhund. Obwohl der brave Vierbeiner trotz Helikoptertransport das Wettrennen gegen die Uhr in neun von zehn Fällen verliert, ist er nach wie vor unentbehrlich, um Lawinenverschüttete zu orten, die kein spezifisches Merkmal auf sich tragen. Da die heutigen LVS jedoch sofort nach der Verschüttung einsetzbar sind und Schneequalität, Verschüttungstiefe und Verschüttungsdauer im Gegensatz zur Hundenase keine Rolle spielen, sind sie dem Hund heute weit überlegen und stunden- bis tagelanges Suchen entfällt, sofern sie funktionieren!

Eine solche Schneedecke erträgt in der Ebene und im mäßig steilen Gelände große Belastungen, aber im Steilhang (ab 30° Neigung) kann es infolge der Umsetzung der senkrechten Druckkomponente in eine hangparallele Scherspannung (Richtung Fallinie) zum Scherbruch innerhalb der Schicht und damit zum Abgleiten des Schneebretts kommen.
Zum Vergleich: Zwei horizontal aufeinander liegende Ziegelsteine ertragen große senkrechte Lasten; wenn man sie aber in eine schiefe Ebene bringt (aufsteilt), rutscht plötzlich einer auf dem anderen ab, weil die Haftreibung zwischen den Schichten, die in der horizontalen Lage keine Rolle spielt, zu klein ist (siehe Abb. 1). Diese Haftreibung ist nichts anderes als die Basisfestigkeit (basale Scherfestigkeit). Sie ist in Steilhängen die entscheidende Festigkeitskomponente (siehe Kapitel 8). Die Setzungsrate des Neuschnees (beispielsweise auf $^2/_3$ ihres Ausgangswertes) und die Einsinktiefe des Skis sind somit kein Maß für die Stabilität einer Schneedecke.

Setzung des Neuschnees ohne gleichzeitige Verbindung mit dem Altschnee ist lawinenbildend!

Vor allem bei eingeschneiten Oberflächenreifen kann es unter Umständen wochenlang dauern, bis eine tragfähige Verbindung zwischen Neuschnee und Altschnee entstanden ist. Man spricht dann von schwachem Schneedeckenaufbau und »heimtückischer« Situation, weil sie längere Zeit andauern kann und unsichtbar ist (siehe Kapitel 11 »Latente Gefahr«).

Schneebretter sind hart und tönen beim Begehen hohl

Quelle dieses Irrtums dürfte die unzutreffende Bezeichnung Schnee»brett« sein. Unter einem Brett stellt man sich schließlich zu Recht etwas Hartes vor. Die meisten Skifahrer-Schneebretter sind aber nicht hart, sondern weich. Ein »weiches Schneebrett« ist eine »contradictio in adjecto« wie »schwarzer Schimmel«. Weiche Schneebretter sind »gespannte Fallen« mit besonders weichem Abzug, das heißt, zu ihrer Auslösung sind viel geringere Zusatzbelastungen nötig als bei einem harten Schneebrett. In sehr weichen Schneebrettern (siehe Kapitel 8) kann man mit Skiern bis zu den Knien einsinken. In diesem Fall ist die verhängnisvolle Verwechslung mit dem harmlosen lockeren Pulverschnee nahe liegend. Es ist dringend nötig, dass der Skifahrer zwischen lockerem und gebundenem Pulverschnee unterscheiden kann. Im lockeren Pulverschnee entstehen die eher harmlosen Lockerschneelawinen, aus dem gebundenen Pulverschnee aber die gefürchteten weichen Schneebretter, die bei geringsten Störungen losbrechen können. Mit dem **Schaufeltest** können wir die beiden Schneearten auseinander halten. Gebunden ist der Schnee dann, wenn ein ausgestochener Schneeblock auf der Schaufel bei leichtem Schütteln nicht zerfällt. Wumm-Geräusche beim Betreten der Schneedecke lassen auf gebundenen Schnee schließen und Triebschnee ist ebenfalls gebunden.

Wumm-Geräusche sind günstige Setzungsgeräusche

Genauso gut könnte man behaupten, mit dem ersten Donnerschlag sei das Gewitter vorüber. Wumm-Geräusche (»Wumm ...« mit gleichzeitiger ruckartiger Kurzsetzung der Schneedecke) und Risse beim Betreten der Schneedecke sind die zuverlässigsten Anzeichen für eine schwache Schneedecke und infolgedessen **Alarmzeichen.** Bei fast allen Schneebrettauslösungen wurden kurz vorher Wumm-Geräusche wahrgenommen.
Wumm-Geräusche sind akustische Begleitmusik zum Bruch tragender Elemente. Jedes Wumm-Geräusch zeugt von einer Schwächung der ohnehin schwachen Schneedecke.

Wumm-Geräusche sollten uns durch Mark und Bein dringen. Deutlicher kann uns die Natur nicht mehr warnen![1])

Vermutlich ist das Wumm-Geräusch sogar das lang gesuchte notwendige und hinreichende Anzeichen für bevorstehende Gefahr. Es kann jedoch unter Umständen so schwach ausgeprägt sein, dass man es nur bei voller Aufmerksamkeit – mit gespitzten Ohren – wahrnimmt. Bei starkem oder stürmischem Wind überhört man es leicht. Ist nur eine dünne Oberflächenschicht labil, ertönt anstelle des dumpfen und unheimlichen Wumm ein helles Zischen (Sch) mit derselben Bedeutung. Wumm-Geräusche können uns nur dann warnen, wenn wir eine eigene Spur legen. In alten verfestigten Spuren ist der »Pfupf« draußen.
Übrigens berichtete schon Amundsen anlässlich seiner Südpolfahrt 1911 über »Dröhnen« im Schnee, »bei dem die Hunde und Lenker entsetzt auffuhren«.

In diesem Steilhang habe ich noch nie eine Lawine beobachtet, also ist er lawinensicher

Es gibt grundsätzlich keine absolut lawinensicheren Steilhänge. Alle Hänge – ohne Ausnahme – müssen ab 30° Neigung (steilste Hangpartie maßgebend) als potenzielle Lawinenhänge betrachtet werden, das heißt, bei bestimmten Wetter- und Schneeverhältnissen können hier von Skifahrern Schneebretter ausgelöst werden. Entscheidend sind die jeweiligen Verhältnisse. Nach außergewöhnlichen Wetterlagen und Schneeverhältnissen sind auch außergewöhnliche Lawinen zu erwarten. Am 8. März 1991 verloren auf dem Großen St. Bernhard sieben Jugendliche ihr Leben in einer Lawi-

1) »The resulting ›whoomf‹ sound is usually so startling that the fright sends an icy chill and adrenaline rush ripping through the body. It is always an unforgettable experience.« (Armstrong/Williams).

9 Stiebende Lawine aus trockenem Schnee

ne. Angeblich galt der Hang bei den einheimischen Mönchen als absolut lawinensicher (»jamais, de mémoire d'homme ...«).
Dass der Ort der Verschüttung ausgerechnet »combe des morts« (Mulde der Toten) heißt, ist möglicherweise ein Hinweis auf die Kurzlebigkeit des menschlichen Gedächtnisses. Als ich am 23. Januar 1994 die Unfallstelle besichtigte, ragte das zu Ehren der Verunglückten errichtete Kreuz nur knapp aus dem Lawinenschnee ...
Natürlich gibt es Hänge, in denen man häufiger Lawinen beobachtet als in anderen. Sie werden als **Extremhänge** bezeichnet; extrem verstanden in Bezug auf die lawinenbegünstigenden Geländekonfigurationen Steilheit, Exposition, Muldenform und Kammlage. In diesem Zusammenhang sei noch auf einen verwandten Irrtum hingewiesen, der wie folgt lautet: »An diesem Hang ereignete sich im Jahre x ein Lawinenunfall, also handelt es sich in jedem Fall um einen gefährlichen Lawinenhang«. Sogar Extremhänge (siehe oben) sind nicht den ganzen Winter über gefährlich, sondern nur an gewissen Tagen bei speziellen Verhältnissen. Vielleicht ereignete sich der Unfall am einzigen gefährlichen Tag des ganzen Winters. Es gilt somit, **Lawinenzeiten** zu erkennen und an diesen Tagen bestimmte Hänge zu meiden, die in der übrigen Zeit völlig harmlos sein können.

Lawinen sind nur bei Schlechtwetter zu erwarten – heute ist es schön, also sicher

Dass mit dem Aufhören der Schneefälle auch die Lawinengefahr vorbei sei, ist ein Irrglaube, dem jeden Winter zahlreiche Skifahrer zum Opfer fallen. Natürlich bilden sich die Lawinen häufig während des Schneefalls und tatsächlich lösen sich die meisten Katastrophen- und Schadenlawinen spontan während des intensiven Niederschlags, oft im Schneesturm und im Nebel und häufig nachts. Übrig bleiben die »gespannten Fallen«, die zur Auslösung einer Zusatzspannung bedürfen, beispielsweise eines Skifahrers. Diese gespannten Fallen sind mit Zeitbomben vergleichbar, die je nach Witterung Tage bis Wochen auch bei schönem Wetter in dieser gefährlichen Spannung verharren.

Als besonders gefahrenträchtig gilt der **erste schöne Tag** nach einer Niederschlagsperiode. An diesem Tag ist größte Zurückhaltung geboten. Die herrlich verschneiten Steilhänge überlassen wir an diesem Tag gerne den »Adrenalinfreaks«. Die »jungfräulichen« Hänge erweisen sich nur allzu oft als lawinenschwanger.

Als weitere Hauptursache der Lawinengefahr (neben Neuschnee mit Wind) gilt **plötzliche und massive Erwärmung** (Tauwetter, Regen, Föhn), die die Festigkeit des Schnees drastisch reduzieren kann. Zahlreiche Spontanlawinen sind die Folge, vor allem im felsdurchsetzten Gelände.

Ist der erste schöne Tag gar noch verbunden mit einem markanten Temperaturanstieg (im Frühjahr ein häufiger Fall), müssen wir uns auf einen Höhepunkt der Lawinenaktivität gefasst machen, da die beiden Hauptursachen zusammenwirken.

Das Einrammen des Skistocks gibt Aufschluss über die Tragfähigkeit der Schneedecke

Dieser lebensgefährliche Irrtum ist leider immer noch weit verbreitet und auch in modernen Lehrbüchern zu finden. Mit dem Einrammen des Skistocks erhalten wir ein stark vereinfachtes **Rammprofil**, das uns grobe Angaben liefert über die Härte der einzelnen Schichten. Leider hat die **Härte** der Schichten gar nichts zu tun mit der entscheidenden Verbindung zwischen den Schichten **(Basisfestigkeit)**, siehe Beispiel der Ziegelsteine in Abb. 1.

Der Skistock liefert uns somit keine Angaben über die ausschlaggebende Festigkeitskomponente einer Schneedecke im Steilhang (siehe Kapitel 8), sondern lediglich über die senkrechte Belastbarkeit einer horizontalen Schneedecke, was uns Skifahrer kaum interessieren dürfte. Dieselbe Einschränkung gilt natürlich auch für das »wissenschaftliche« Rammprofil.

Am hartnäckigsten hält sich jedoch der Irrtum der Nivologie, aus einem Schneeprofil ließe sich die Stabilität der Schneedecke abschätzen (siehe Kapitel 8). Doch »es ist leichter, einen Atomkern zu spalten als ein Vorurteil«!
A. Einstein

**Experte, pass auf!
Die Lawine weiß nicht, dass du Experte bist ...**

(André Roch)

KAPITEL 3

MINIMALE ÜBERLEBENSCHANCEN EINES VERSCHÜTTETEN

»Wer sich bewusst in Lawinengefahr begibt, ist ein Dummkopf oder ein Selbstmörder.«

Colin Fraser

Selbst im »Hightech«-Zeitalter kommt Flughilfe für einen Lawinenverschütteten immer noch in neun von zehn Fällen zu spät, und auch mit den modernsten elektronischen Lawinen-Verschütteten-Suchgeräten (LVS) kann im Durchschnitt nur einer von dreien gerettet werden. Wenn man sich diese deprimierenden Tatsachen vergegenwärtigt, ist es unabdingbar, das Schwergewicht der praktischen Lawinenausbildung auf die Vorbeugung (Prophylaxe) zu legen, das heißt auf Erkennen und Vermeiden der Gefahrenstellen im Gelände. Eine Lawinenverschüttung darf nie im Vertrauen auf Funk und LVS riskiert werden, erweist sich doch die erhoffte schnelle »Rettung« nur allzu oft als »Bergung« von Toten.

Der »Countdown« in der Lawine verläuft nämlich wesentlich rascher als man noch bis vor kurzem geglaubt hat. Bereits nach 30 Minuten Verschüttungszeit dürfte mindestens die Hälfte der Verschütteten tot sein. Leider besteht nicht der geringste Anlass zur Hoffnung, moderne Technik könnte hier eine Verbesserung bringen, denn Alarmierung, Flug- und Suchzeit dauern auch mit Hightech-Gerät ca. 45 Minuten. Eine Lawinenverschüttung mit Schnee in Mund und Rachen (bei fehlendem Atemraum vor dem Gesicht) ist dem Ertrinken im Wasser ähnlich: Nach 10 bis 15 Minuten dürfte der Todeskampf vorbei sein. Längere Überlebenschancen hat nur derjenige Verschüttete, der zufälligerweise von einem Atemraum vor dem Gesicht profitieren kann (siehe Kapitel 14).

Es dürfte lehrreich sein, sich die 14 größten Skifahrer-Lawinenunfälle in der Schweiz zwischen 1961 und 2002 mit mindestens fünf Toten in Erinnerung zu rufen und sich

		erfasst	tot
10.02.1961	Lenzerheide (Schulklasse)	14	10
14.02.1962	Leysin (Schulklasse)	10	6
13.04.1970	Fluchthorn	5	5
21.03.1971	Valsorey	5	5
05.05.1973	Fully	5	5
12.04.1981	Grialetsch [1])	8	5
27.02.1983	Chlei Chrüz (St. Anthönien) [1])	9	5
30.03.1984	Arolla [1])	8	5
18.04.1985	Samnaun (Val Gravas)	9	6
01.04.1988	M.S. Lorenzo (Val S'charl) [2])	8	6
04.05.1988	Monte Sissone (Forno) [2])	5	5
28.12.1989	Simplon (Nanztal) [1])	6	6
05.05.1990	Gauli (Urbachtal) [1])	7	7
08.03.1991	Gr. St. Bernhard (Schulklasse)	12	7
	Total	**111**	**83**

[1]) mit LVS
[2]) mit LVS und Funk

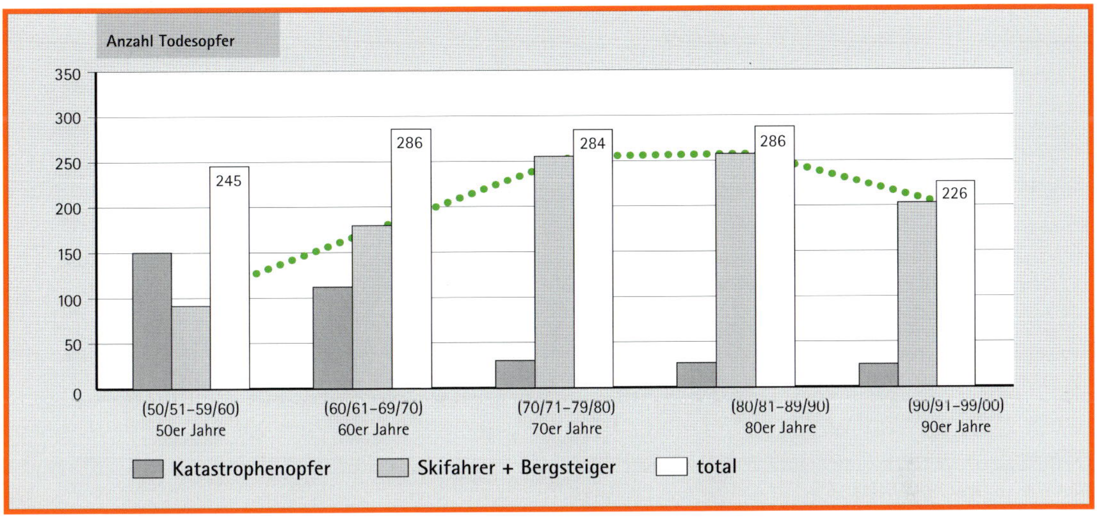

10 Lawinenopfer in der Schweiz seit Winter 1950/51 pro Dekade. Das Balkendiagramm veranschaulicht die Abnahme der Katastrophenopfer (Häuser, Straßen, Baustellen) und die gleichzeitige Zunahme der touristischen Opfer (inkl. Sommerunfälle) mit einem traurigen Höhepunkt in den 70er und 80er Jahren. In den 90er Jahren liegt die Zahl der Opfer um rund 20 % tiefer, obwohl die Zahl der Wintersportler seit den 70er Jahren rasant zugenommen hat. Die Gesamtsumme (226) ist sogar niedriger als in den 50er Jahren (245) und hat fast den Stand der 40er Jahre (212) erreicht. Der Rückgang von 286 auf 226 Opfer verteilt sich wie folgt: 2 Katastrophen, 15 Pisten- und Variantenfahrer und 43 Skitourengeher und Bergsteiger.

11 Das Auf und Ab der touristischen Unfälle (ohne Pisten- und Variantenunfälle, ohne Sommerunfälle) zeigt eine auffällige Zäsur in der Mitte der 90er Jahre: Die Einführung der Euro-Skala erfolgte in der Schweiz gleichzeitig mit der Einführung der Reduktionsmethode, beide sind seither in der Schweiz siamesische Zwillinge. Vielleicht ist das der Grund, weshalb die Zäsur nur in der Schweiz beobachtet werden kann. Der Rückgang beträgt satte 40 %, obwohl die beiden letzten Winter besonders heikel und unfallreich waren. Doch sogar diese beiden Winter liegen unter dem langjährigen Durchschnitt. Der Rückgang von 17 auf 10 Opfer lässt sich vor allem auf das Ausbleiben von großen Unfällen zurückführen (der letzte solche Unfall ereignete sich am 8.3.1991, siehe Tabelle auf Seite 28 und »Zielsetzung der Reduktionsmethode«, Seite 120).

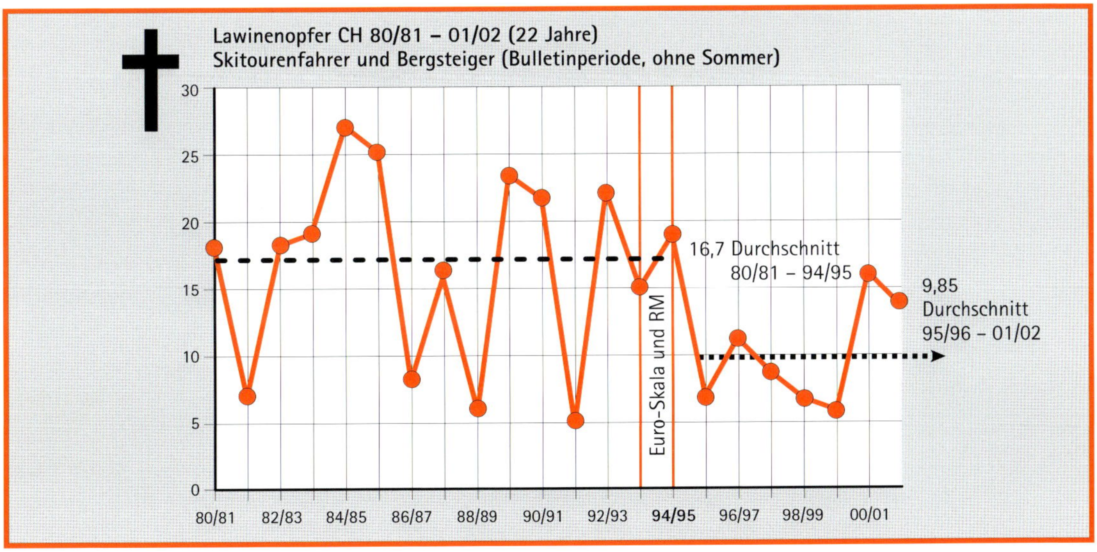

die makabere Bilanz vor Augen zu halten: Die meisten Unfälle »ereigneten sich« bei erheblicher oder sogar großer Schneebrettgefahr. Auffällig ist die erschreckende Häufung in den 80er Jahren und die niederschmetternde Feststellung, dass die meisten Gruppen geführt und geleitet wurden von Bergführern, Tourenleitern, Jugend + Sport-Leitern und Lehrern. Überlebt haben vor allem diejenigen, die wohl von der Lawine erfasst, aber nicht ganz verschüttet wurden. Nur vier von 88 ganz Verschütteten konnten durch LVS gerettet werden und einer verdankt sein Leben einem Lawinenhund. Das ergibt eine klägliche Rettungsquote von knapp 6%.

Dies sollte uns zu denken geben! Die seit vielen Jahren propagierte Überlebenskurve mit einer Anfangschance von 80% beim Stillstand der Lawine (20% sind infolge mechanischer Einwirkungen sofort tot) und einer Halbwertzeit von einer Stunde ist leider für ganz verschüttete Skifahrer viel zu optimistisch. Die Kurve stammt aus der Zeit vor den LVS, als noch (zu) wenig Zahlenmaterial für den entscheidenden Bereich zwischen 20 und 40 Minuten (Suchzeit mit LVS und Ausgraben) vorhanden war, um eine genaue Statistik zu erstellen. Zudem scheinen die Daten im Bereich um eine Stunde Verschüttungszeit ziemlich »frisiert«, das heißt im optimistischen Sinne aufgerundet zu sein. Meine Nachforschungen auf diesem Gebiet zeitigten jedenfalls weit düsterere Zahlen, denen die Daten der Jahre 1979 bis 1985 zugrunde liegen. (Genaueres siehe Literaturverzeichnis unter dem Titel »Die erste halbe Stunde entscheidet«.)

Der Todeskurve (siehe Abb. 4) sind die Daten der Studie BRUGGER/FALK zugrunde gelegt.[1]) Viel wichtiger als das Feilschen um Prozente bei einer solchen, mit vielen Unsicherheiten behafteten und daher weitgehend hypothetischen Kurve, ist jedoch ihre charakteristische Form, die zweierlei aussagt:

- Normalfall: Bei der Kameraden-Rettung geht es um Minuten.

- Glücksfall: Wenn ein Hohlraum vor dem Gesicht vorhanden ist, die Atemwege frei sind und keine schweren Verletzungen vorliegen, kann ein Verschütteter auch nach vielen Stunden lebend gerettet werden. Von diesem Glücksfall ist bei der organisierten Rettung grundsätzlich immer auszugehen.

Riskiere nie eine Lawinenverschüttung. Die Überlebenschancen sind trotz Anwendung modernster Technik gering:
1:3 mit LVS und Lawinenschaufel
1:10 mit Helikopter und Hund beziehungsweise Recco

Im Vergleich zu einer Lawinenverschüttung ist russisches Roulett mit Überlebenschancen von 5:6 (rund 85%) ein harmloses Gesellschaftsspiel.

FAUSTREGEL

Nach 30 Minuten ist die Hälfte tot
Nach 45 Minuten sind dreiviertel tot

[1]) siehe BRUGGER/FALK, Neue Perspektiven zur Lawinenverschüttung In: Wiener Klinische Wochenzeitschrift 1992; 104/6

KAPITEL 4

VON DEN KATASTROPHEN- ZU DEN SKIFAHRERLAWINEN

Die Trendwende in den 50er Jahren

»Der Schutz der Menschen, die heute in immer größeren Massen das winterliche Gebirge aufsuchen, um dort Sport zu treiben und Ruhe und Erholung zu finden, erscheint heute und für die nächste Zukunft als das dringendste aller Lawinenprobleme.«

Melchior Schild, EISLF

In den letzten Jahrzehnten ging es in der Lawinenforschung vordringlich um die nahe liegende Frage, bei welchen Wetter- und Schneeverhältnissen Lawinen zu erwarten sind, die sich spontan (das heißt ohne direkte menschliche Einwirkung) lösen und Personen- und Sachschäden in bewohnten Gebieten und an Verkehrsverbindungen verursachen könnten. Diese Frage kann heute für trockene Neuschneelawinen auf den bekannten Lawinenbahnen mit zufriedenstellender Genauigkeit beantwortet werden. Exponierte Gebäude und Verkehrsverbindungen können in den weitaus meisten Fällen rechtzeitig gesperrt oder evakuiert werden. Aufforstungen und Lawinenverbauungen bewirken zudem, dass der kritische Schwellenwert für Katastrophenlawinen viel seltener erreicht wird.
Unfälle im Bereich der Infrastruktur sind heute weniger auf fehlende oder falsche Lawinenwarnung zurückzuführen als vielmehr auf Gründe der Profitmaximierung (nur ein laufender Skilift bringt Gewinn; Straße muss offen gehalten werden, damit die Gäste nicht ausbleiben; Gebäude an Standorten, wo früher kein vernünftiger Mensch gebaut hätte etc.).
Ein Blick auf die Statistik (siehe Abb. 10) zeigt deutlich, dass der Anteil der im Gebirge lebenden und arbeitenden Menschen an den Lawinenopfern insgesamt stark rückläufig ist, vor allem seit den 50er Jahren. Hingegen stieg im gleichen Zeitraum der Anteil der Skifahrer.
Im Gegensatz zu den Katastrophenlawinen sinkt der Schwellenwert für Skifahrerlawinen aus verschiedenen Gründen:

Objektive Gründe

- Dank technischer Fortschritte (Ausrüstung, Fahrtechnik, Aufkommen des Snowboards, Transportmittel) werden immer öfter immer steilere Hänge befahren.
- Saisonale Verschiebung der skisportlichen Aktivitäten vom Frühjahr (Sulzschnee) auf den Früh- und Hochwinter (Pulverschnee) mit durchschnittlich schwächerer Schneedecke.

Subjektive Gründe

- Entfremdung von der Natur, fehlender Respekt vor den Naturgewalten, sportliche Einstellung gegenüber Gefahr, sportlicher Ehrgeiz (»Herausforderung«).
- Abwehrhaltung (»es wird wohl nicht gerade mich erwischen«).
- Falsches Vertrauen auf schnelle Rettung dank elektronischer Hilfsmittel (Funk, LVS, Recco etc.).

Um das »dringendste aller Lawinenprobleme« zu lösen, müssten die Forschungsschwerpunkte verlagert werden. Statt spontaner Großlawinen und Lawinenverbauungen müssten vom Skifahrer ausgelöste Schneebrettlawinen ins Zentrum gerückt werden, falls das Waldsterben nicht plötzlich erneut die alten Prioritäten fordert. Bedenken wir in diesem Zusammenhang, dass heute rund 75% aller tödlichen Skifahrerlawinen bei **MÄSSIG** und **ERHEBLICH** ausgelöst werden. Diese »mittleren« Gefahrenstufen müssten aus der Perspektive des Varianten- und Tourenfahrers analysiert werden. Hier herrscht großer Nachholbedarf (siehe Kapitel 17). Vieles, was die Forschung erarbeitet hat, ist für den Skifahrer unverständlich oder unbrauchbar. Die oben aufgeführten subjektiven Gründe zeigen zudem, dass man das Problem nicht bloß von der lawinentechnischen Seite beleuchten darf, sondern vor allem den eminent wichtigen psychologischen und sozialen Aspekt gebührend berücksichtigen muss. Also das »Humanpotenzial«, das man in der praktischen Lawinenkunde allzu lange sträflich vernachlässigt hat. Viele, wenn nicht die

12 Lawinenkegel (Ablagerung) eines riesigen nassen Schneebretts im Frühjahr mit rundlichen Knollen. Der Anriss war rund 500 m breit und ca. 50 bis 70 cm hoch.

meisten Unfallursachen liegen in der Psyche und Mentalität begründet, nicht im fehlenden Wissen. Man macht etwas, obwohl man um die Gefährlichkeit weiß (vergleiche den Raucher, der raucht, obwohl er das Krebsrisiko genau kennt). Der Weiße Rausch ist stärker als alle Vernunft. In diesem Zusammenhang ist auch erwähnenswert, dass größere Gruppen eher geneigt sind, erhöhte Risiken einzugehen als Kleingruppen **(»risky-shift-effect«).** Solche gruppendynamischen Prozesse werden in Unfallanalysen und in der Prophylaxe meines Erachtens immer noch zu wenig berücksichtigt. Ihnen sollte in der Ausbildung unbedingt vermehrte Aufmerksamkeit geschenkt werden. Auch die Ausbildung in der Entscheidungsfindung **(»decision making under risk«)** muss intensiviert werden. Wie weit man hier den Computer mit Simulationsprogrammen heranziehen könnte, müsste ernsthaft geprüft werden (Piloten üben Ernstfallsituationen im Simulator). Siehe »Faktor Mensch«, Kapitel 16.

Dass die Zahl der tödlichen Skifahrer-Lawinenunfälle nicht proportional wächst mit der Zunahme der Anzahl der Touren- und Variantenfahrer, geht sicher zum größeren Teil aufs Konto der elektronischen Suchgeräte, die heute zahlreich eingesetzt werden. Dazu kommt das Phänomen, dass Tiefschneehänge durch häufiges und regelmäßiges Befahren stabilisiert werden. Die zahlreichen Skifahrer sorgen also dafür, dass die vielbefahrenen Modehänge stabiler sind als Hänge gleicher Höhenlage und Exposition, die selten oder nie befahren werden. Auch die milderen Winter der letzten Jahre dürften zu diesem günstigen Resultat einiges beigetragen haben.

Der Direktor des EISLF stellte 1974 im Winterbericht fest, »dass die Zahl der jährlichen

13 Ablagerung eines trockenen und harten Schneebretts aus zentnerschweren eckigen Schollen und Quadern

touristischen Opfer in der Schweiz in den letzten 20 Jahren nicht signifikant zugenommen hat, obgleich in diesem Zeitraum eine gewaltige Steigerung des winterlichen Tourismusverkehrs zu verzeichnen war. Daraus darf doch geschlossen werden, dass in breiten Kreisen die Lawinengefahr in zunehmendem Maße beachtet wird«.

Diese nüchterne Feststellung steht in wohltuendem Kontrast zu gewissen Pressemeldungen, die immer wieder spektakuläre Einzelfälle hochspielen. Bei diesem unsympathischen »body-count« werden oft die Maßstäbe verloren, weil man die Zahl der Opfer nicht in Beziehung setzt zur enormen Anzahl Touren und Variantenabfahrten, die heute gemacht werden. Einer vorsichtig geschätzten Versechsfachung der Skitourenfahrer zwischen 1937 und 1985 steht bloß eine Verdoppelung der tödlichen Lawinenunfälle gegenüber – eine hervorragende Relation.[1]) Gemessen an der sehr hohen Frequenz (nicht zuletzt eine Folge der Bergbahnen) ist die Zahl der 25 Lawinentoten pro Winter in der Schweiz doch eher bescheiden, und es besteht kein Grund, diese Zahl zu dramatisieren oder gar zu kriminalisieren.

Zwischen 1985 und 1990 starben in den Schweizer Alpen übrigens ungefähr gleich viel Bergsteiger und Skifahrer an Herzschwäche und Erschöpfung wie in Lawinen. Abbildung 10 zeigt, dass die Gesamtzahl der Opfer in den 90er Jahren rund 20 % tiefer liegt als in den drei vorangehenden Dekaden. Der größte Rückgang (absolut und relativ) erfolgte bei den Skitourenfahrern und Bergsteigern (siehe Abb. 11).

[1]) 1937 rügte W. Paulcke (wohl zu Recht) die hohe Zahl von 86 Lawinentoten im gesamten Alpengebiet (»Es werden die gröbsten Fehler gemacht!«), und im Schwimmschnee-Winter 1984/85 verloren 162 Bergsteiger und Skifahrer ihr Leben in Lawinen. Beide Jahre galten als besonders opferreich.

KAPITEL 5

LAWINEN-KLASSIFIKATION

Einteilung nach verschiedenen Gesichtspunkten

»Deshalb sind auch die Schadenlawinen (Staub- und Grundlawinen) den meisten Einheimischen seit Jahrtausenden bekannt, viel weniger aber die Touristenlawinen (Schneebretter), die bis zur Breitenentwicklung der Berg- und Skitouristik nur einzelnen Älplern und nicht einmal den Bergführern wirklich gut bekannt waren.«

WALTER FLAIG

Lawinenklassifikation und Begriffsbestimmung

Äußeres Merkmal	Unterscheidung und Namensgebung	
Form des Anrisses	linienförmig, scharfkantig, senkrecht zur Gleitfläche 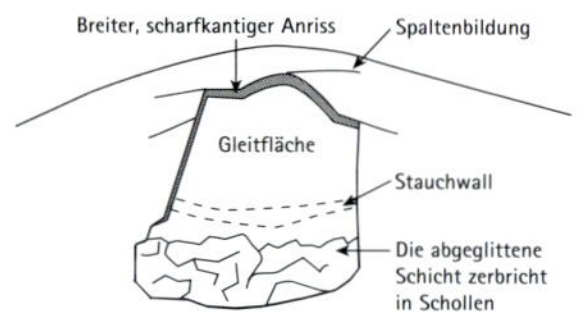 ❄ **Schneebrettlawine**	punktförmig 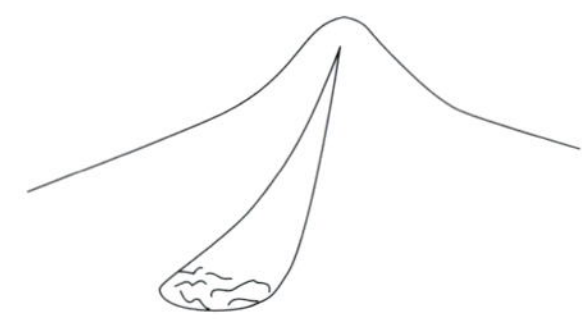 ❄ **Lockerschneelawine**
Lage der Gleitfläche	innerhalb der Schneedecke 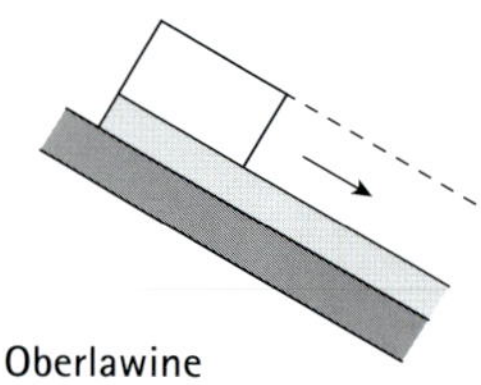 ❄ **Oberlawine**	auf dem Boden 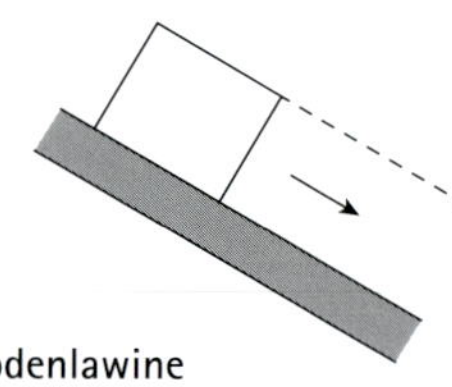 ❄ **Bodenlawine**
Form der Bewegung	vorwiegend stiebend 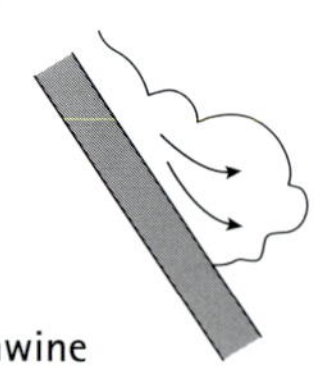 ❄ **Staublawine**	vorwiegend fließend 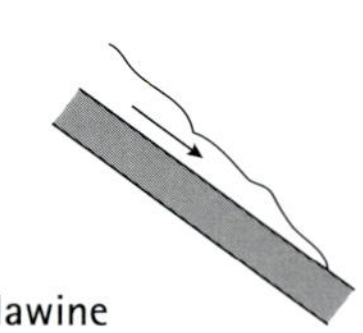 ❄ **Fließlawine**
Feuchtigkeit des abgleitenden Schnees	trocken ❄ **Trockenschneelawine**	nass ❄ **Nassschneelawine**
Form der Bahn (Querprofil)	flächige Bahn ❄ **Flächenlawine**	runsenförmige Bahn ❄ **Runsenlawine**
Länge der Bahn	vom Berg ins Tal ❄ **Tallawine**	am Hangfuß zum Stillstand kommend ❄ **Hanglawine**
Art des Schadens	Heimstätte, Hab und Gut, Verkehr, Wald ❄ **Katastrophen- oder Schadenlawine**	Skifahrer und Bergsteiger im freien Skigelände ❄ **Touristen- oder Skifahrerlawine**
Art des anbrechenden Materials	Schnee ❄ **Schneelawine**	(Gletscher-) Eis ❄ **Eislawine (Gletscherabbruch)**

14 Lawinenklassifikation und Begriffsbestimmung.

Lawinen sind eine Grundkonstante schneebedeckter Gebirge. Die Bergbevölkerung unterscheidet herkömmlicherweise zwischen (trockenen) Staublawinen, (nassen) Grundlawinen und Eis- oder Gletscherlawinen. Diese drei Grundformen umfassen die spontanen Großlawinen, die bis in die Siedlungsräume vorstoßen und deshalb auch **Tallawinen** genannt werden. Die viel kleineren Skifahrerlawinen werden zu Unrecht vielfach bloß als »Rutsche« bezeichnet, obwohl es sich um die berüchtigten Schneebretter handelt, die allerdings meist am Hangfuß zum Stillstand kommen und deshalb zu den **Hanglawinen** gezählt werden, im Unterschied zu den Tallawinen.

Die heute gültige wissenschaftliche Namengebung (Nomenklatur) teilt die Lawinen nach verschiedenen äußeren Merkmalen ein, wie Form des Anrisses, Lage der Gleitfläche, Form der Bewegung und andere. Die wichtigsten Unterscheidungen für den Skifahrer sind Schneebrett- und Lockerschneelawinen und Ober- und Bodenlawinen (siehe Abb. 14).

Ein weiteres übliches Unterscheidungsmerkmal ist die Art des angerichteten Schadens. Sind Skifahrer und Bergsteiger betroffen, spricht man von Touristen- oder **Skifahrerlawinen,** werden Menschen mit Hab und Gut in Häusern oder an Arbeitsplätzen verschüttet, gebraucht man den Ausdruck Schaden- oder **Katastrophenlawine.** Die Bezeichnung Schadenlawine verwendet man meist dann, wenn lediglich Sach- oder Waldschaden zu verzeichnen ist.

Die Hauptform der Schaden- oder Katastrophenlawine ist die trockene **Staublawine,** die meist als Schneebrett losbricht und sich im Verlaufe ihrer steilen Sturzbahn (über 40°) zur Staublawine entwickelt und dabei unglaublich hohe Geschwindigkeiten (über 300 km/h) erreichen kann. Das Schnee-und Luftgemisch (Aerosol) erzeugt enormen Druck sowie nachfolgenden Sog und kann verheerende Schäden anrichten.

15 Der weiße Rausch.

Die Zerstörungskraft erreicht die von Wirbelstürmen, bei allerdings viel kleinerer Flächenwirkung. Sturzbahn und Auslaufstrecke von Staublawinen sind auch heute noch nicht genau berechenbar, so dass es immer wieder zu Überraschungen kommt: Neue Schneisen werden in alte Bannwälder geschlagen und jahrhundertealte Gebäude zerstört. Ferner können sie Hunderte von Metern am Gegenhang emporsteigen. Auch Eislawinen (Gletscherstürze) entwickeln sich zu Staublawinen, wenn die Sturzbahn hoch und steil genug ist (siehe Abb. 92).

Im Jahre 1900 wurde im Kanton Glarus ein Waldarbeiter von einer Staublawine in die Luft gewirbelt und über eine Höhendifferenz von 700 m und eine Strecke von 1000 m »transportiert«. Wie durch ein Wunder überlebte er diesen Flug. Eine besondere Form der Staublawine ist die Wildschneelawine. Beim **Wildschnee** handelt es sich um Lockerschnee mit extrem kleinen und leichten Eiskristallen, weswegen er auch Flaumschnee genannt wird. Da er selbst durch dichte Schutzwälder hindurchfließt wie Wasser, kann es auch an »lawinensicheren« Orten zu Zerstörungen kommen. Ablagerungen (Lawinenkegel) sind bei dieser Lawinenform so gut wie keine vorhanden, weil das Aerosol zum größten Teil aus Luft besteht. Wildschneelawinen sind eigentlich »Pressluftlawinen«.

Im Gegensatz zu den Staublawinen sind die **Grundlawinen** als nasse Fließlawinen einigermaßen berechenbar. Es sind »warme« Lawinen, die bei Tauwetter losbrechen. Ihre Sturzbahnen sind im Wesentlichen in »Zügen« vorgezeichnet und kanalisiert. Deshalb verursachen solche Runsenlawinen auf den bekannten Zugbahnen nur selten außergewöhnliche Schäden. Sie beschränken sich heute meist auf Unterbrüche und Zerstörungen von Verkehrsverbindungen. Der schwere und nasse Schnee reißt bis auf den Grund alles mit sich fort: Bäume, Felsbrocken, Erde. Die Auslaufstrecke ist merklich kürzer als bei den Staublawinen und auch die Geschwindigkeit ist wesentlich geringer. Der Druck kann aber 100 Tonnen pro Quadratmeter übertreffen. Grundlawinen hinterlassen naturgemäß die größten Lawinenkegel (siehe Abb. 3).

Viele Katastrophenlawinen sind Mischformen aus Staub- und Grundlawinen. Als trockene Schneebrettlawinen brechen sie los, entwickeln sich auf ihrer Sturzbahn vorerst zu Staublawinen und reißen dann durch ihre Sturzwucht in tieferen Lagen die durchnässte Schneedecke mit sich und wälzen sich schließlich als relativ träge Grundlawinen in die Talböden. Als besonders verheerendes Beispiel dieser Mischform sei die berüchtigte Vallascia-Lawine erwähnt, die im Februar 1951 Airolo zerstörte.

Die größte bekannte **Eislawine** wurde 1970 durch ein Erdbeben am Huascaran (6763 m) in Peru ausgelöst. Die Lawine legte eine 16 km lange Strecke mit 4000 m Höhendifferenz in 15 Minuten zurück. Die enormen Schnee- und Eismassen rissen auf ihrer Sturzbahn Felstrümmer (Felsblöcke bis 6000 Tonnen) und Erde mit. Zuletzt ergoß sich eine riesige Schlammlawine mit einem geschätzten Volumen zwischen 50 und 100 Millionen Kubikmeter auf bewohntes Gebiet, zerstörte mehrere Dörfer und forderte 18000 Todesopfer.

Eine ähnliche Eis- und Schlammlawine zerstörte am 12. Juli 1892 drei Dörfer in Hochsavoyen. Auch hier war bloß der erste Teil der Sturzbahn sehr steil (2 km Distanz mit 1500 Höhenmetern), dann wälzte sich die schlammige Masse über eine Distanz von 11 km mit einem Gefälle von lediglich 10°. Auch das Dorf Randa wurde mehrmals von reinen Eislawinen zerstört, zuletzt 1819.

Bei diesen Naturkatastrophen zeigt sich die elementare Zerstörungskraft der entfesselten Natur, die stärker ist als alles Menschenwerk.

KAPITEL 6

BILDUNG UND UMWANDLUNG DER SCHNEEKRISTALLE

»Der so unschuldige weiße Schnee ist nicht ein Wolf im Schafspelz, sondern ein Tiger im Lammfell.«

Mathias Zdarsky

Da sich die Ursache der Lawinengefahr aus dem komplexen Zusammenwirken von Schnee + Wetter + Gelände ergibt, müssen wir das Material Schnee soweit kennen lernen, wie es lawinenbildend ist.
Schnee ist im chemischen Sinne reines Wasser (H_2O) in kristallisierter Form mit einem Luftanteil zwischen 50 % (nasser Sulzschnee) und 98 % (Wildschnee). Nur bei mehrjährigem Schnee (Firn) ist der Luftanteil geringer als rund 50 %. Im kompakten Eis sind noch ca. 10 % Luft eingeschlossen (siehe Raumgewichte Kapitel 6). Im Neuschnee rechnet man durchschnittlich mit einem Wassergehalt von ca. 10 %.
Im Folgenden werden Bildung und Umwandlung der Schneekristalle nur summarisch behandelt, da in den letzten Jahren diese nivologischen Grundlagen in der praktischen Lawinenkunde maßlos übertrieben wurden. Es ist an der Zeit, hier unnötigen Ballast über Bord zu werfen und alte Zöpfe mutig abzuschneiden. Entscheidend für die Lawineneauslösung ist nicht die Schneeart, sondern die Festigkeit der Kristalle im Verband, und um das zu beurteilen ist eine Lupe völlig ungeeignet. Der Schaufeltest (siehe Kapitel 13) ist wesentlich aussagekräftiger und die Interpretation viel einfacher.

Im Prinzip kann jede Kornform – ohne Ausnahme – Lawinen bilden, aber sie tut es nicht immer und überall!

Mit der Feststellung, dass die Schneedecke beispielsweise ein Schwimmschneefundament hat, ist wenig ausgesagt. Ausschlaggebend ist nicht die Schwimmschneebasis, sondern die Verbindung dieser Schicht mit der darüber liegenden Schneedecke, und wie fest oder wie schwach diese Verbindung ist,

16 Oberflächenreif – die schönste Schneeart für den Skifahrer. Aber wehe, wenn er eingeschneit wird. Der Reif bildet dann eine ideale Gleitschicht (»Kugellager«) für Schneebretter. Eingeschneite Oberflächenreife findet man vor allem in Schattenhängen.

können wir mit dem Schneeprofil und der Lupe nicht ermitteln.

Ein Bergführer muss die Bildung und Umwandlung der Schneekristalle nicht bis in den Molekularbereich hinein kennen, um in kritischen Situationen richtig zu entscheiden!

Wenn praktische Lawinenkunde Entscheidungshilfe in kritischen Situationen sein soll, dann müssen wir vordringlich drei Fragen beantworten können (siehe Kapitel 13):

1. Ist der Hang genügend steil?
2. Ist der Neuschnee locker oder gebunden? (Schaufeltest)
3. Gibt es schwache Bindungen zwischen den Schichten?

Für die Beantwortung dieser Fragen ist die Kornform nicht von Bedeutung.

Wie Neuschnee entsteht

In der freien Atmosphäre vermag die Luft je nach Temperatur und Druck eine bestimmte Höchstmenge an Wasser in Form von unsichtbarem Wasserdampf aufzunehmen. Kühlt sich diese wassergesättigte Luft ab, zum Beispiel durch Aufsteigen in der Atmosphäre, dann kondensiert die überschüssige Wassermenge zu sichtbaren Nebeltröpfchen, es bilden sich Wolken in der freien Atmosphäre und Tau auf Festkörpern. Kühlt sich wassergesättigte Luft weit unter 0 °C ab, sublimiert die überschüssige Wassermenge zu Eiskristallen.

Vielfältige Kristallformen

Alle Eiskristalle haben eine sechseckige symmetrische Grundform, die aber, je nach den atmosphärischen Entstehungsbedingungen (Feuchtigkeitsgrad, Temperatur), sehr stark variiert. Unter den Tausenden von Kristallformen treten am häufigsten Sterne, prismatische Stäbchen, Plättchen, Hanteln, Nadeln, Igel und auch scheinbar unregelmäßige Formen auf, bei denen die ursprüngliche Form nur noch schwer erkennbar ist. Die bekannten Sterne entstehen bei großer Luftfeuchtigkeit. Verbinden sich während des Niederfallens mehrere Eiskristalle, dann bilden sich Schneeflocken. Bei großer Kälte schneit es Einzelkristalle, bei Temperaturen um 0 °C Flocken. Da warme Luft erheblich mehr Feuchtigkeit aufnehmen kann als kalte, schneit es bei Temperaturen um 0 °C intensiver als bei großer Kälte.
Eine besondere Form von Eiskristallen bilden die **Graupeln.** Sie entstehen dann, wenn sich an den Eiskristallen während des Fallens durch feuchtere Luftschichten unterkühlte Wassertröpfchen ablagern. Es entstehen kugelige Gebilde wie Hagelkörner, aber leichter, weicher und lufthaltiger. Sie sind in der Regel nicht lawinenbildend, weil sie am Steilhang nicht haften bleiben, sondern herabrieseln und sich so keine größeren zusammenhängenden Schichten bilden können.

Pulverschnee, Pappschnee

Pulverschnee, neben dem Oberflächenreif wohl der beliebteste Schnee beim Skifahrer, fällt bei großer Kälte und in kleinen Flocken. Er ist leicht, locker, trocken und lässt sich nicht ballen. Pulverschnee bildet eher harmlose, trockene Lockerschneelawinen an Steilhängen während und kurz nach Schneefällen. Bei Großschneefällen können allerdings auch die gefürchteten **Staublawinen** entstehen. Der ganz leichte, flaumige

17 Handtellergroßer Oberflächenreif (dendritisch.

20 Rauheis wächst im Nebel gegen den Wind.

18/19 Becherkristalle (metamorph) 3–5 mm

Pulverschnee, der nur in Einzelkristallen und nicht in Flocken fällt, wird auch Wildschnee genannt.

Windtransportierter Pulverschnee ist bereits nicht mehr locker, sondern gebunden und kann die sehr gefährlichen weichen Schneebretter bilden!

Feuchter Neuschnee, auch **Pappschnee** genannt, fällt in großen Flocken bei milden Temperaturen. Er ist schwer und feucht, lässt sich leicht ballen, wird rasch abgebaut und setzt sich schnell. Pappschnee bildet während oder kurz nach dem Schneefall nasse Lockerschneelawinen an Steilhängen. Beim Skifahrer ist er unbeliebt, da er Stollen bildet und das Spuren erschwert.

Reifbildung

Nicht alle Schneekristalle fallen vom Himmel; sie können sich auch in Form von **Reif** auf unterkühlten Festkörpern bilden. In sternklaren Frostnächten bildet sich auf der Schneeoberfläche durch Sublimation eine Reifschicht. Dieser **Oberflächenreif** besteht aus blätterförmigen Eiskristallen, glitzernden und zerbrechlichen Gebilden. An sonnigen Hängen schmelzen diese Reifkristalle meistens weg, können aber an Schattenhängen in einer längeren Frostperiode ziemlich dicke Schichten bilden. Wird ein solcher Oberflächenreif eingeschneit, dann bildet er eine sehr große Gefahr für den Skifahrer, denn er verhindert die Bindung der unteren mit der darüber liegenden Schneeschicht.

Eingeschneite Oberflächenreife bilden ideale Gleitschichten für Schneebrettlawinen!

Leider sind diese Reifkristalle sehr stabil, aber bei isothermischen Verhältnissen in der Schneedecke (fehlende Temperaturgradienten) werden auch Reifkristalle langsam abgebaut. Rauheis entsteht bei Nebel und Wind, indem die Wassertröpfchen auf unterkühlten Festkörpern festfrieren. Die »Fahnen« wachsen gegen den Wind, ihre Farbe ist milchig-undurchsichtig. Rauhreif entsteht an Bäumen, Zäunen, Drähten, Schnüren etc. Die äusserst zerbrechlichen Gebilde verzaubern die Landschaft.

Regen

Einen sehr wichtigen lawinenbildenden Faktor bildet der Regen. Nassschneelawinen an Hängen aller Expositionen bis in Höhenlagen von 2500 m sind die Folge. Die Lawinen (Lockerschneelawinen und Schneebrettlawinen) gleiten oft als Bodenlawinen auf der Grasnarbe ab. Selbst die angerissenen (und im Normalfall lawinensicheren) Hänge können von neuem ins Gleiten kommen.

21 Reifbildung in Kammlage (»Nigg-Phänomen«). Diese spezielle Reifbildung (Thermik im Südhang und Abwind mit Auskühlung und Reifbildung im Nordhang) erklärt im Nachhinein einige rätselhafte Lawinenunfälle, bei denen im Aufstieg keine eingeschneiten Reifschichten festgestellt werden konnten, bis es zu spät war. Ich habe das Phänomen zu Ehren seines Entdeckers, des Stanser Bergführers Paul Nigg, »Nigg-Phänomen« genannt.

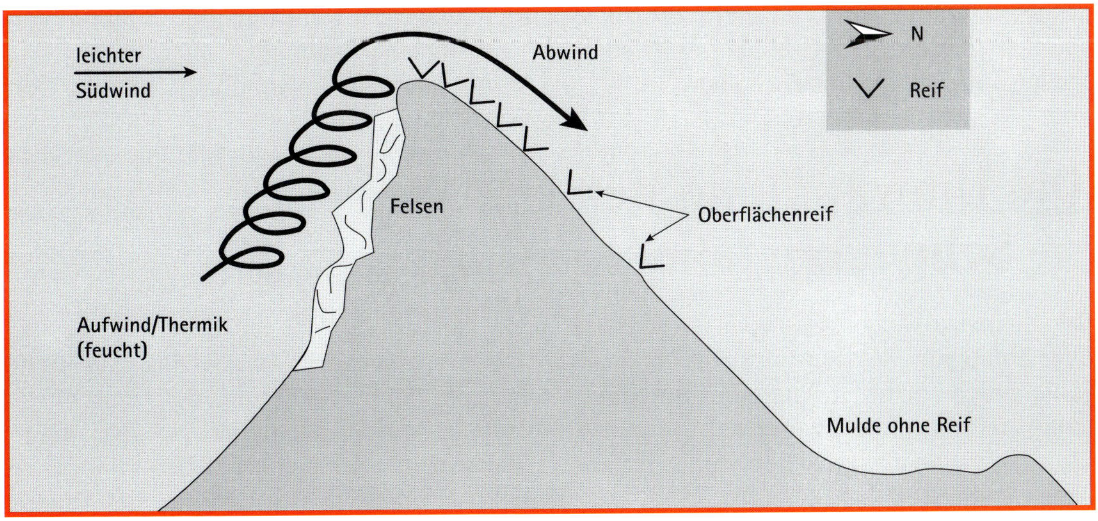

22 Nasses Schneebrett in Waldlichtung. Das Bild widerlegt die weit verbreitete Meinung, unterhalb der Waldgrenze sei es nicht gefährlich (siehe Abb. 5).

Beachte, dass die Schneefallgrenze ungefähr 300 m unterhalb der 0°-Grenze liegt. Die Schneefallgrenze wird so definiert, dass oberhalb dieser Grenze 90 % des Niederschlags in Form von Schnee fallen.

Die Umwandlung der Schneekristalle

Die Schneekristalle sind vom Augenblick ihrer Entstehung in der Atmosphäre bis zum völligen Schmelzen in dauernder Umwandlung **(Metamorphose)** begriffen.
Man unterscheidet zwischen vier verschiedenen Vorgängen:

1. Mechanische Umwandlung: Bildung von Triebschnee
2. Abbauende Umwandlung: Bildung von körnigem Altschnee
3. Aufbauende Umwandlung: Bildung von Schwimmschnee
4. Schmelzumwandlung: Bildung von Sulzschnee und Firn

Zertrümmerung durch Wind und Druck

Unter mechanischer Umwandlung versteht man die Formveränderung der Neuschneekristalle durch Windeinfluss und durch Druck in der Schneedecke. Der Wind kann die Eiskristalle bereits während des Fallens in der Atmosphäre verändern. Die komplizierten sternförmigen Gebilde zerbrechen und fallen als Trümmer zu Boden, von wo sie weiterverfrachtet werden können. Dieser windtransportierte **Triebschnee** hat ganz andere mechanische Eigenschaften als der ursprüngliche Neuschnee. Er ist unplastisch und spröde und kann deshalb Spannungen in der Schneedecke schlecht ausgleichen.

Frischer Triebschnee (nach Neuschneefall oder Schönwettersturm mit Schneefahnen) ist immer schneebrettverdächtig (je kälter, desto schlimmer). Er kann sich aber im Laufe der Zeit so weit umwandeln und verfestigen, bis keine Gefahr mehr besteht!

Sterne werden zu Kugeln

Durch die abbauende Umwandlung werden die sechseckigen Neuschneekristalle zu körnigem Altschnee (siehe Abb. 24). Die komplizierten Neuschneekristalle sind unbeständig, weil sie im Verhältnis zur großen Oberfläche wenig Material aufweisen. In der Natur besteht die Tendenz, diese komplizierten Formen zu vereinfachen und die Oberfläche zu verkleinern. Die feinen Spitzen der Schneekristalle beginnen zu sublimieren, und der entstehende Wasserdampf lagert sich im Kristallzentrum wieder ab. Auf diese Weise entstehen kugelige Körper, die weniger Raum beanspruchen als die Neuschneekristalle: Die Schneedecke setzt sich. Die Körner berühren sich und gehen eine

23 Neuschneekristall, sechseckiger (hexagonaler) Stern. Es gibt Tausende von Formen, je nach Feuchtigkeit, Temperatur und Windeinfluss während des Fallens in der freien Atmosphäre – ja, vielleicht sind noch nie zwei identische Kristalle zur Erde gefallen.

Bindung ein; die Schneedecke wird dadurch immer dichter und fester. Dieser Vorgang ist temperaturabhängig; er geht bei Wärme schneller vor sich als bei Kälte. Bei milder Temperatur setzt sich also die Schneedecke schneller.
Körniger Altschnee wirkt wegen seiner großen Festigkeit der Lawinenbildung entgegen. Leider sind diese Körner nicht stabil, da sie bei großem Temperaturgefälle in der Schneedecke der aufbauenden Umwandlung unterworfen sind und durch diesen Prozess ihre Festigkeit und ihren Zusammenhalt verlieren.

Kristalle bilden sich neu

Die aufbauende Umwandlung ist eine Neubildung von Kristallen im Innern der Schneedecke (siehe Abb. 25). Alle Kristallformen mit Ausnahme der Reifkristalle können durch die aufbauende Umwandlung zu kristallinen-Hohlformen umgebildet werden. Diese neuen Kristallformen werden auch **Schwimmschnee** oder Tiefenreif genannt. Das Endstadium dieser Umwandlung ist der Becherkristall. Auch der körnige Altschnee kann zu Tiefenreif umgewandelt werden.
Die Bildung von Tiefenreif ist ein Sublimationsvorgang. Die bodennahen Schichten sind durch die Ausstrahlung der Erdwärme verhältnismäßig warm (meist knapp unter 0 °C), und nach oben nimmt die Schneetemperatur immer mehr ab. Unter dem Einfluss der milden Temperatur in Erdnähe verdunsten die Altschneekörner; der feuchtwarme Dunst steigt auf in kältere Schichten, kühlt sich in ihnen ab und muss dadurch

24 Abbauende Umwandlung (Metamorphose) von sechseckigem Neuschneekristall zu körnigem Altschnee in mehreren Phasen. Bei milder Witterung dauert der Prozess nur einige Tage, bei großer Kälte Wochen bis Monate. Durch die abbauende Umwandlung setzt sich die betreffende Schicht und verfestigt sich.

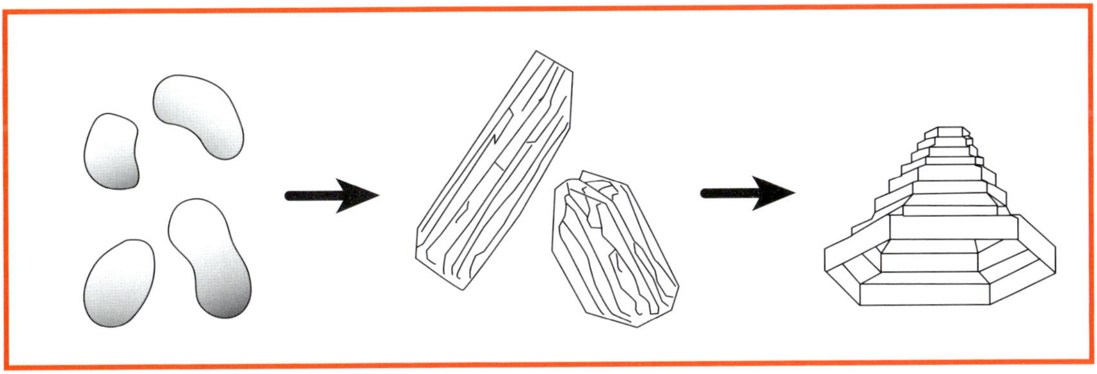

25 Aufbauende Umwandlung (Metamorphose) von körnigem Altschnee zu Becherkristall (Tiefenreifbildung), siehe auch Abb. 18+19.
Links: abgebauter feinkörniger Altschnee; Mitte:fortgeschrittene aufbauende Umwandlung (eckigkantige Körner, zum Teil prismenartig, mit treppenartig gestuften Flächen und parallelen Kanten, Winkel von 60° und 120°); rechts: kristalline Hohlform (Becherkristall) als Endform (bei ungestörtem Wachstum über Monate in Hohlräumen mehrere Zentimeter groß).

26 Schneefalte in einer feuchten Gleitschneedecke

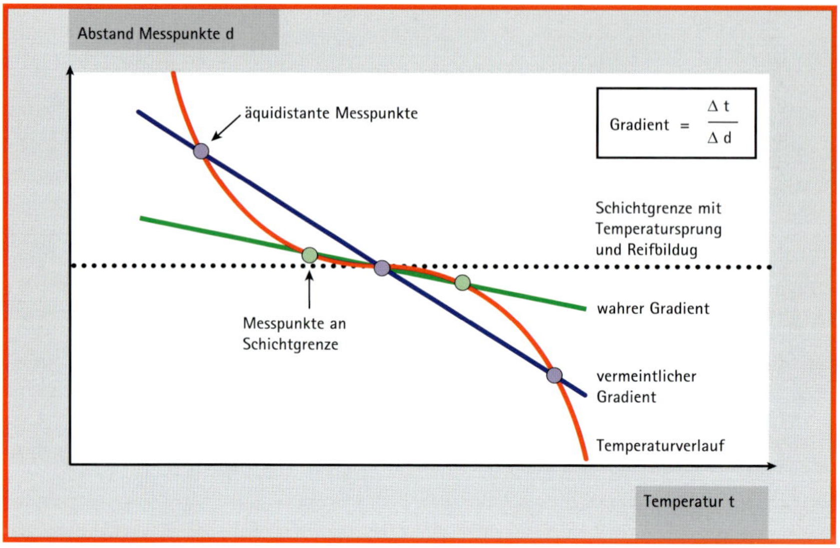

27 Temperatursprünge an Schichtgrenzen werden mit äquidistanten Messpunkten oft übersehen, vor allem bei dünnen Schichten. Am besten misst man grundsätzlich an Schichtgrenzen und zwar knapp darüber und knapp darunter. Auf diese Weise ergibt sich eine unter Umständen treppenstufenförmige Kurvenform mit hohem Gradienten von selbst.

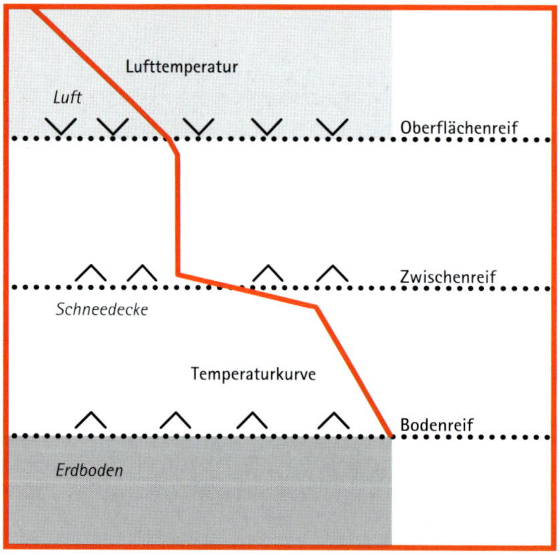

28 Reif kann überall in der Schneedecke entstehen: am Boden, in einer Zwischenschicht und an der Oberfläche (schematisch).

Feuchtigkeit abgeben. Diese überschüssige Feuchtigkeit kristallisiert an den kälteren Schneekörnern in Form von Tiefenreif: neue Kristallformen entstehen. In den tieferen Schichten, wo die Verdunstung stattfindet, tritt ein Materialverlust ein und es bilden sich Hohlräume.

Die Geschwindigkeit dieses Vorgangs ist abhängig vom Temperaturgefälle in der Schneedecke. Dieses ist definiert als die Temperaturdifferenz zwischen Erdboden und Schneeoberfläche, geteilt durch die Gesamtschneehöhe. Ein großes Temperaturgefälle, das heißt tiefe Temperatur und dünne Schneedecke, beschleunigt die gefährliche Schwimmschneebildung; ein kleines Temperaturgefälle infolge milder Temperatur und dicker Schneedecke verlangsamt sie (siehe Abb. 27+28). Die Schwimmschneebildung wird ferner gefördert durch lockere Zwischenschichten oder Hohlräume bei Felsblöcken, Alpenrosenstauden, Legföhren etc. Die Tiefenreifbildung vollzieht sich in mehreren Phasen über längere Zeiträume. Die im

29 Nasse Lockerschneelawine an einem Steilhang mit starker Sonneneinstrahlung. Die punktförmigen Anrisse sind meist 40° oder steiler.

Entstehen begriffenen neuen Kristalle setzen vorerst Kanten, Ecken und Flächen an. Es entstehen kantige Gebilde von 2 bis 4 mm Durchmesser. Dauert der Prozess fort, bilden sich langsam wieder sechseckige Formen. Das Endstadium ist ein so genannter Becherkristall, eine kristalline Hohlform. Becherkristalle wachsen von oben nach unten; sie werden rund 5 mm lang und bilden Säulen, die zwar gegen senkrechten Druck von oben (Gewicht der Schneedecke) relativ widerstandsfähig sind, bei seitlichen Erschütterungen jedoch schnell zusammenbrechen. Sowohl die kantigen Gebilde (Zwischenstadium) als auch die Becherkristalle (Endstadium) sind untereinander sehr schlecht verbunden. Diese Schneeart hat deshalb eine geringe Festigkeit.

Besonders ungünstig sind geringe Schneefälle im Frühwinter, gefolgt von einer längeren, niederschlagsfreien Kälteperiode, in der die Schwimmschneebildung intensiv erfolgen kann.

30 »Fischmaul« in Gleitschneedecke. Entgegen einer weit verbreiteten Meinung sind die bergschrundartigen Fischmäuler ein Zeichen für entspannte Hänge. Angerissene Hänge sind lawinensicher, solange die Schneedecke nicht völlig durchnässt ist; sie sollten daher bei der Routenwahl bevorzugt werden.

Die späteren Schneefälle verbinden sich dann sehr schlecht mit diesen umgewandelten (aufgebauten) Schichten. Das Fundament dient als Gleitfläche für die darauf abgelagerten Schichten! (Siehe Kapitel 7)

Tiefenreif oder Schwimmschnee bildet sich jedoch nicht bloß in Bodennähe, sondern auch in Zwischenschichten. Schon PAULCKE wies mit Nachdruck darauf hin, dass sich Schwimmschnee-Tiefenreif grundsätzlich überall an Schichtgrenzen mit großen Temperatursprüngen bildet. Liegt die kältere Schicht oben (kalt auf warm), ist die Reifbildung intensiver und länger andauernd als umgekehrt (warm auf kalt). Diese Reifbildung an Schichtgrenzen mit Temperatursprung ist bisher unterschätzt worden, weil man die Temperaturgradienten falsch bestimmt hat: nämlich durch äquidistante Messpunkte (z. B. alle 10 cm), die man durch geradlinige Verbindungen zu einer Temperaturkurve verbunden hat. Misst man an Schichtgrenzen (ein Messpunkt knapp darüber und der andere knapp darunter), erhält man häufig eine treppenstufenförmige Temperaturkurve mit viel höheren Gradienten (siehe Abb. 27). An solchen Temperatursprüngen können innerhalb Stunden hauchdünne, mit der Lupe kaum sichtbare Reifkristalle entstehen und die Verbindung schwächen. Diese Reifbildung findet so lange statt, bis die Temperatur ausgeglichen ist, dann werden die Reifkristalle wieder abgebaut. Um dieser für die Lawinenbildung sehr wichtigen Reifbildung an Schichtgrenzen die nötige Beachtung zu schenken, schlage ich die neue Bezeichnung Zwischenreif vor (siehe Abb. 28). Ich unterscheide somit:

31 Kornformen und Signaturen. Die Signaturen werden zur grafischen Darstellung von Schneeprofilen benutzt (siehe auch Abb. 56).

Bezeichnung	Beschreibung	Signatur	
Oberflächenreif	Dünne, gefiederte oder flächige Kristalle (oft auch eingeschneit); Niederschlag auf Festkörpern	∨ ∨ ∨	dendritisch
Neuschnee ↓	Ursprüngliche Form der Kristalle weitgehend erhalten	+ + +	dendritisch
Filziger Schnee	Ursprüngliche Form, Verästelungen an länglichen, teilweise schon abgerundeten Bruchstücken noch erkennbar (beginnende abbauende Umwandlung oder windzertrümmert)	ʎ ʎ ʎ	dendritisch
Rundkörniger Schnee	Kleine runde, fast kugelförmige Körner (Ende der abbauenden Umwandlung, Altschnee)	● ● ●	metamorph
Kantigkörniger Schnee ↓	Einzelne oder mehrere ebene Flächen und Kanten erkennbar; kantige Vollformen (beginnende aufbauende Umwandlung)	□ □ □	metamorph
Tiefenreif	Hohlformen mit ebenen Flächen und deutlichen Kanten, oft gestuft, teilweise Bruchstücke (Ende der aufbauenden Umwandlung), Becherkristalle	∧ ∧ ∧	metamorph
Schmelzformen	Runde, oft zusammengewachsene Körner; groß und fast durchsichtig; Sulzschnee und Firn	○ ○ ○	metamorph

1. **Oberflächenreif** (dendritisch): Blättchen- oder rosettenförmige Kristalle, die stark »glitzern«.

2. **Tiefenreif** (aufbauende Umwandlung):
   a) Auch die oberste Schicht kann aufbauend umgewandelt werden,
   b) Zwischenreif: entsteht an Schichtgrenzen mit Temperatursprung,
   c) Bodenreif: Schwimmschnee zwischen Erde und Schneedecke.

Der Zwischenreif wird oft mit eingeschneitem Oberflächenreif verwechselt. Er entsteht auch unterhalb von Dampfsperren z. B. an Eislamellen und Harschschichten.
Auch Oberflächenschichten in Schatten hängen, die lange dem schönen und kalten Wetter ausgesetzt sind, unterliegen der aufbauenden Umwandlung. Viele Skifahrer bezeichnen diesen an der Oberfläche entstandenen »Tiefenreif« (zu unterscheiden vom eigentlichen blättchenförmigen Oberflächenreif) als »Pulverschnee«, wohl um dem Widerspruch Tiefenreif an der Oberfläche zu entgehen.
Für den Skifahrer genügt es zu wissen, dass sich alle eingeschneiten Reifschichten sehr schlecht und nur langsam mit der Schneeauflage verbinden.

Eingeschneite Reife bilden oft wochenlang eine potenzielle Bedrohung, vergleichbar mit einer Zeitbombe!

Es gibt jedoch, um die Verwirrung komplett zu machen, auch eine sehr häufige und harmlose Schwimmschneebildung am Boden. Im Laufe des Winters entsteht in fast jeder nicht allzu mächtigen Schneedecke eine relativ dünne Schwimmschneeschicht von unterschiedlicher Mächtigkeit (je nach Bodenbeschaffenheit und Schneehöhe 5 bis 10 cm), die selten eine größere zusammenhängende Gleitfläche bildet.

32 »Wandern ist die tiefste Verbundenheit mit der Erde«.

Alfred Graber

Gefährlich sind vor allem eingeschneite und in Zwischenschichten entstandene Oberflächen- und Tiefenreife, die größere zusammenhängende Gleitflächen bilden!

Wie gut oder wie schlecht eine Schwimmschneeschicht mit der aufliegenden Schicht verbunden ist, können wir mit dem Rutschkeil feststellen.

Sulzschnee und Firn

Durch die Erwärmung der Schneekristalle auf 0 °C bei Warmlufteinbruch, Regen oder Sonneneinstrahlung entsteht auf der Oberfläche der Eiskristalle ein Wasserfilm. Durch mehrmaliges Schmelzen und Wiedergefrieren entsteht der grobkörnige Sulzschnee mit einem Korndurchmesser größer als 1 mm. Sämtliche Neu- und Altschneekristalle können direkt – ohne Umweg über die ab- und aufbauende Umwandlung – in Sulzschnee umgewandelt werden. Wird das in der Schneedecke einsickernde Schmelzwasser von einer wasserundurchlässigen Zwischenschicht aufgehalten, entsteht an dieser Stelle eine »Schmierschicht«, auf der die nassen Schneebretter als Oberlawinen abgleiten. Sickert das Schmelzwasser bis auf den Boden, entstehen nasse Bodenlawinen, die häufigste Form des nassen Schneebretts.

An der Oberfläche der Schneedecke entsteht durch Sonneneinstrahlung oder Regen häufig **Schmelzharsch,** der eine harte Zwischenschicht bildet, wenn er eingeschneit wird. In der Schmelzharschschicht sind im Unterschied zur Eislamelle die einzelnen groben Sulzkörner noch sichtbar. Mindestens einjähriger Sulzschnee wird Firn genannt (vom schweizerischen »färn« = vorjährig).

Gefrorener Sulzschnee ist sehr fest. Deshalb sind gefrorene Sulzschneehänge lawinensicher. Aber die Kälte dringt während der Nacht nur etwa 10 bis 20 cm tief in die Schneedecke ein. Unter dieser gefrorenen Decke befindet sich meist Faulschnee, das ist sehr nasser und haltloser Sulzschnee. Mit zunehmender Erwärmung können sich deshalb an Sulzschneehängen nasse Lockerschneeelawinen und nasse Schneebrettlawinen lösen, die oft bis auf die Grasnarbe abgleiten, wobei das Gras als Gleitschicht wirkt. Frühjahrsskitouren sollten deshalb am späten Vormittag beendet sein. Sobald der Skifahrer mit Ski durch die Decke hindurchbricht, ist der Hang nicht mehr lawinensicher. Man hüte sich vor dem weit verbreiteten Irrtum, dass eine tagsüber weich gewordene Sulzschneedecke bereits in den ersten Abendstunden, beziehungsweise wenn der Hang in den Schatten verschwindet, wieder begehbar werde. Verschiedene Beobachtungen lassen eher darauf schließen, dass das Eintauchen in den Schatten lawinenauslösend wirkt (so genannte Abendlawine). Das erste Anziehen des Schnees ist also keinesfalls ausreichend. Als Faustregel kann man sich einprägen, dass Sulzschneehänge auch bei unbedecktem und klarem Himmel in der ersten Nachthälfte noch zu wenig sicher sind.

»Ist dann wieder Kälte eingetreten – zum Beispiel nach Sonnenuntergang –, so hört weitere Schmelzwasserbildung an der Oberfläche auf; es entsteht die harte Oberkruste, der Harsch. Im Inneren der Schneeschichten aber bleibt die Temperatur noch verhältnismäßig hoch und die Wasserbewegung geht in der Tiefe der Schneeschichten noch stundenlang weiter!

Praktische Folge: An tagsüber stark bestrahlten Hängen dauert auch nachts die Lawinengefahr noch lange an. Es ist falsch, in solchen Fällen Hänge mit harter oberflächlicher Harschkruste für lawinensicher zu halten, wie das sogar in Lehrbüchern zu lesen ist.«

W. Paulcke

Schneearten und Raumgewicht

Grundsätzlich kann man alle Schneearten in zwei Klassen unterteilen, in dendritische (aus dem Griechischen dendron = Baum, also verästelt, verzweigt) und metamorphe (umgewandelt), siehe Abb. 31.
Unter Pulverschnee verstehen wir in diesem Buch ausschließlich die dendritische Form des Neuschnees:
»Mit dieser Bezeichnung fasst man alle trockenen Schneesorten zusammen, die bei relativ tiefer Temperatur und wenig Wind fallen, nur kleine Flocken bilden und sich nicht ballen lassen.«

W. Flaig

Lawinenbildender Schnee hat ein durchschnittliches Raumgewicht von rund 150 bis 200 kg/m^3, die Raumgewichte der einzelnen Schneearten gehen jedoch sehr weit auseinander (siehe Tabelle unten).
Die **Feuchtigkeit des Schnees** wird gemäß folgender Skala geschätzt (die Übergänge sind naturgemäß »fließend«):

1 = **trocken** – Schneetemperatur unter minus 1 °C, Schnee lässt sich nicht ballen

2 = **schwach feucht** – Schneetemperaturen knapp unter 0 °C (bis minus 1 °C), pappig, lässt sich ballen

3 = **feucht** – Wasser beim Zusammenquetschen auspressbar (abtropfen), 0 °C

4 = **nass** – Wasser läuft ab, 0 °C

5 = **sehr nass** – wasserdurchtränkt (Matsch), 0 °C. Schneematsch eignet sich sehr gut für die Eichung des Thermometers: muss 0 °C ergeben

Neuschnee trocken und locker	30– 50 kg
Neuschnee schwach gebunden	50–100 kg
Neuschnee stark gebunden	100–200 kg
Altschnee trocken	200–400 kg
Altschnee feucht bis naß	300–500 kg
Schwimmschnee	150–300 kg
Firn (mehrjährig)	500–800 kg
Eis	800–900 kg

KAPITEL 7

WETTER UND LAWINEN

»Bei prachtvollstem Wetter und durchaus sicherem Schnee waren wir von Rosenlaui die Dossenwand hinaufgestiegen zur Dossenhütte ...
Nachts kam dann ganz unerwartet ein gewaltiger Wettersturz. Es stürmte und schneite tagelang und schließlich hatten wir gar nichts mehr zu essen und mussten den Abstieg antreten ...
Eine Staublawine nach der anderen kam die Wand herunter. Wir aber hatten unerhörtes Glück ...
Die größeren Lawinen verschonten uns ...
Mit knapper Not entgingen wir dem Untergang.«

Henry Hoek, Meteorologe

Die Witterungselemente Neuschnee, Wind und Temperatur haben einen direkten Einfluss auf die Lawinenbildung. Die häufigsten Ursachen sind

- Neuschnee mit Wind,
- plötzliche und massive Erwärmung,
- schwacher Schneedeckenaufbau infolge eingeschneiter Reifschichten.

Neuschnee: Menge und Intensität

Für die Beurteilung der Lawinengefahr ist nicht die Gesamtschneehöhe entscheidend, auch nicht die aufsummierte Neuschneemenge einer Niederschlagsperiode, sondern die **Niederschlagsintensität**, das heißt die Neuschneemenge pro Zeiteinheit. Es macht nämlich einen großen Unterschied, ob 50 cm Neuschnee innerhalb 12 oder 24 Stunden fallen. Die Neuschneemenge wird vom Skifahrer gerne überschätzt.
20 bis 30 cm in 24 Stunden sind schon bedeutend und größere Mengen eher selten. 10 bis 15 cm Neuschnee pro Stunde sind Spitzenwerte, die etwa bei Gewittern registriert werden und kaum über mehrere Stunden andauern (vergleichbar einem kurzen heftigen Platzregen). Ein intensiver Schneefall (ergiebiger Niederschlag) ergibt über längere Zeit c a. 3 bis 5 cm pro Stunde. Neuschneemengen von mindestens 50 cm in 24 Stunden sind schon sehr selten und werden im Messnetz des EISLF ungefähr in 3 ‰ aller Ablesungen registriert, das macht pro Messstelle einmal in zwei Jahren. Schneereiche Posten wie Trübsee (1800 m) maßen diesen Wert im Winter 1986/87 nie und im schneereichen Winter 1981/82 viermal. Die aus früheren Zeiten überlieferten Neuschneemengen, zum Beispiel 170 cm in 24 Stunden in Visp im Jahre 1919, sind nicht über alle Zweifel erhaben. Möglicherweise wurden die Stundenwerte aufsummiert, ohne die Setzung zu berücksichtigen.
Der Rekordschneefall vom 10./11. März 1975 auf dem Simplon-Hospiz (2000 m) brachte 120 cm in 24 Stunden bzw. 200 cm in 48 Stunden. Anfang April des gleichen Jahres wurden in Andermatt (1440 m) rekordverdächtige 225 cm in 72 Stunden gemessen. Bei solchen Neuschneeangaben handelt es sich immer um die aufsummierten 24-Stunden-Messwerte. Die 225 cm verteilen sich beispielsweise wie folgt auf drei Tage: 105 cm, 64 cm und 56 cm.
Am 21. November 1985 wurden in der Stadt Zürich 35 cm in 24 Stunden gemessen, ein Spitzenwert, der in dieser Lage nur alle 35 Jahre zu erwarten ist. Intensität und Menge des Neuschnees können auch innerhalb einer »einheitlichen« Region sehr unterschiedlich ausfallen. Als Beispiel sei der 5. Mai 1987 genannt, als in den nördlichen Voralpen auf der Linie Gantrisch–Hohgant–Pilatus auf gleicher Höhe (1500 bis1600 m) sehr unterschiedliche Neuschneemengen gemessen wurden, 30 bis 40 cm im Gantrisch- und 70 bis 80 cm im Hohgantgebiet.

Windrichtung und Windstärke

Das Luftdruckgefälle in der Atmosphäre zwischen Hoch- und Tiefdruckgebieten ist der Motor, der die Bewegung der Luftmassen zustandebringt und die Strömungen aufrechterhält.
Diese Ausgleichsbewegung zwischen Regionen unterschiedlichen Drucks kommt nie zum Stillstand, weil die Sonne die Erdoberfläche – und damit indirekt die Luft – unterschiedlich erwärmt. Die Sonnenstrahlung wird von der Erde je nach Sonnenstand und Oberflächenbeschaffenheit der Erde unterschiedlich reflektiert und absorbiert. Das

33 Verregnete Oberfläche. Zeichen für entspannte Schneedecke. Hang kommt nur ins Rutschen, wenn Schnee völlig durchnässt ist.

Festland wird stärker erwärmt als das Meer, die Wüsten mehr aufgeheizt als die polaren Schnee- und Eisflächen. Dazu kommt der ständige Wechsel zwischen Tag (Erwärmung) und Nacht (Abkühlung). Aus diesen unterschiedlichen Erwärmungen resultieren Land- und Seewinde sowie Berg- und Talwinde. Wenn warme Luft aufsteigt, muss von der Seite Luft nachfließen (Advektion), um den Druckverlust auszugleichen. Aus diesem Grunde entstehen infolge der Thermik auch kleinräumige Windströmungen und Zirkulationen.

Die **Windrichtung** gibt immer den Ursprung der Luftmassen an, also die Richtung, woher der Wind weht. Ein Westwind bläst von West nach Ost und ein Bergwind vom Berg ins Tal. Bläst der Wind gegen ein Hindernis, unterscheiden wir Windseite (Luv) und Windschattenseite **(Lee)**. Die Strömung kann laminar (parallel) oder turbulent (verwirbelt) sein. Im Gebirge ist die turbulente Form vorherrschend. Bei der Beurteilung der Windrichtung müssen wir unterscheiden zwischen **Höhenwinden** (an den hohen Wolken erkennbar) und den **Bodenwinden,** die vom Gebirgsrelief beeinflusst werden. Die gegen das Gebirgsmassiv anbrandende Hauptströmung wird vom Relief teilweise in Nebenströmungen aufgeteilt und abgelenkt, und dieser Bodenwind kann quer oder sogar entgegengesetzt zur Hauptströmung wehen (vergleiche Widerwasser am Flussufer). Diesem Umstand ist bei der Beurteilung der Triebschneeansammlungen im Windschatten größte Beachtung zu schenken. Der Grimselföhn beispielsweise (»der älteste Oberhasler«) fällt zuerst von Süden ein und wird dann im Brienzersee-Becken nach Westen abgelenkt. Im Schwarzhorn-Gebiet (Große Scheidegg) finden wir deshalb nach einem Föhnsturm auch Triebschneeablagerungen auf der Westseite. Diese lokalen Ablenkungen der Windrichtung, die beliebige Richtungen erreichen können, müssen vom Bergsteiger an Ort und Stelle erkannt werden, und zwar auch nach der Schlechtwetterperiode. Dazu müssen wir allerdings lernen, die Zeichen der Natur zu lesen und zu deuten (siehe Kapitel 7).

Die Unterscheidung zwischen **Windgeschwindigkeit** (Streckenmaß pro Zeiteinheit) und **Windstärke** (eingestuft nach der Beaufortskala anhand der Windwirkung auf Objekte in Bodennähe) hat für den Bergsteiger eher eine wissenschaftliche Bedeutung, weil er die Geschwindigkeit sowieso nur grob abschätzen kann. Windstille (Rauch steigt senkrecht auf) herrscht in den Bergen selten. Für die Lawinenkunde ist die Kenntnis der kritischen Windgeschwindigkeit unerlässlich, bei der Schnee in erheblichen Mengen windtransportiert wird. Es sind ca. 25 bis 30 km/h, entsprechend Beaufort 4. Diese Geschwindigkeit wird mit »mäßig« umschrieben und ist in den Bergen sehr häufig. Bei mäßigem bis starkem Wind wird lockerer Pulverschnee auch bei Schönwetter verfrachtet, sog. »Schneefegen«. Bei den im Wetterbericht oder im Lawinenlagebericht genannten Windgeschwindigkeiten handelt es sich um Mittelwerte. Die Schwankungen um diesen Mittelwert sind im Gebirge besonders ausgeprägt. Die Geschwindigkeitsspitzen werden als Böen (turbulente Windstöße) bezeichnet. Am Gebirgskamm, vor allem in Einschnitten (Pass, Joch, Scharte), ist zudem der **Düseneffekt** zu berücksichtigen (siehe Abb. 42), der die Windgeschwindigkeit örtlich stark erhöht. Im Windschatten solcher Einschnitte sind also die größten Triebschneeansammlungen zu erwarten (siehe Abb. 43).

Die Windstärke kann vom Tourenfahrer in Anlehnung an die Beaufortskala geschätzt werden.

34 Windverblasene gewellte Oberfläche (Dünen). Wind bläst hier im rechten Winkel zu den Wellenkämmen. Diese Oberfläche signalisiert Lawinengefahr auf der Windseite.

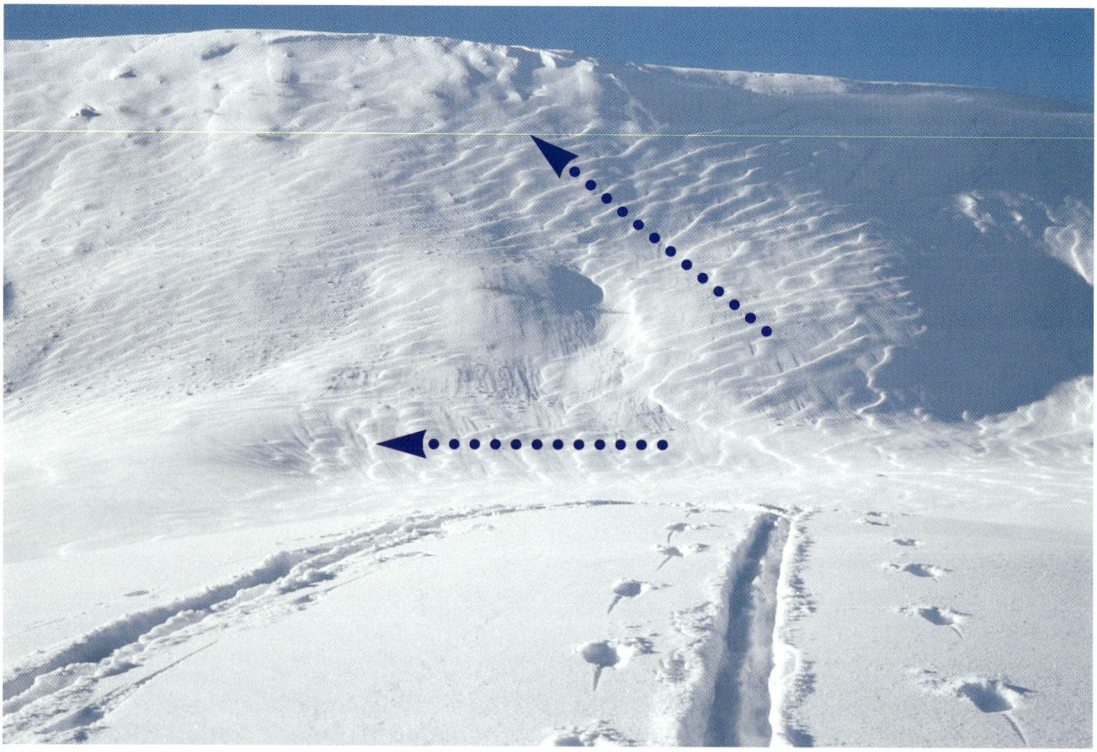

Folgende Abstufungen sind für unsere praktischen Bedürfnisse voll ausreichend:

Schwacher Wind (12 km/h)
Taschentuch bewegt sich schwach, Wind im Gesicht fühlbar, keine Schneeverfrachtungen.

Mäßiger Wind (25 km/h)
Taschentuch wird vom Wind voll gestreckt. Beginn der Schneeverfrachtungen. Kaum Behinderung auf Touren. Wind wird höchstens als unangenehm empfunden.

Starker Wind (50 km/h)
Wind an festen Gegenständen hörbar (Rauschen des Bergwaldes, Pfeifen um die Hüttenecken herum, »Singen« des Skistocks und gespannter Drähte).Umfangreiche Schneeverfrachtungen. Wind wird bei großer Kälte als schmerzhaft empfunden. Gefahr lokaler Erfrierungen bei minus 10 °C. Gute Windschutzkleidung erforderlich.

Stürmischer Wind (75 km/h)
Gehen gegen den Wind stark erschwert (sich gegen den Wind stemmen). Unregelmäßige Schneeverfrachtungen in allen Expositionen infolge von Turbulenzen. Schneefahnen an Gipfeln und Graten. Wind orgelt, heult und rüttelt an einzelstehenden Gebäuden. Meist unregelmäßig böig. Äste brechen von den Bäumen. Touren nur in windgeschützten Lagen möglich – »Guxwetter«.
Windexponierte Stellen müssen gemieden werden. Lokale Erfrierungen bereits bei minus 5 °C möglich.

Schwerer Sturm/Orkan (100 km/h)
Diese hohen Geschwindigkeiten werden in den Bergen bei Föhn- und Weststürmen erreicht und überschritten (es wurden schon Geschwindigkeiten von über 200 km/h gemessen). Kampf um die Erhaltung des Gleichgewichts, aufrechter Gang sehr erschwert. Tour muss abgebrochen werden. Orkanartige Böen können Lawinen auslösen. Schäden an Gebäuden, entwurzelte Bäume. Oft wird uns erst bei solchen Gelegenheiten am Luftwiderstand bewusst, dass Luft ein beachtliches Gewicht hat, immerhin rund ein Kilogramm pro Kubikmeter auf 2500 m über Meeresspiegel.

Der Wind als Baumeister von Schneebrettern

Der Ausdruck »Wind als Baumeister der Schneebretter« stammt von Mathias Zdarsky. In Anlehnung an die Unterscheidung zwischen potenzieller und kinetischer Energie könnte man auch zwischen potenziellen Schneebrettern (»gespannte Falle«) und kinetischen Schneebrettlawinen (ausgelöste Falle, in Bewegung) unterscheiden.

Die meisten potenziellen Schneebretter bilden sich während oder kurz nach dem Schneefall unter Windeinfluss!

Der Wind verfrachtet die lockeren Neuschneemassen und lagert sie zur Hauptsache im Windschatten (Lee), das heißt hinter Geländehindernissen ab. Auf diese Weise entstehen beträchtliche Triebschneeansammlungen. Diese Schneeverfrachtungen finden bei ausreichender Windstärke und lockerer Schneeoberfläche auch bei Schönwetter statt, ersichtlich an den Schneefahnen an Gipfeln und Graten (siehe Abb. 51).

Am Fuße von Steilstufen (Felswand) sowie in Rinnen und Mulden wird Triebschnee jedoch auch auf der Windseite (Luv) abgelagert! (Siehe Abb. 41)

35 Der Wind ist der Baumeister der Wächten und Schneebretter. Die Wächten krönen die gefährliche Leeseite und weisen unmissverständlich auf Triebschneeansammlungen hin. Frische Triebschneeansammlungen sind stets lawinenverdächtig und sollten nach Möglichkeit umgangen werden.

Die Mächtigkeit von durchschnittlichen Triebschneeansammlungen nach Neuschneefall in Kammlagen kann grob geschätzt werden.

FAUSTREGEL

Bei mäßigem Wind doppelte Neuschneemenge, bei starkem Wind dreifache Neuschneemenge.

Triebschneeansammlungen finden wir nicht bloß in Kammlagen (hier ist sie am ausgeprägtesten, vor allem in Einschnitten), sondern auch unter kammnahen Gefällsbrüchen (siehe Abb. 41+45) und in jedem Windschatten hinter den kleinsten Hügeln und Bodenwellen. Im stark zerklüfteten und coupierten Gelände finden wir Triebschneeansammlungen auf Schritt und Tritt.

Maßgebend für die Bestimmung der Windschattenseite ist die Richtung des Bodenwindes und nicht etwa die der Höhenströmung. Es ist deshalb ein verhängnisvoller Irrtum zu glauben, nach einem Schneefall mit NW-Höhenströmung seien die Triebschneeansammlungen grundsätzlich nur in SE-Hängen anzutreffen.

Nach einem bedeutenden Schneefall mit starken Winden finden wir gefährliche Triebschneeansammlungen praktisch in allen Expositionen!

Es ist für den Skifahrer deshalb sehr wichtig, die lokale Richtung der Bodenwinde auch nach einer Niederschlagsperiode oder einem Schönwettersturm bestimmen zu können. Hierzu müssen wir die Zeichen der Natur lesen und entschlüsseln:

- Häufig sind Triebschneeansammlungen mit **Wächten** gekrönt, die auf die Windschattenseite überhängen (siehe Abb. 35).
- Zastrugis oder **Windgangeln** werden die Gebilde der winderodierten Schneeoberfläche genannt, die der Wind herausgefräst hat (siehe Abb. 39 und Abb. 40). Die erhöhten Stirnseiten dieser Gebilde weisen gegen den Wind (»sie haben dem Wind die Stirn geboten«). Sich stets die Frage stellen, wo dieser weggeblasene Schnee jetzt liegt.
- Bei **gewellter Schneeoberfläche** (siehe Abb. 34 und 36) hat der Wind im rechten Winkel zu den Wellenkämmen geblasen. Diese gewellten Schneeoberflächen sind ein untrügliches Kennzeichen für große Schneeverfrachtungen und damit für erhöhte Gefahr. Wellen sind Akkumulationen wie Wächten. Sie sind auch in Sandwüsten zu finden. Achtung: Bei den Wellen oder Dünen bildet sich die steil abfallende Seite im Windschatten.

Frische Triebschneeansammlungen sind stets kritisch zu beurteilen und nach Möglicheit zu umgehen. Dies gehört zu den elementaren Vorsichtsmaßnahmen im Gebirge!

36 Wellen oder Dünen auf der Windseite. Wind weht hier von rechts.

Durch den Windtransport werden die Neuschneekristalle deformiert und eingerüttelt. Triebschnee ist daher immer gebunden und erfüllt eine wichtige Bedingung für die Schneebrettbildung (siehe Kapitel 13). Oft geben die windabgeblasenen Rippen und Rücken dem Skifahrer ein trügerisches Sicherheitsgefühl (»es liegt ja fast kein Schnee«) und verlocken ihn dazu, die nahen, mit Triebschnee gefüllten Mulden und Rin-

37 Wellen oder Dünen im Querschnitt. Der Wind weht rechtwinklig zu den mehr oder weniger parallelen Wellenkämmen, und die steil abfallende Seite liegt im Windschatten.

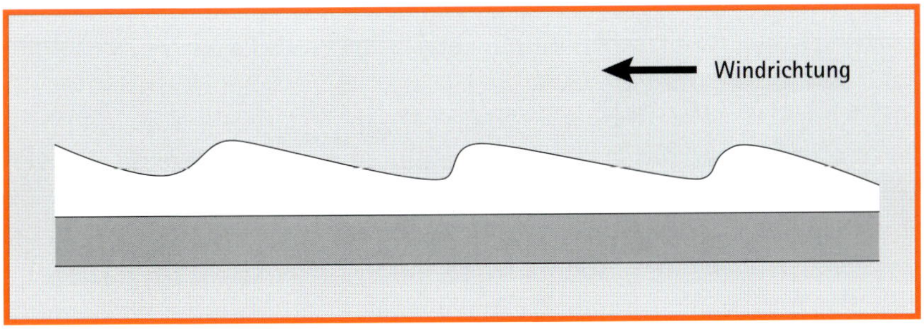

nen zu begehen, in denen Schneebrettgefahr herrschen kann. In solchen Fällen ist es oft besser, über die schneearmen Luvhänge aufzusteigen und notfalls die Ski ein kurzes Stück zu tragen.

Bei windverblasenen Hängen und Rücken sich nicht in die mit frischem Triebschnee gefüllten Rinnen und Mulden verlocken lassen!

Auch windtransportierter Schnee stabilisiert sich mit der Zeit. Alte, mächtige Triebschneeablagerungen können besser verfestigt sein als die dünne Schneedecke im Luv – eines der Kennzeichen für »sehr geringe Gefahr«.

Temperatur und Strahlung

Die Sonne strahlt so gewaltige Energien ins Weltall, dass zwei Milliardstel davon genügen, um unseren Erdball aufzuwärmen. Wir unterscheiden zwischen direkter und indirekter (diffuser) Sonnenstrahlung. Zu letzterer gehört die Strahlung, die die Wolken durchdringt. Gerade diese indirekte Strahlung bei bedecktem Himmel oder im Nebel wird vom Bergsteiger gerne unterschätzt. Die Intensität der Sonnenstrahlung ist abhängig von Jahreszeit, geographischer Breite, Höhenlage (in der Höhe intensiver), Exposition und Steilheit des Geländes (Einfallswinkel) sowie von Bewölkungsgrad, Luftfeuchtigkeit und Luftreinheit. Die Strahlung ist auf 47° geographischer Breite (Bern) im April/Mai rund dreimal stärker als im Dezember/Januar. Die einfallende Strahlung wird auf der Erde größtenteils in Wärme umgewandelt. Dabei hinkt die Erwärmung der Erdoberfläche dem Sonnenstand hinterher. Die größte Abkühlung stellen wir deshalb beim Sonnenaufgang fest und die stärkste Erwärmung um ungefähr 14 Uhr Ortszeit (15 Uhr Sommerzeit). Im Früh- und Hochwinter (November bis Januar) mit den langen Schatten (tiefer Sonnenstand) wirkt sich das Mikrorelief viel stärker aus (»Jedes Reiskorn wirft seinen Schatten«, indisches Sprichwort). Auch die Sonneneinstrahlung ist in dieser Zeit in den verschiedenen Expositionen extrem unterschiedlich:

FAUSTREGEL

Die Strahlungsäquivalenz für 40° geneigte Hänge beträgt in unseren Breitengraden von November bis Januar:

am Südhang	1 Tag
am ESE-Hang	2 Tage
am Osthang	3 Tage
am ENE-Hang	7 Tage

Das heißt, ein Südhang erhält an einem Tag so viel Sonne wie ein ENE-Hang in einer Woche. Beachte auch den Unterschied (Faktor 2) zwischen Ost- und ENE-Hang!

Die Luft wird von der Sonne nicht direkt erwärmt, sondern indirekt über die Erdoberfläche!

Weil die Lufthülle auf diese Weise von unten aufgewärmt wird, nimmt die Lufttemperatur in der Atmosphäre mit zunehmender Entfernung vom Boden ab (siehe Temperaturgradient Seite. 64). Die örtliche Lufttemperatur wird 2 m über dem Boden im Schatten gemessen. Die tiefsten so gemessenen Temperaturen liegen unter minus 80 °C (Antarktis) und über plus 50 °C (Wüsten).

38 Lawinenverdächtiger Leehang in Kammlage. In solchen Hängen ereignen sich die meisten Unfälle. Der gegen den Betrachter sich absenkende Nordgrat zeigt von weitem große Schneeverfrachtungen an. Windrichtung von rechts (West) mit großen Triebschneemassen im Windschattenhang. Das Risikokalkül ergibt: NE-Hang/steilste Hangpartien über 39°/häufig befahren (Nähe Skilift). Folge: bei ERHEBLICH nicht möglich, denn im Sektor Nord über 39° stehen nur **zweit- und drittklassige Reduktionsfaktoren** zur Verfügung, nämlich »häufig befahren« = RF 2 und »kleine Gruppe mit Abständen« = RF 3. Das Kalkül ergibt 2 x 3 = 6 als Obergrenze des Gefahrenpotenzials, d. h. MÄSSIG bis ERHEBLICH. Bei MÄSSIG auch möglich für größere Gruppen, die Entlastungsabstände einhalten.

Bei der Beurteilung des Einflusses von Strahlung und Temperatur auf die Schneedecke ist zu berücksichtigen, dass vor allem trockener Schnee ein sehr guter Isolator ist (hoher Luftanteil). Die Tagesschwankungen der Temperatur beeinflussen deshalb nur die oberflächennahen Schichten (10 bis 30 cm, je nach Schneebeschaffenheit). Feuchter Schnee leitet die Wärme besser. Zudem reflektiert Schnee einen beträchtlichen Teil der einfallenden Strahlung: Neuschnee über 90 % und Altschnee 40 bis 70 %. Dieser reflektierte Anteil wird also nicht in Wärme umgewandelt.

Gerade weil die komplexe Wechselwirkung zwischen Schneebeschaffenheit, **Temperatur** und Dauer der Einwirkung vom Skifahrer im Einzelnen gar nicht überblickt werden kann, braucht er ein stark vereinfachtes Modell mit anwendbaren Faustregeln als Entscheidungshilfen.

- Plötzliche und massive Erwärmung (Föhn, Tauwetter, Regen, hohe 0°-Grenze) verschärft die Gefahr kurzfristig.
- Langsame und maßvolle Erwärmung entspannt eine trockene Schneedecke und bewirkt eine günstige Setzung und Verfestigung.
- Kälte konserviert eine bestehende Gefahr (Spannungen in der Schneedecke werden nicht abgebaut).

- Abkühlung verfestigt feuchte Schneedecken, zum Beispiel nächtliche Abkühlung bei Schönwetter.
- Im Frühjahr, bei Sulzschnee, verläuft der Grad der Gefahr meist parallel zum Tagesgang von Sonnenstand und Temperatur. In der zweiten Nachthälfte und frühmorgens weist die oberflächlich gefrorene Schneedecke große Tragfähigkeit auf, die bei Sonneneinstrahlung (auch indirekter) rapid abnimmt. Morgens werden Osthänge bestrahlt, mittags Südhänge und nachmittags Westhänge. Dies ist bei der Tourenplanung zu berücksichtigen beispielsweise durch einen frühen Start (wenn nötig nachts) für Osthänge. Für die Abfahrt bevorzuge man nach Möglichkeit West- bis Nordhänge (siehe Kapitel 7).

Da die Lufttemperatur vom Menschen nur schlecht geschätzt werden kann – vor allem bei Windeinfluss –, ist das Mitführen eines Thermometers unerlässlich.

Das Thermometer wird vom Wind nicht beeinflußt und bewahrt uns vor fatalen Fehleinschätzungen. Nasser Schnee eignet sich gut zur Eichung des Thermometers, er sollte nämlich um 0 °C anzeigen.

Die Lufttemperatur nimmt normalerweise mit der Höhe über Meeresspiegel gleichmäßig ab. Dieser vertikale **Temperaturgradient** ist unter anderem abhängig von der Luftfeuchtigkeit. Er schwankt zwischen 0,4 °C pro 100 m bei sehr feuchter und 1 °C bei sehr trockener Luft und beträgt im Durchschnitt (Normatmosphäre) 0,65 °C auf 100 m Höhendifferenz.

Die **0°-Grenze** wird mittels Höhensonden in der freien Atmosphäre gemessen. Sie wird vom Bergsteiger häufig falsch interpretiert, weil er glaubt, oberhalb der 0°-Grenze sei der Schnee gefroren und unterhalb nicht. Dazu ist anzumerken, dass die Lufttemperatur am Boden tagsüber weit über die 0°-Grenze steigen kann und nachts beträchtlich darunter abkühlt (siehe Abb. 48). Zudem kühlt in klarer Nacht die Schneeoberfläche weit stärker ab als die darüber liegende Luftschicht.

Ein Beispiel zur Veranschaulichung: Arolla 2130 m, 29.05.91, leicht bewölkt, 0°-Grenze 3000 m, Lufttemperatur kurz vor Sonnenaufgang 2 m über der Schneeoberfläche plus 3 °C, Luftfeuchtigkeit 55%, Schneetemperatur an der Oberfläche minus 1,5–2 °C, ca. 5 cm gefrorener Deckel, in 5 cm Tiefe minus 0,5 °C, darunter feuchter kohäsionsarmer Schnee. Als Faustregel mag gelten, dass bei schönem Wetter und trockener Luft die Oberfläche einer Sulzschneedecke bis in Lagen von 1000 m unterhalb der 0°-Grenze so weit gefroren ist, dass sie einen Skifahrer zu tragen vermag.

Es schneit bei einer Lufttemperatur bis etwa plus 1,5 °C. Fallen Schneeflocken durch wärmere Schichten, beginnen sie zu schmelzen. Die **Schneefallgrenze** liegt deshalb bei einem Temperaturgradienten von 0,5 °C pro 100 m (feuchte Luft) im Durchschnitt rund 300 m tiefer als die 0°-Grenze. Kurz vor dem Schmelzen können sich Riesenschneeflocken (»Leintücher«) bilden.

Der vertikale Temperaturgradient in der Atmosphäre ist nur anwendbar, wenn keine Inversion vorliegt. Bei einer Inversion ist der Temperaturgradient umgekehrt (invers), das heißt, es ist in der Höhe wärmer als drunten im Tal. Im Spätherbst und Winter fließt kalte Luft ab in tiefere Lagen und bildet Kälteseen und Nebelmeere, die sich tagsüber nicht mehr auflösen, weil die Sonne um diese Jahreszeit nicht mehr genügend Kraft hat. Diese Temperaturumkehr ist bei der Beurteilung der Lawinengefahr zu berücksichtigen. Es ist möglicherweise in den Bergen gar nicht so kalt wie im Tal unter der Nebeldecke. Es ist für den Skifahrer ferner nützlich, die **Mittagshöhe der Sonne** zu kennen, um abzuschätzen, wann nordexponierte Hänge von der Sonne bestrahlt werden.

39 Winderodierte Schneeoberfläche mit Windgangeln (Zastrugis). Lokal können sich geländebedingte Abweichungen von der Hauptwindrichtung ergeben. Diese Windrichtungen lassen sich auch im Nachhinein an der winderodierten Oberfläche ablesen. Die erhöhten Stirnseiten der Zastrugis zeigen gegen den Wind (»sie haben ihm die Stirn geboten«). Wo liegt der weggeblasene Schnee jetzt?

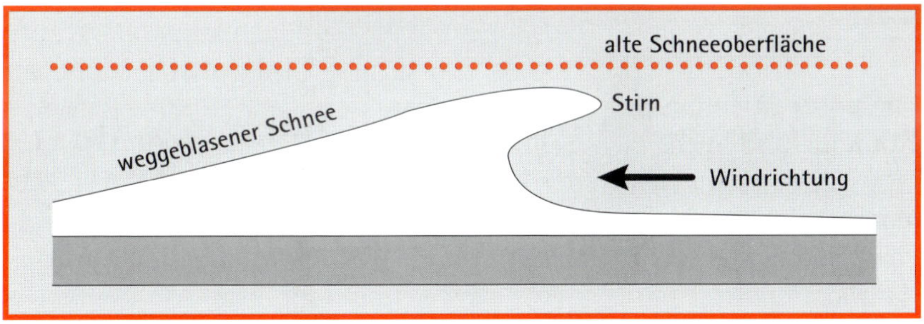

40 So bestimmt man anhand der Windgangeln (Zastrugis) die Richtung des Bodenwindes.

Der Einfallswinkel variiert auf 47° geographischer Breite (Bern) zwischen 20° am kürzesten und 66° am längsten Tag (siehe Abb. 49). Nordexponierte Steilhänge mit über 30° Neigung erhalten von Ende Oktober bis Mitte Februar keinen einzigen direkten Sonnenstrahl.

Die Lufttemperatur kann in den Bergen auf kleinstem Raum stark variieren. Beispiel: Engstligenalp, 3. Februar 1991: um 9.00 Uhr bei Pt. 1937 minus 11 °C (tiefster Punkt des Kältesees), um 9.30 Uhr bei Pt. 2032 minus 1 °C, also 10 °C Differenz auf eine Distanz von 500 m und eine Höhendifferenz von 100 m (beide Messorte im Schatten).

Für die Verfestigung der Schneedecke sind natürlich diese **Mikroklimata** verantwortlich und nicht statistische Durchschnittswerte.

Dies gilt es bei jeder Beurteilung der lokalen Gefahr immer zu berücksichtigen. Anschauliches Beispiel, wie wenig Durchschnittswerte in diesem Bereich von Nutzen sind. Wenn wir eine Hand in eiskaltes und die andere in heißes Wasser tauchen, empfinden wir durchschnittlich lauwarm.

Länger andauerndes **Strahlungswetter** (schön und kalt) schafft ungünstige Bedingungen für den nächsten Schneefall (siehe Kapitel 6 und 7): Eine der wichtigsten und verkanntesten Lawinenursachen!

Schneebringende Wetterlagen in den Schweizer Alpen

Die Schweizer Alpen sind topographisch außerordentlich stark gegliedert. Immerhin verlaufen die Hauptketten in der Regel von SW nach NE.
Die ergiebigsten Schneefälle sind in den Staulagen zu erwarten (Nord- und Südstau).
Je nach Strömungsrichtung der schneebringenden Luftmassen werden hauptsächlich folgende Regionen von Schneefällen betroffen.

West- bis Nordweströmungen

Jura und Voralpen. Gesamter Alpennordhang, das heißt Waadtländer und Freiburger Alpen, Berner Oberland, Zentralschweiz einschließlich Gotthardgebiet, Glarner Alpen sowie Alpstein–Churfirsten–Flumserberge. Nordbünden (bei starker und lang anhaltender Strömung auch Mittelbünden).

West- bis Südweströmungen

Waadtländer- und Freiburger Alpen, Unterwallis. Die südlichen Seitentäler der Rhône erhalten hauptsächlich im Mittel- und Unterlauf Schnee. Bei starker Strömung fallen auch im Lötschental und im Oberwallis bis ins Gotthardgebiet große Schneemengen.
Gibt es während der Westlage Südföhnphasen, erhalten auch die Alpensüdseite, das Engadin und der Alpenhauptkamm Schnee von Süden her.

Süd- bis Südostströmungen

Primär betroffen ist der Alpensüdhang, das heißt die südliche Abdachung des Alpenhauptkamms (Simplon, Tessin, Bergell, Puschlav und Münstertal) sowie das Gotthardgebiet und das Oberengadin, sekundär die Gebiete nahe am Alpenhauptkamm, zum Beispiel Goms und Oberlauf der südlichen Walliser Seitentäler.
Bei Südostlagen sind Simplon und Oberlauf der Vispertäler am stärksten betroffen. Bei starker Strömung erhalten auch das Bündner Oberland (südlicher Teil von Mittelbünden) sowie das südliche Unterengadin Schnee. Die schneereichste Gegend der

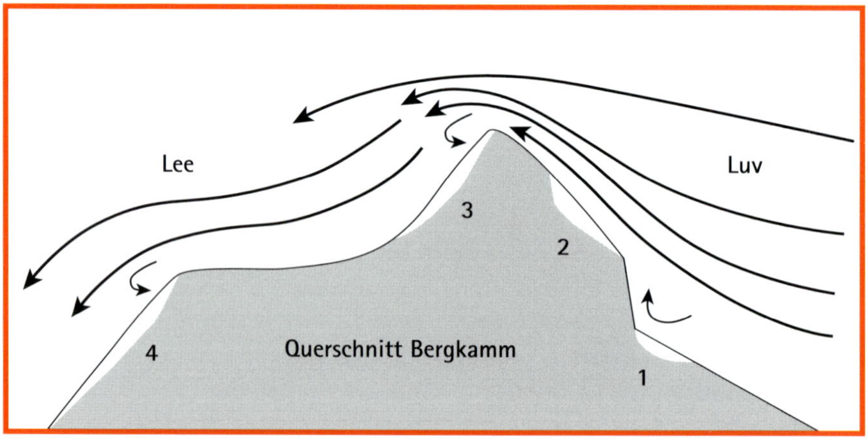

41 Triebschnee im Windschatten (Lee) und auf der Windseite (Luv):
1 = am Fuße von Steilstufen
2 = in Mulden und Rinnen
3 = im Windschatten von Gebirgskämmen und Erhebungen
4 = unterhalb von Terrassen

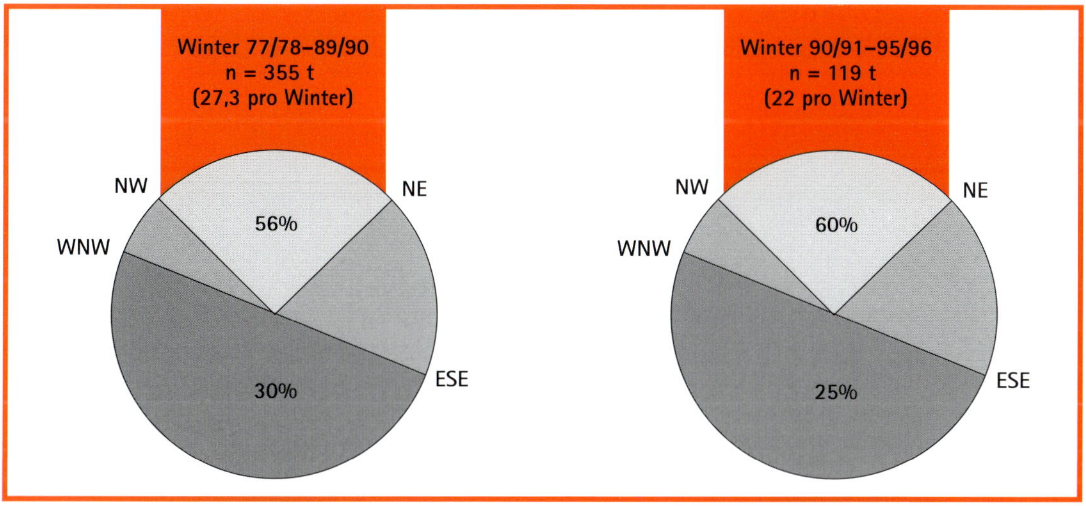

46 Verteilung der Lawinentoten auf die Expositionen in den Schweizer Alpen (nur touristische Unfälle). Sektor Nord = NW (inkl.)-N-NE (inkl.) Nordhälfte WNW (inkl.) –N-E (inkl.), Südhälfte ESE (inkl.) –S-W (inkl.). Die Verlagerung in den Nordsektor ist augenfällig (siehe Abb. 81).

Steile Schattenhänge sind am gefährlichsten

Die Verteilung der Skifahrerlawinen auf die Expositionen ergab nach früheren groben Auswertungen (SLF): Nord 36 %, Ost 29 %, Süd 13 %, West 22 %. Dabei wurden die Lawinen in den Expositionen NW, NE, SE, SW je hälftig auf die benachbarten Sektoren aufgeteilt. Erst wenn man die Lawinen der NW-Exposition (17 %) und NE-Exposition (23 %) dem Sektor Nord zuschlägt, wird das **Klumpenrisiko** sichtbar: Praktisch 60 % der Skifahrerlawinen werden im Sektor Nord (neu definiert NW-N-NE) ausgelöst.

Wer auf Sektor Nord (NW-N-NE) verzichtet, halbiert das Risiko!

Gemäß einer neueren Untersuchung von Jürg Schweizer (SLF, 2000) verteilen sich die Skifahrerlawinen in den Schweizer Alpen wie folgt auf die Expositionen (langjährige Mittel): NW 17 %, Nord 19 %, NE 23 %, E 15 %, SE 8 %, S 4 %, SW 6 % und W 8 %. Das zeigt, dass meine bereits anfangs der 90er Jahre vorgenommene neue **Einteilung** Sektor Nord (59 %) und südliche Hälfte SE-W 26 % sinnvoll war. Im Sektor Ost sind jetzt plötzlich nur noch halb so viele Lawinen zu finden wie in der früheren (geometrischen) Einteilung ... (siehe »Überprüfung der statistischen Grundlagen«, Anhang Seite 211).

Skifahrerlawinen als Spätfolgen des schönen Wetters

Schneereiche und milde Winter beziehungsweise Regionen sind durch stabilen Schneedeckenaufbau gekennzeichnet. Vor allem Großschneefälle führen in verhältnismäßig kurzer Zeit zu einer gut verfestigten Schneedecke. Im Gegensatz dazu bildet sich in schneearmen und kalten Wintern beziehungsweise Regionen eine schwache Schneedecke. Besonders gefürchtet – auch

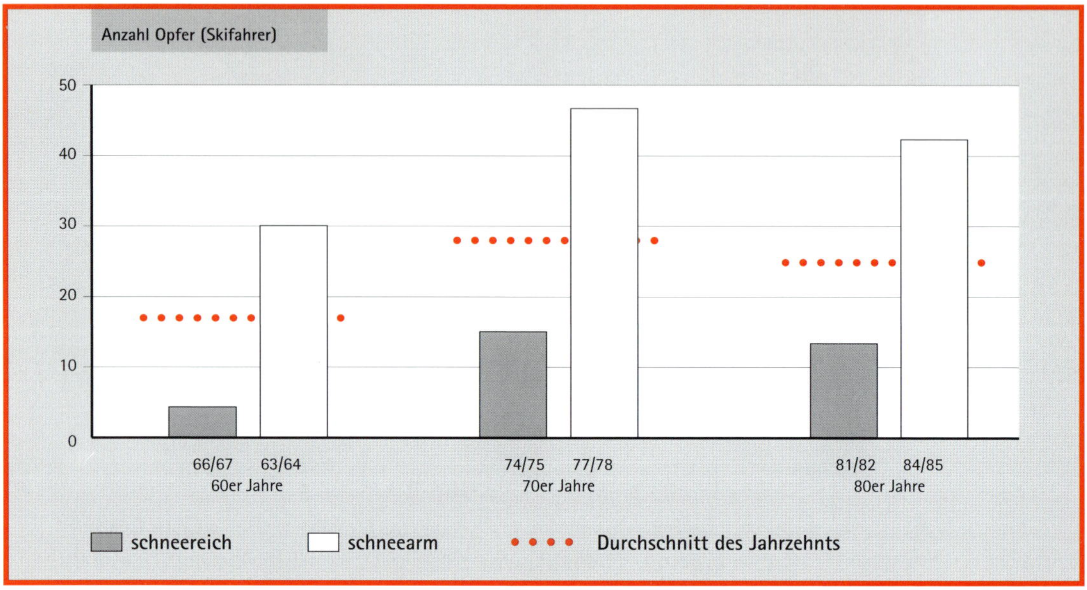

47 Skifahrer-Lawinenopfer in schneearmen und in schneereichen Wintern. Die Unterschiede sind eklatant. In schneearmen Schwimmschnee-Wintern ereignen sich rund dreimal mehr tödliche Unfälle als in schneereichen Wintern. Im schneereichen Winter 1981/82 erfolgten übrigens fast alle Unfälle auf der schneearmen Alpensüdseite.

von erfahrenen Skifahrern – sind die heimtückischen Situationen mit eingeschneitem Reif, sei es Oberflächenreif oder Tiefenreif (Schwimmschnee). Beide Situationen können nur sehr schwer oder überhaupt nicht rechtzeitig erkannt werden.

Eingeschneite Reife verbinden sich nur sehr langsam und vor allem unregelmäßig mit den darüber liegenden Schichten!

Diese heimtückischen Situationen können leider mehrere Wochen andauern. Diese zu Recht berüchtigten Schwimmschnee-Winter sind Spätfolgen der blockierenden Hochs mit wochenlangem Strahlungswetter. Leider sind sich die wenigsten Skifahrer bewusst, dass lang andauerndes schönes und kaltes Wetter für die weitere Entwicklung der Schneedeckenstabilität ungünstig ist und deshalb ein bedeckter Himmel mit allgemeiner Erwärmung oder gar Regen bis in größere Höhen zur Abwechslung durchaus erwünscht ist, um einen negativen Prozess zu bremsen oder zu stoppen. Unbedeckter klarer Himmel erzeugt **Strahlungswetter.** Es ist charakterisiert durch allgemeine und vor allem nächtliche Ausstrahlung von Wärme ins Weltall und tagsüber durch starke Temperaturunterschiede zwischen Sonnen- und Schattenhängen.

Im Hochwinter ist die Sonneneinstrahlung geringer als die Ausstrahlung und Abkühlung (negative Wärmebilanz), welche bei klarem Himmel auch tagsüber stattfindet. Deshalb kann auch bei kaltem Strahlungswetter die Oberflächentemperatur der Schneedecke selbst an einem sonnenbeschienenen Hang tagelang unter dem Gefrierpunkt bleiben.

Nachts entsteht **Oberflächenreif,** der auf den Südhängen tagsüber meist wieder weggeschmolzen wird. Hier kann auch eine **Schmelzharschschicht** entstehen. Auf der Nordseite bleibt der Oberflächenreif liegen, und es können bei andauerndem Strahlungswetter Schichten von mehreren Zentimetern Mächtigkeit entstehen. Insbesondere bei großer Kälte und dünner Schneedecke entsteht zudem Schwimmschnee mit den gleichen ungünstigen Eigenschaften (siehe Kapitel 6).

In Schattenhängen bleibt der Reif liegen und in Sonnenhängen schmilzt er meist weg. Da es zwischen rechtwinkligem Auftreffen der Sonnenstrahlen in steilen Südhängen bis zum Streiflicht in sonnenabgewandten Hängen alle nur denkbaren Zwischenstufen gibt, bleibt der Oberflächenreif an jedem Hang anders liegen. Dazu kommt, dass der Wind den Reif an exponierten Stellen wegblasen kann. Wird diese ungleichmäßige, teils weggeschmolzene, teils weggeblasene Reifschicht eingeschneit, entsteht eine Schneedecke mit höchst unterschiedlichen Basisfestigkeiten. Im coupierten Gelände weist jeder Hang eine andere Stabilität auf. In solchen Fällen helfen auch Schneeprofil und Rutschkeil nicht mehr weiter, da Übertragungen (Extrapolationen) auf andere Hänge kaum möglich sind. Schwache und feste Hänge liegen in derselben Höhenlage und Exposition, ja in ein und demselben Hang kann (je nach Schattenwurf) die schattige Partie gefährlich und die sonnige ungefährlich sein.

Zahlreiche Skifahrerlawinen ereignen sich beim ersten Schneefall nach mehrwöchigem Strahlungswetter, wenn die durch ungleichmäßige Ein- und Ausstrahlung entstandene Altschneeoberfläche (Schmelzharsch und Reif) bei tiefen Temperaturen eingeschneit wird. Bei solchen Verhältnissen sind die Maßnahmen zur Schonung der Schneedecke (siehe Kapitel 14) unbedingt einzuhalten.

Das Musterbeispiel einer solchen Situation entstand Mitte Februar 1991, als eine sehr ungleiche Altschneeoberfläche (Windharsch, Schmelzharsch, Oberflächenreif, Schwimmschnee, Pulverschnee) bei tiefen Temperaturen eingeschneit wurde (ca. minus 10 °C auf 2000 m Höhe). Die Gefahr stieg schlagartig von »gering« auf »groß«, zahlreiche spontane Niedergänge, Wumm-Geräusche auf Schritt und Tritt und Fernauslösungen zeugten von akuter Gefahr. Obwohl die Situation klar erkennbar und vor allem auch langfristig vorhersehbar war (Wenn es diesmal kalt zu schneien beginnt, dann ...), fielen ihr innerhalb von 10 Tagen allein in den Schweizer Alpen 13 Skifahrer zum Opfer. In den französischen Alpen wurde eine neunköpfige Gruppe von einem Schneebrett so zugedeckt, dass die Retter nur noch Leichen bergen konnten. (Zur radikalen Auslöschung ganzer Gruppen siehe Seite 28.)

Am 5. Februar 1996 schrieb ich in Arolla nach wochenlangem Strahlungswetter in mein »Snow How« (Schneetagebuch): »Es liegt außergewöhnlich wenig Schnee, aber die Schneedecke ist gut verfestigt und frei von kritischen Gradienten. Aber die Schneeoberfläche ist höchst unterschiedlich: stark verblasen, Zastrugis, Oberflächenreife, teilweise steinhart, Büsserschnee in SW-Hängen, Bruchharsch, Tiefenreif an der Schneeoberfläche (sog. Pulverschnee) in Nordhängen etc. Wenn es jetzt kalt darauf schneit, dann ist der Teufel los!«

8. Februar 1996: »Schneefall, stürmischer Wind, sehr kalt, Ausflug unter den Mont Dolin, Gelände um 30°. Nur rund 5 cm Neuschnee, aber unwahrscheinlich viele und lange Risse beim Betreten der Schneedecke; so extrem habe ich es noch selten erlebt! Schneetemperatur Altschnee minus 9 °C, Neuschnee minus 12 °C (kalt auf warm). Sicht miserabel, es schneit ununterbrochen, white out, mir wird es langsam mulmig, die kritische Neuschneemenge (10 cm bei diesen Verhältnissen) dürfte bald erreicht sein. Ich kehre um.«

12./13. Februar 1996: »Es fallen rund 40 cm Neuschnee unter stürmischen bis orkanartigen Winden und bei Temperaturen um minus 10 °C, Hänge sind mit Dünen garniert, Ausflug ins Tsardon-Tälchen. Trotz vorsichtigster Routenwahl ein Wumm-Geräusch nach dem anderen, zahlreiche Spontanlawinen, jetzt war wirklich der Teufel los!«
19. Februar 1996: »Nach einer kurzen Beruhigung nochmals ca. 20 cm Neuschnee mit stürmischen Winden und Temperaturen um minus 15 °C«.
Fazit: Gesamtschweizerisch zehn Lawinenopfer zwischen dem 14. und 23. Februar 1996 (von insgesamt 17 im gesamten Winter), davon zwei gegenüber dem Mont Dolin auf fast 3000 m.
Mitte Februar 1997 wiederholt sich das ganze Theater: »Während des wochenlangen Strahlungswetters bildet sich die übliche, sehr unregelmäßige Altschneeoberfläche (siehe oben), dann nur 30 bis 40 cm Neuschnee, aber unter orkanartigen Winden, kalt, plötzlicher (aber lange vorhergesehener) Anstieg der Gefahr von GERING auf ERHEBLICH bis GROSS. Gefahr klingt nur sehr langsam ab (über 1 bis 2 Wochen anhaltend).
Fazit: sechs Tote an einem Tag.«

Kommt es jedoch im Anschluss an eine Schönwetterphase zu einer allgemeinen Erwärmung (hohe 0°-Grenze, Föhn, Regen) und fällt der Niederschlag hernach um 0 °C herum (feuchter Schnee oder Regen in Schnee übergehend), dann wird der Oberflächenreif in allen Expositionen weggeschmolzen, und es kann eine gute Verbindung zwischen Alt- und Neuschnee entstehen (siehe Kapitel 7).

Regen ist die wirksamste Wärmequelle, um eine Schneedecke in allen Expositionen gleichmäßig zu erwärmen, was hin und wieder sehr erwünscht ist!

Dass plötzliche und starke Erwärmung jedoch auch lawinenbildend sein kann, wird im nächsten Kapitel gezeigt.

Lawinenbildung infolge starker Erwärmung

Die Wirkung der Wärme auf eine Schneedecke hängt vor allem von der Höhe der Temperatur, der Schneebeschaffenheit sowie der Zeitdauer ab. Sie ist zweifacher Art: Einem Festigkeitsverlust auf der einen Seite steht ein Spannungsausgleich infolge größerer Verformbarkeit gegenüber. Ob die ungünstige Festigkeitsabnahme oder der günstige Spannungsausgleich überwiegt, ist im konkreten Einzelfall sehr schwierig abzuschätzen.
Zudem beeinflusst Erwärmung eine trockene Schneedecke völlig anders als eine feuchte, eine lockere Neuschneeschicht wiederum anders als eine gesetzte Altschneedecke. Während langsame und maßvolle Erwärmung im Hochwinter eine trockene Schneedecke entspannt und stabilisiert, führt eine plötzliche und massive Erwärmung (hohe 0°-Grenze, Föhn, Warmlufteinbruch, Regenwetter) zu einer kurzfristigen Verschärfung der Gefahr. Erfolgt darauf eine Abkühlung,

48 0°-Grenze in der freien Atmosphäre und am Boden (schematisch).

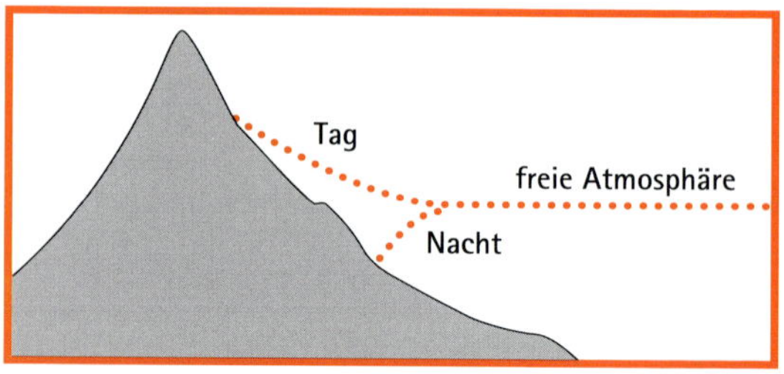

nimmt die Gefahr schlagartig ab. Besonders gefürchtet ist die Periode im Frühjahr, wenn die 0°-Grenze erstmals mehrere Tage über die 3000er Marke klettert (in der Regel zwischen Mitte April und Mitte Mai) und die Schneedecke bis auf den Grund durchfeuchtet wird und nachts nur noch oberflächlich gefriert.

Unterhalb der 0°-Grenze sind Skitouren nur noch nachts und am frühen Morgen einigermaßen sicher, sofern die nächtliche Ausstrahlung groß genug war (bei bedecktem Himmel ist die Ausstrahlung deutlich reduziert). Die Situation ist umso unerfreulicher, als gleichzeitig in der Hochgebirgsregion beste Tourenverhältnisse herrschen können. Nur die Zwischenzone von der Schneegrenze bis zur 0°-Grenze ist tagsüber (in der Regel vom späten Vormittag bis weit in die Nacht) gefährdet, denn in diesem Höhenbereich liegt meistens der Hüttenweg. So war die Lage Anfang Mai 1990. Der Lawinenlagebericht meldete am Freitag, den 4. Mai, »günstige Verhältnisse für Frühjahrsskitouren«, wies aber darauf hin, dass die »Gefahr von nassen Lawinen im Höhenbereich von 2000 bis 3000 m nach entsprechender nächtlicher Abkühlung in den Morgenstunden gering ist, aber im Laufe des Tages auf die erhebliche Stufe ansteigen kann. Skitourenfahrer haben diese tageszeitliche Entwicklung zu berücksichtigen.«

Am 5. Mai wurde eine siebenköpfige Tourengruppe am späteren Nachmittag im Urbachtal unterhalb der Gaulihütte (Hohwang) von einer riesigen Nassschneelawine verschüttet (vermutlich spontan ausgelöst, Anriss auf 2100 m Höhe, 700 m breit und 1 m hoch). Keiner überlebte! Der Zufall hatte wieder einmal blind getroffen.

In diesem Fall führte ein viel zu später Start (12.30 Uhr im Urbachtal) direkt ins Verhängnis. Am gleichen Tag waren im Alpengebiet jedoch Hunderte von Leuten am Nachmittag unterwegs in eine Hütte.

... »auf alle ward gezielt, einer fiel«

Renner
Goldener Ring über Uri

In diesem Zusammenhang ist erwähnenswert, dass sich Schneefälle im späten Frühjahr (Ende April/Mai) häufig nicht mehr richtig umwandeln und verfestigen und keine solide Verbindung mit der Altschneeoberfläche eingehen. Die starke Sonnenstrahlung und die jahreszeitliche Erwärmung verwandeln den Neuschnee in kurzer Zeit in eine feuchte zusammenhangslose (kohäsionsarme) Masse aus sehr grobkörnigem Schnee, wie beispielsweise an Pfingsten 1991. Vor Pfingsten schneite es beträchtlich, und am Pfingstdienstag stieg die 0°-Grenze erstmals auf über 3000 m. In der Folge gingen zahlreiche spontane Lawinen nieder, beginnend in den Süd- bis Südwesthängen mit der stärksten Sonneneinstrahlung und einige Tage später endend mit den NE-Hängen, die nur Morgensonne erhielten.

Die Stabilität einer durchfeuchteten Schneedecke ist relativ einfach abzuschätzen. Solange der infolge nächtlicher Ausstrahlung gefrorene Deckel einen Skifahrer trägt, ist die Situation ziemlich sicher. Bricht man infolge der tageszeitlichen Erwärmung mit den Skiern durch den Deckel hindurch, beginnt die Unsicherheit. Die Tourenplanung im Frühjahr ist somit vor allem eine Frage der Zeitplanung!

Zum Schluss sei noch ausdrücklich darauf hingewiesen, dass Erwärmung auch im Hochwinter häufig eintritt, zum Beispiel das bekannte Weihnachtstauwetter mit Regen bis über 2000 m mit den entsprechenden Nassschneelawinen im Gefolge.

KAPITEL 8

DIE SCHNEEDECKE UND IHRE BELASTBARKEIT

> *»Es ist heute – und wohl auch in Zukunft – nicht möglich, Lawinenanbrüche beziehungsweise die Tragfähigkeit der Schneedecke bei Belastung durch Skifahrer genau zu berechnen.«*
>
> *Bruno Salm, EISLF*

Die wichtigste Funktion der Schneedecke ist der Schutz der Vegetation vor der winterlichen Kälte. Schnee ist wegen seines hohen Luftanteils (poröse Masse) ein guter Isolator. Bei gewalztem Schnee (Skipisten) ist die Isolierwirkung geringer. Die Vegetation ist unter dem Schneemantel nicht bloß gegen Frost geschützt, sondern sie kann auch atmen. Bei einer Schneedecke von mehr als einem halben Meter liegt die Bodentemperatur in der Regel um 0 °C herum.

Schichtweiser Aufbau

Die Schneedecke ist im geologischen Sinne ein kristallines Sedimentgestein. »Schnee, Firn und Eis sind unzweifelhaft dem wissenschaftlichen Begriffssystem nach Gesteine« (Paul Niggli). Die Ablagerungen bestehen aus verschiedenen Schichten, die sich durch Alter, Mächtigkeit, Härte, Kornform (Kristallform), Korngröße, Temperatur und Feuchtigkeit unterscheiden. Die Hauptschichten sind in einem Schneeprofil meistens von bloßem Auge sichtbar. Zu Demonstrationszwecken kann man das Schichtprofil auch so dünnwandig ausheben, dass sich die Schichten im Gegenlicht deutlich abheben (siehe Abb. 55). Zur Herausarbeitung feinster Schichten brauchen feinfühlige Spezialisten einen Rasierpinsel. Für touristische Zwecke genügt jedoch das grobe Abtasten mit der Hand.
Ein erfahrener Lawinenfachmann kann auf Grund dieser Schichten die Wetterentwicklung des ganzen Winters rekonstruieren: *»Siehe da, die gelbe Schicht, das ist der Saharastaub des Föhnsturms vom 24. März, und das Schwimmschneefundament aus glänzenden Kristallen entstand während des blockierenden Hochs, das uns im Dezember wochenlanges Strahlungswetter bescherte. Die dicke Eislamelle darüber ist ein Überbleibsel des Weihnachtstauwetters. Darüber die dicke, gleichmäßige, mittelharte Schicht von weißgräulich-stumpfer Farbe ist der Großschneefall von Mitte Februar. Die glitzernden, zerbrechlichen, blättchenförmigen Kristalle auf der Schneeoberfläche sind die Reifkristalle der letzten klaren und kalten Nacht.«*
Eine dicke Schneedecke, die sich aus wenigen gleichmäßigen Schichten aufbaut, ist in der Regel stabiler als eine dünne und vielschichtige. Liegen sehr verschiedenartige Schichten aufeinander (zum Beispiel weich-hart), führt dies zu Spannungen in der Schneedecke (vergleiche Bimetall-Streifen). Bei der Beurteilung verdienen die **Schichtgrenzen** (Kontaktflächen zwischen verschiedenen Schichten) höhere Aufmerksamkeit als die Schichten selbst (siehe Seite 88 ff.).

Bewegungen und Spannungen in der Schneedecke

Die Schneedecke ist keine ruhende, sondern eine zähfließende (viskose) Masse, ein verformbarer (plastischer) Stoff. Infolge des hohen Luftanteils (siehe Seite 54) ist Neuschnee stark komprimierbar. Während des Setzungs- und Umwandlungsprozesses kann sich der Volumenanteil der Luft stark reduzieren. Diese Verdichtung hat im Allgemeinen eine Festigkeitszunahme der betreffenden Schicht zur Folge (jedoch nicht notwendigerweise der Schneedecke als Gesamtes, siehe Abb. 1). Die Setzung beziehungsweise Verdichtung des Neuschnees ist u.a. temperaturabhängig: Eine hohe Schneetemperatur (um 0 °C) beschleunigt und eine tiefe (um minus 8 bis 10 °C) verzögert die Setzung. Großschneefälle setzen sich infolge ihres hohen Eigengewichtes relativ rasch. Eine Schneedecke aus mehreren ungleichen Schichten setzt sich ungleichmäßig: Jüngere, lockere Schichten setzen sich schneller als ältere, schon etwas gesetztere. Im Steilhang sind die Verhältnisse wesentlich komplizierter als in der Ebene, weil sich der Schnee hier nicht bloß senkrecht setzt, sondern gleichzeitig in der Falllinie talabwärts »fließt« (wie ein Gletscher). Die Resultierende aus senkrechter und hangparalleler Bewegung wird **Kriechen** genannt (siehe Abb. 52).

Die Geschwindigkeit der Kriechbewegung ist abhängig von der Hangneigung und der Schneebeschaffenheit und kann einige Millimeter pro Tag erreichen. Da die oberflächennahen Schichten schneller kriechen als die bodennahen, erzeugt die Geschwindigkeitsdifferenz Spannungen zwischen den Schichten. Auf nasser Unterlage gleitet (rutscht) die Schneedecke und erzeugt Falten (siehe Abb. 26) sowie bergschrundartige »Fischmäuler« (siehe Abb. 30). Die Geschwindigkeit dieser Gleitbewegung kann einige Dezimeter pro Tag erreichen.

Für den Skifahrer sind vor allem die Setz- und Kriechbewegungen der trockenen Schneedecke von größter Wichtigkeit, weil dabei enorme Spannungen auftreten können. Da das komplizierte Kräftespiel in einer Schneedecke vom Skifahrer unmöglich detailliert erfasst werden kann, brauchen wir ein stark vereinfachtes Modell, das uns in »gespannten Situationen« zum richtigen Verhalten anleitet. Das Denkmodell der **»gespannten Falle«** ist in seiner Anschaulichkeit bis jetzt unübertroffen.

- Die Schneedecke ist im Hang »aufgehängt« und »fließt« infolge ihres Eigen-

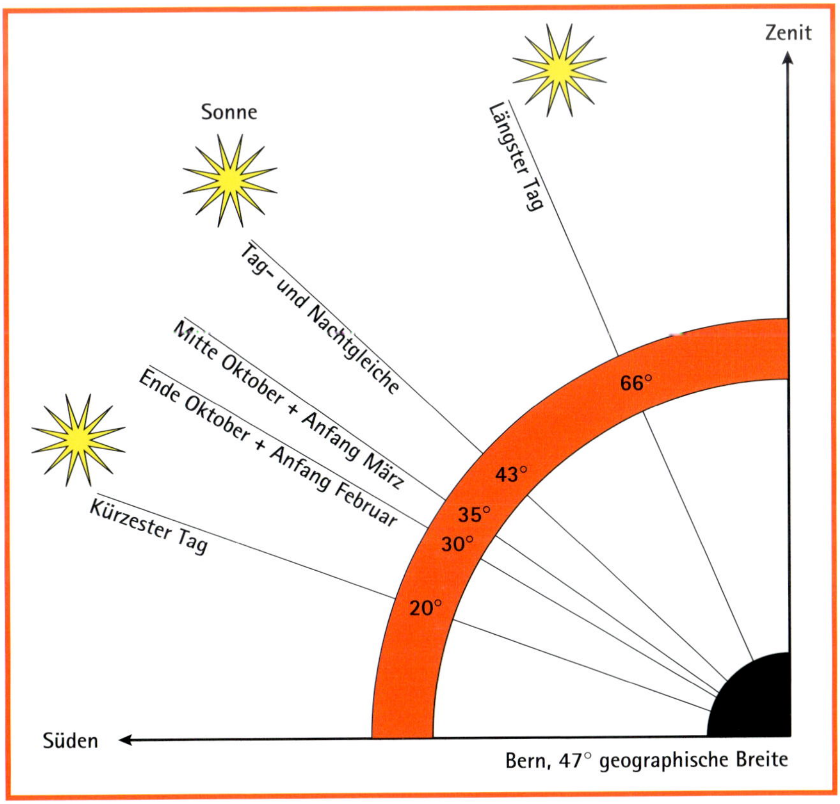

49 Mittagshöhe der Sonne für den Standort Bern, 47° geographischer Breite (Zahlen gerundet). 35° steile Nordhänge erhalten von Mitte Oktober bis Anfang März keinen einzigen direkten Sonnenstrahl. In den südlichen Walliser Alpen (Linie Combin – Monte Rosa) steht die Sonne ungefähr 1°steiler und im Dauphiné rund 2°. Beachte, daß das Matterhorn ungefähr auf dem gleichen Breitengrad steht wie Lugano.

gewichtes langsam hangabwärts wie ein Gletscher. Diese Bewegung erzeugt Spannungen.

- Je steiler der Hang, desto größer die Spannungen.
- Das Gewicht des Skifahrers kann ausreichend sein, um diese aufgestauten Spannungen explosionsartig zu entladen, sobald er den Auslöser der Falle betätigt, zum Beispiel mit einem rasanten Abfahrtsschwung oder einem Sturz.
- Die beim Bruch der Schneedecke freigesetzte Spannkraft wird in Bewegung umgesetzt. Das Schneebrett erreicht deshalb gleich vom ersten Moment an hohe Geschwindigkeiten. Weil die Schnellkraft einer Feder beim Loslassen am größten ist, gibt es beim Schneebrett kein lawinenartiges Anschwellen, sondern es ist von Anfang an in voller Kraft und Größe wirksam.

Dass dieses einfache Modell wissenschaftlichen Ansprüchen nicht gerecht wird, ist einleuchtend, aber für die handlungsorientierte Lawinenkunde nicht von Belang. (Wir orientieren uns im Gebirge tagtäglich am Sonnenaufgang, wohlwissend, dass das geozentrische Denkmodell seit Jahrhunderten wissenschaftlich unhaltbar ist.)

Die klassischen Methoden zur Beurteilung der Schneedeckenstabilität

Zum Zwecke der Katastrophenwarnung existiert in der Schweiz ein Beobachtungsnetz mit rund 70 Beobachtungsstationen. Diese melden der Zentrale täglich Neuschneemenge, Windrichtung, Windstärke, Temperatur, beobachtete Lawinen (nur bei Sicht möglich) und lokale Gefahreneinschätzung. Alle 14 Tage (am 1. und 15. des Monats) wird ein Ramm- und Schichtprofil (RSP) aufgenommen und übermittelt. Die Versuchsfelder zum Messen dieser Daten werden in Bezug auf Exposition, Steilheit und Windeinwirkung möglichst neutral gewählt, das heißt in der Ebene. Der größte Teil dieser Versuchsfelder liegt in Höhenlagen zwischen 1200 und 1800 m. In den letzten Jahren wurden große Anstrengungen unternommen, um auch in größeren Höhen zu den nötigen Daten zu kommen, und zwar durch den Bau von automatischen Messstationen, die im 10-Minuten-Rhythmus messen und im 60-Minuten-Rhythmus die

50 Nach längerem Strahlungswetter bildet sich in Sonnenhängen Büßerschnee.

Daten übermitteln. Heute sind nur 70 Stationen in der Höhenlage zwischen 2000 und 3000 m in Betrieb.

Das **Ramm- und Schichtprofil** enthält Mächtigkeit und Aufeinanderfolge der verschiedenen Schichten, aus denen sich die Schneedecke zusammensetzt. Für jede Einzelschicht werden Härte, Kornform, Korngröße und Feuchtigkeit bestimmt. Ferner wird eine Temperaturkurve ermittelt (siehe Abb. 56).

Durch Aneinanderreihung solcher RSP lassen sich Bildung und Umwandlung der Schneedecke als Längsschnitte durch die Zeit ablesen (wie mit Zeitlupe gerafft). Mit Hilfe obiger Daten gelingen heute erstaunlich zuverlässige Prognosen in Bezug auf Katastrophen- und Schadenlawinen (siehe Kapitel 4). Die Trefferquote für akute Gefahr liegt bei 85 bis 90%. Der Erfolg dieses Instrumentariums zur Vorhersage von spontanen Großlawinen hat leider dazu geführt, dass man es unkritisch für andere Zwecke verwendete, für die es nicht taugt und nicht taugen kann, zum Beispiel zur Stabilitätsbeurteilung eines Einzelhangs. Man bedenke in diesem Zusammenhang die zahlreichen gerichtlichen Gutachten, die sich im RSP einen wissenschaftlichen Anstrich geben (siehe logischer Trugschluss in Abb. 54). Kritische Stimmen, welche die Tauglichkeit der RSP zur Stabilitätsbeurteilung einer Schneedecke im Steilhang prinzipiell in Frage stellen, sind immer noch sehr rar. Sogar die problematische Extrapolation von RSP aus der Ebene in Steilhänge ist (auch in Gutachten) immer noch üblich. Der bekannte österreichische Lawinenfachmann und Verfasser eines Lehrbuchs über Lawinenkunde Albert Gayl hat diese unzulässige Übertragung in einem Gerichtsgutachten gerügt:

»Die Ergebnisse von Rammprofilen auf dem Wastlboden und in Kölnprein lassen keine gültigen Schlüsse auf den Zustand der Schneedecke an der Arbeitsstelle der Verunglückten zu; dies schon deshalb, weil solche Rammprofile gewöhnlich an ebenen Stellen gemacht worden sind und daher nur für solche und analog gelegene Orte, nicht aber für Hänge repräsentativ sein können.«

Dass die Schneedecke in der Ebene nicht repräsentativ ist für Steilhänge (wo sich die Lawinen lösen), ist aber nicht der einzige Mangel solcher RSP. Viel gravierender ist, dass die entscheidende Festigkeitskomponente in der Schneedecke, die basale Scherfestigkeit, gar nicht gemessen wird.

So unglaublich es auch klingen mag, die Wissenschaft hat jahrzehntelang diejenigen Werte gemessen, die man bequem messen konnte und nicht diejenigen, die man für die Beurteilung der Schneedeckenstabilität eigentlich gebraucht hätte. Doch überlassen wir das Wort einem intimen Kenner der Materie:

»Die Schwierigkeiten bei einer numerischen Gefahrenanalyse liegen einerseits in den zur Verfügung stehenden Daten und andererseits bei dem noch mangelhaften naturwissenschaftlichen Verständnis der Lawinenbildung. Die tatsächlich zur Verfügung stehenden meteorologischen, schneetechnischen Daten sind nicht die, die man eigentlich brauchen würde, sondern diejenigen, die man relativ leicht messen kann. So hat man anstelle der benötigten Stabilitäts- und Festigkeitswerte bloß zum Beispiel die Neuschneemengen, die Temperaturen, den Rammwiderstand, die Korngrößen und ähnliche, mit der Lawinenbildung nicht in direktem Zusammenhang stehende Größen.«

Bruno Salm, EISLF

Erst seit 1987 wird von ein paar ausgewählten Beobachtern des EISLF zusätzlich zum RSP in der Ebene auch einmal monatlich in

Höhen zwischen 2000 und 2000 m ein Hangprofil aufgenommen und, sofern möglich, mit einem Rutschblock-Test ergänzt. »Es hat sich gezeigt, dass wir damit wesentliche Informationen für die Beurteilung der Lawinengefahr erhalten, die uns bisher weitgehend fehlten.« (EISLF)

Weil die basale Scherfestigkeit im RSP fehlt, ist es prinzipiell ungeeignet zur Festigkeitsbeurteilung einer Schneedecke im Steilhang

Und zur Beantwortung der Frage: Wie groß ist die Bruchlast dieses speziellen Hangs, beziehungsweise mit welcher Zusatzlast kann ich den vorgespannten Hang zum Bruch bringen? Die Aussage, dass es mit einer gewissen Wahrscheinlichkeit zu spontanen Auslösungen irgendwo in der Region kommt, genügt uns Tourenfahrern leider nicht. Wir sollten vielmehr wissen, ob dieser Hang jetzt ohne großes Wagnis betreten werden darf .

Diese neue Fragestellung bedeutet eine fundamentale Neuorientierung der praktischen Lawinenkunde und die Frage kann nur – wenn überhaupt – mit einem neuen Instrumentarium beantwortet werden. Fortschritte in einem Wissensgebiet kommen selten dadurch zustande, dass man alte Fragen neu oder präziser beantwortet, sondern dadurch, dass man unbefangen neue Fragen stellt.

Als ich 1967 einem prominenten Lawinenforscher nach Erstellung eines detaillierten RSP (Dauer 2 Std.) die naive Frage stellte, ob man nun die benachbarten Steilhänge begehen dürfe, wurde mir »Grünschnabel« unwirsch zu verstehen gegeben, dies sei erstens eine unpassende Frage und zweitens so nicht beantwortbar. Erst viele Jahre später war mir klar, dass der Wissenschaftler völlig Recht hatte. Das klassische RSP war tatsächlich untauglich, um meine konkrete Frage mit Ja oder Nein zu beantworten. Da ich aber die Frage: »Darf dieser Hang jetzt betreten werden?« keineswegs als abwegig empfand – ja, sie erschien mir bei längerem Nachdenken als die Haupt- und Grundfrage, von deren eindeutiger Beantwortung die Glaubwürdigkeit der praktischen Lawinenkunde abhing –, suchte ich nach tauglichen Kriterien. Ich begann, auf eigene Faust zu experimentieren und auf eigene Rechnung nachzudenken.

Auch die konkrete Frage eines österreichischen Skilehrers an einer Tagung von Lawinenexperten (Kapruner Gespräche 1986), ob jemand in der Lage sei, auf Grund eines Schneeprofils einen Belastungswert anzugeben, blieb bis heute unbeantwortet. Das hinderte allerdings ein Gericht nicht daran, ihm das Nicht-Anlegen eines solchen Profils als Verletzung von Sorgfaltspflichten anzulasten.

Gleiche Ramm-/ Schichtprofile mit unterschiedlicher Belastbarkeit im Steilhang

Zwei Jahrzehnte bemühte ich mich vergeblich, typische Unfallprofile zu sammeln, zu vergleichen und in Gruppen mit gemeinsamen Merkmalen einzuteilen. Obwohl diese RSP am Lawinenanriss (ex post) gemacht wurden und obwohl ich sie in 3 bis 4 Gruppen klassifizieren konnte, war ich nicht in der Lage, auf Grund solcher RSP die lokale Schneebrettgefahr im Voraus (ex ante) zu erkennen, denn diese typischen Unfallprofile fanden sich dutzendweise im Gelände ohne

51 Vorher (oben) und nachher (unten).

Oben: Schneefahnen am Daubenhorn zeugen von Schneeverfrachtungen durch den starken bis stürmischen Wind (Schönwettersturm). Das Kreuz markiert die Anrissstelle des Schneebretts aus Abb. unten. Zur auffällig gewellten Schneeoberfläche siehe auch Abb. 34.

Unten: Spontanes Schneebrett, kurz nach Aufnahme Abb. oben abgeglitten.

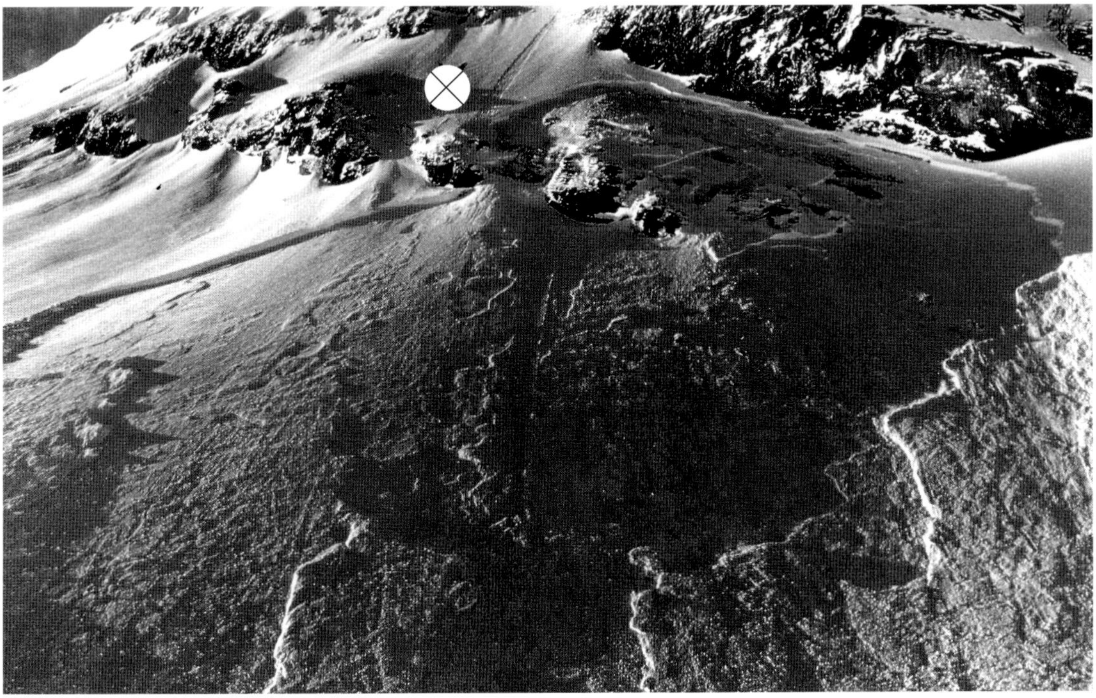

die geringste Andeutung irgendwelcher Gefahr und ohne Lawinenauslösungen in der Gegend (siehe logischen Trugschluss in Abb. 54). Der Umkehrschluss war also falsch, und das RSP eignete sich nicht zur Vorhersage der lokalen Gefahr. Die Erkenntnis war deprimierend: Zwei Schneedecken, in Mächtigkeit, Schichtaufbau, Härte, Kornform, Korngröße, Feuchtigkeit, Temperaturkurve und Steilheit übereinstimmend, können offensichtlich sehr unterschiedliche Belastungen aushalten. Anders gesagt: Zwei vergleichbare RSP können sowohl feste als auch schwache Schneedecken repräsentieren, obwohl sie in der Ebene offensichtlich dieselbe Belastung aushalten würden (siehe Abb. 56).

Aber wen interessiert schon die Tragfähigkeit einer Schneedecke in der Ebene? Aus dem gleichen Grund ist auch die vielfach angewendete **Stockprobe** (im Prinzip ein primitiver Ramm-Test) ein völlig untauglicher Behelf zur Beurteilung der Schneedeckenstabilität im Steilhang.

Für die hangparallele Belastbarkeit einer Schneedecke im Steilhang ist offensichtlich die **Haftreibung** zwischen den Schichten, die basale Scherfestigkeit, von ausschlaggebender Bedeutung und darüber gibt das RSP nicht den geringsten Aufschluss.
Schneebedeckte Steilhänge anhand von RSP in gefährliche und ungefährliche einzuteilen, ist ungefähr so zuverlässig wie die Bestimmung des Geschlechts der Menschen anhand von Frisur und Kleidung.
Vergleiche zu diesem Fragenkomplex auch das Beispiel der zwei Ziegelsteine in Abb. 1. Das Beispiel zeigt eindeutig, dass es zwischen der Härte der Schichten und der Reibung zwischen den Schichten keine Korrelation gibt. Ein Zusammenhang besteht nur zwischen Härte und Randfestigkeit (siehe Seite 86 ff.).

Vom Rammprofil zum Rutschkeil

1965 lernte ich im Armee-Lawinendienst ein Verfahren kennen, das sofort meine Aufmerksamkeit auf sich zog. Es handelte sich um den Rutschkeil, der damals lediglich dazu diente, den Scherbruch auf spielerische Weise zu demonstrieren. Da es uns nur um den Bruch ging, sprangen wir jeweils möglichst schwungvoll ohne Ski von oben auf den freigelegten Keil, um ihn zum Abscheren zu bringen. Auf diese Weise konnte man eigentlich nur die schwächste, als Gleitfläche dienende Schicht feststellen. Schon damals merkten wir, dass ein solcher Scherbruch nicht jedesmal Lawinengefahr bedeutete. Zahlreiche Experimente auf eigene Faust, die sich über Jahre hinzogen, führten mich zur entscheidenden Frage: Welche Belastung ist notwendig und ausreichend, um den basalen Scherbruch zu erzeugen?
Aus dieser kritischen Zusatzlast konnte dann auf die basale Scherfestigkeit geschlossen werden. Je größer die Zusatzspannung, umso größer ist die Festigkeit der Schneedecke.
Um diese gerade ausreichende Zusatzspannung zu ermitteln, war das Verfahren des Armee-Lawinendienstes ungeeignet, denn beim »Sprung von oben« wusste man ja nie, ob die ganze Zusatzlast wirklich notwendig oder ob ein Bruchteil davon ausreichend gewesen wäre.
Meine Feldversuche zeigten, dass dieser Sprung von oben die gesamte Spannweite von »schwach« (Auslösung sehr wahrscheinlich) bis »fest« (Auslösung sehr unwahrscheinlich) umfasste. Erst meine Idee, die Zusatzspannung stufenweise vorzunehmen und zwischen **Belastungsstufe** und **Auslösewahrscheinlichkeit** eine Beziehung herzustellen, machte aus der Scherbruch-

52 Kriechen der Schneedecke im Steilhang. Ein Schneekristall bewegt sich von A nach B. Kriechen ist eine kombinierte hangparallele Bewegung der oberflächennahen Schichten mit gleichzeitigem Setzen, jedoch ohne Gleiten auf der Unterlage. Die Geschwindigkeitsdifferenzen erzeugen Scherspannungen zwischen den Schichten.

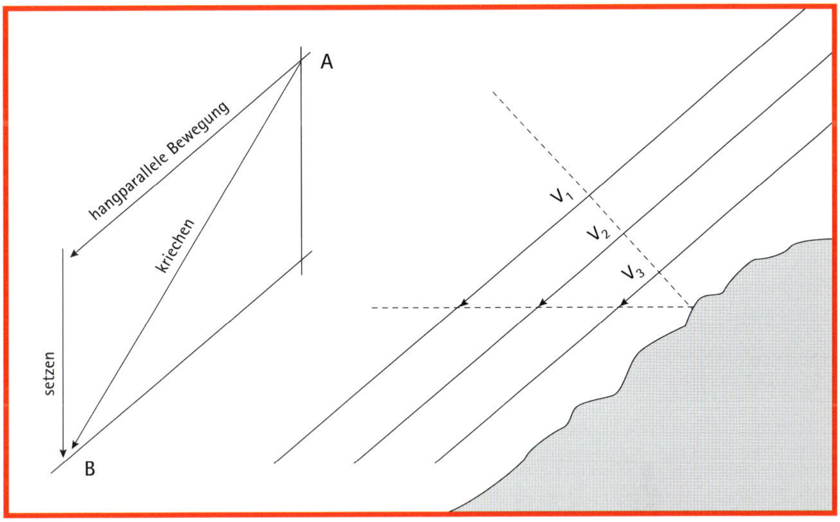

Demonstration ein brauchbares Verfahren zum Messen der basalen Scherfestigkeit mit einfachsten Mitteln, die der Tourenfahrer immer dabei hat.

Damit man die Messresultate untereinander vergleichen konnte, wurde das Verfahren standardisiert, z. B. Minimalneigung 30° und Messfläche ca. 3 m^2. Die Belastungsstufen waren am Anfang sehr grob (Drauftreten – Wippen – Sprung auf der Stelle – Sprung von oben) und wurden immer mehr verfeinert. Da wir uns die Schneedecke damals ziemlich homogen vorstellten, schien es uns möglich, das Resultat eines repräsentativen Rutschkeils auf einen benachbarten gleichartigen Hang zu übertragen. Wir glaubten, ein Hilfsmittel zur Einschätzung der Belastbarkeit eines Steilhangs gefunden zu haben, und die wenigen Misserfolge schienen uns Recht zu geben.

53 Spannungen in der Schneedecke (schematisch). Die Schneedecke kriecht wie eine zähflüssige Masse langsam hangabwärts und erzeugt dabei Druckspannungen am Hangfuß, Scherspannungen zwischen den Schichten und Zugspannungen oben am Hang.

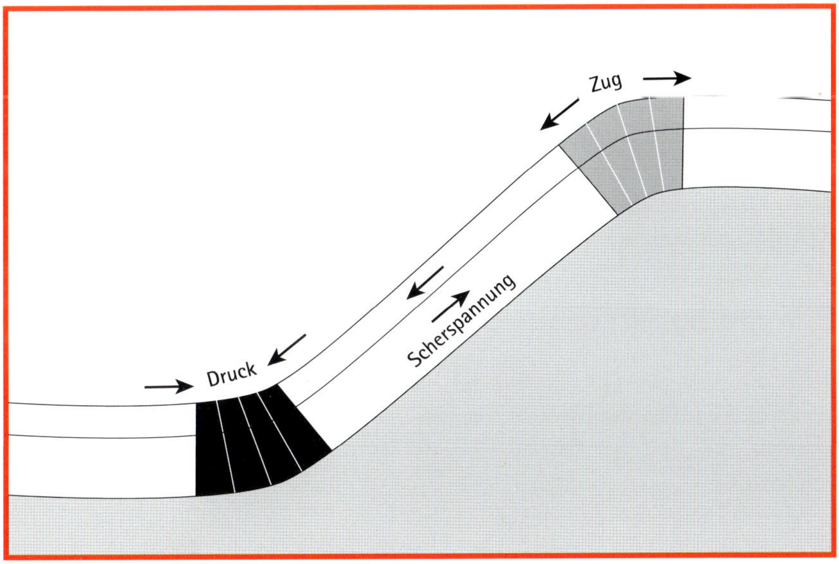

Basisfestigkeit und Randfestigkeit

Von Lawinenkundlern der alten Schule hört man etwa das Argument, die Schneedecke habe ein schwaches Fundament, das heißt ein Fundament mit einem geringen Rammwiderstand. Dieses schwache (weiche) Fundament ist aber ein Relikt von anno dazumal, ein Überbleibsel aus dem Zeitalter der Rammsonde. Heute spricht man genauer von schwacher Verbindung zwischen Fundament und Überbau. Die schwache Schicht ist die Schichtgrenze, die Kontaktfläche zwischen Fundament und Überbau. Beim basalen Scherbruch rutscht der Überbau auf dieser Gleitfläche ab, und das schwache Fundament bleibt zurück.
Dieses schwache Fundament erträgt in der Horizontalen großen senkrechten Druck, im Steilhang ist jedoch nicht mehr die Härte der Schichten maßgebend für die Tragfähigkeit der Schneedecke, sondern die Haftreibung zwischen den Schichten, die basale Scherfestigkeit.
Auch beim Schwimmschnee-Fundament ist nicht das weiche Fundament verantwortlich für die Schneebrettauslösung, sondern die schwache **Haftreibung** zwischen dem Schwimmschnee-Fundament und den darüber liegenden Schichten.
Die Stabilität einer Schneedecke im Steilhang stützt sich auf zwei ungleiche Komponenten (Bestandteile):

Primäre Basisfestigkeit

- Diese ausschlaggebende Komponente – die tragende Säule – ist die Haftreibung zwischen den Schichten **(basale Scherfestigkeit).** Die Basisfestigkeit ist völlig unabhängig von der Härte der Schichten; einer harten Schicht entspricht nicht notwendigerweise eine große Basisfestigkeit (siehe Abb. 1). Die Basisfestigkeit wird mit dem Rutschkeil gemessen. Das Resultat gilt nur für den ausgewählten Punkt.

Sekundäre Randfestigkeit

- Diese zusätzliche Festigkeitskomponente setzt sich zusammen aus Zugfestigkeit, Druckfestigkeit und lateraler (seitlicher) Scherfestigkeit. Diese drei Festigkeiten sind abhängig von der Härte der betreffenden Schicht. Harte Schichten haben hohe und weiche Schichten niedrige Randfestigkeiten. Die Härte der Schichten kann mit der Rammsonde gemessen oder mit dem Handtest geschätzt werden. Für touristische Belange ist der Handtest voll ausreichend. Auch der Skistocktest ist eine primitive Rammsonde.

Diese Rammtests geben uns bloß Hinweise auf die sekundäre Randfestigkeit, weshalb sie prinzipiell nicht aussagekräftig sind. Sie messen die Härte der Schichten statt die Haftreibung zwischen den Schichten. Die Randfestigkeiten allein ergeben immer bloß ein labiles Gleichgewicht (gespannte Falle). Nur eine ausreichende Haftreibung zwischen den Schichten garantiert ein stabiles Gleichgewicht!

Ist die Basisfestigkeit an jedem Punkt ausreichend, um das darüber liegende Eigengewicht der Schneedecke zu tragen, ist der Hang entspannt und im stabilen Gleichgewicht. Für die Auslösung eines Schneebrettes müssen Teile des Hangs instabil sein, das heißt, der Hang muss beträchtliche Teilflächen aufweisen, die das Eigengewicht der aufliegenden Schneedecke nicht zu tragen vermögen. An solchen Schwachstellen

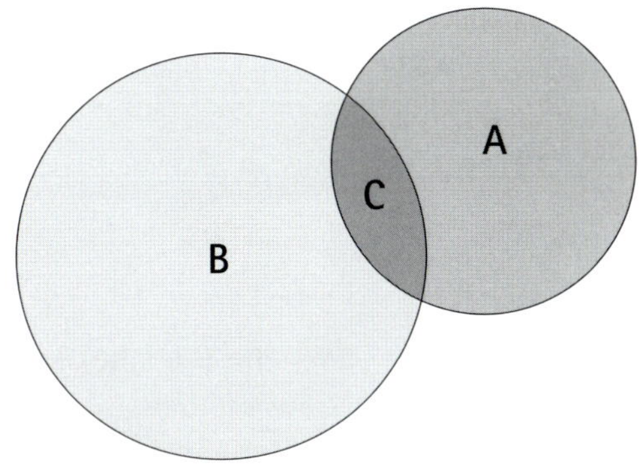

A = Gesamtheit der RSP mit labiler Basisfestigkeit

B = Gesamtheit der RSP mit Schwimmschneefundament (als Beispiel)

C = Gesamtheit der RSP am Lawinenanriss mit Schwimmschneefundament

54 Logischer Trugschluss. B und C stimmen in den sekundären Merkmalen überein, das heißt in den »nivologischen Trivialparametern« Schneedeckenaufbau, Härte der Schichten, Kornform, Korngröße, Temperatur und Feuchtigkeit. A und C stimmen in den primären Merkmalen überein (Basisfestigkeit). Die am Lawinenanriss gemachten Profile C stimmen in den primären Merkmalen mit A und in den sekundären Merkmalen mit B überein. Der Schluss, wenn B, dann A, ist somit trügerisch und nur für diejenige Teilmenge von B zulässig, die in den primären Merkmalen mit A übereinstimmt. Dieser logische Trugschluss findet sich in zahlreichen Gerichtsgutachten. Er suggeriert den völlig falschen Umkehrschluss, wenn man das Profil vorher (ex ante) gemacht und Typ B gefunden hätte, dann hätte man die Gefahr im Voraus erkannt. Das Beispiel zeigt, wie trügerisch Analogieschlüsse bei bloßer Ähnlichkeit sein können.

(hot spots) treten Spannungen auf (siehe Kapitel 9 und Abb. 67+68).

Beim **harten Schneebrett** handelt es sich um ein Gebilde mit großen Randfestigkeiten und geringer Basisfestigkeit. Hier können sehr hohe Spannungen auftreten, die aber meist große Zusatzspannungen zur Auslösung benötigen. Beim gefürchteten **weichen Schneebrett** sind beide Komponenten schwach, weshalb es bisweilen bei geringfügigen Zusatzspannungen ausgelöst wird.

Ist die Basisfestigkeit auf der ganzen Hangfläche ausreichend, stellen die Randfestigkeiten eine willkommene Verstärkung des Hangs dar, sozusagen eine Sicherheitsreserve, wie es bei den Hängen mittlerer Stabilität der Fall ist.

Für die Bestimmung der Schichthärten braucht es keine besondere Ausrüstung. Mit dem **Handtest** schätzen wir die Härte der einzelnen Schichten im Schneeprofil, nachdem wir mit Abtasten die Schichtgrenzen festgestellt haben.

Wir unterscheiden sechs Härtegrade (siehe Seite 88): Lawinenauslösungen erfolgen bei allen Härtegraden. Harte Schichten ergeben harte und weiche Schichten weiche Schneebretter. Man kann höchstens sagen, dass der Skifahrer wesentlich häufiger weiche Schneebretter auslöst als harte. Es kommt auch ziemlich häufig vor, dass der Skifahrer ein weiches Brett auslöst, das dann durch sein enormes Gewicht und die Erschütterung zusätzlich härtere Schichten mitreißt (erkennbar an der treppenartig gestuften Gleitfläche).

Die große Mehrzahl der Schneebrettlawinen besteht aus weichen bis sehr weichen Schichten!

In sehr weichen Schichten kann man mit Skiern bis zu den Knien einsinken – trotzdem kann der Schnee so weit verfestigt (gebunden) sein, dass eine Schneebrettauslösung möglich ist.

Härtegrad	Handtest [1]	ungefährer Rammwiderstand	Schaufeltest Kohäsion
1 sehr weich	Faust	0– 2 kp	locker bis gebunden
2 weich	4 Finger	2– 15 kp	gebunden
3 mittelhart	1 Finger	15– 50 kp	gebunden
4 hart	Bleistift	50–100 kp	gebunden
5 sehr hart	Messerklinge	>100 kp	gebunden
6 kompakt	Messerklinge dringt nicht ein / Eislamelle		

[1]) Für den Handtest gilt: Der betreffende Gegenstand kann ohne große Kraftanstrengung horizontal in die betreffende Schicht gestoßen werden. Ist mehrmaliges Stoßen nötig, gilt der nächsthöhere Härtegrad. Bei sehr dünnen Schichten muss man die Schicht so freilegen, dass man sie vertikal durchstoßen kann.

Die Unterscheidung zwischen locker/gebunden ist wesentlich wichtiger als zwischen weich/hart! (Siehe Kapitel 13)

Nur die Härte »Faust« kann sowohl locker als auch gebunden sein. Alle übrigen Härtegrade sind gebunden. Der Schaufeltest ist somit nur bei sehr weichen Schichten notwendig zur Unterscheidung »sehr weich, aber gebunden« und »sehr weich und locker«.

Kritische Schichten – mögliche Gleitflächen

Grundsätzlich ist jeder Schichtwechsel (Schichtgrenze/Kontaktfläche zwischen verschiedenen Schichten) eine mögliche Gleitfläche. Es kommt jedoch auch vor, dass der Basisbruch (basaler Scherbruch) mitten durch eine gleichmäßig (homogen) scheinende Schicht verläuft. Dieser Fall ist ohne Rutschkeil praktisch nicht feststellbar.

Folgende Gleitflächen werden bei Schneebrettlawinen am häufigsten angetroffen:
- Wechsel hart/weich
- Kontaktfläche zwischen Alt- und Neuschnee (häufigster Fall)
- lockere Zwischenschicht, zum Beispiel eingeschneiter Oberflächenreif
- Kontaktfläche zwischen Schwimmschneeschicht und darüber liegender Schicht
- eingeschneiter Schmelzharsch oder Eislamelle
- eingeschneiter »Saharastaub« (gelber oder gelbroter Wüstensand)

Ob diese möglichen (potenziellen) Gleitflächen auch tatsächliche Gleitflächen sind, das heißt eine schwache Bindung (Haftreibung) aufweisen, kann man mit dem Rutschkeil feststellen (gilt nur für diesen Geländepunkt). Nur ein Bruchteil dieser Möglichkeiten erweist sich dann als wirklich schwach.

55 Durchscheinendes Schneeprofil im Gegenlicht

Das Ramm-/Schichtprofil (RSP) der klassischen Nivologie sagt nichts aus über die Stabilität der Schneedecke im Steilhang, es zeigt nur mögliche Gleitflächen auf. Da jede mehrschichtige Schneedecke mögliche Gleitflächen aufweist, ist mit dieser Erkenntnis wenig gewonnen!

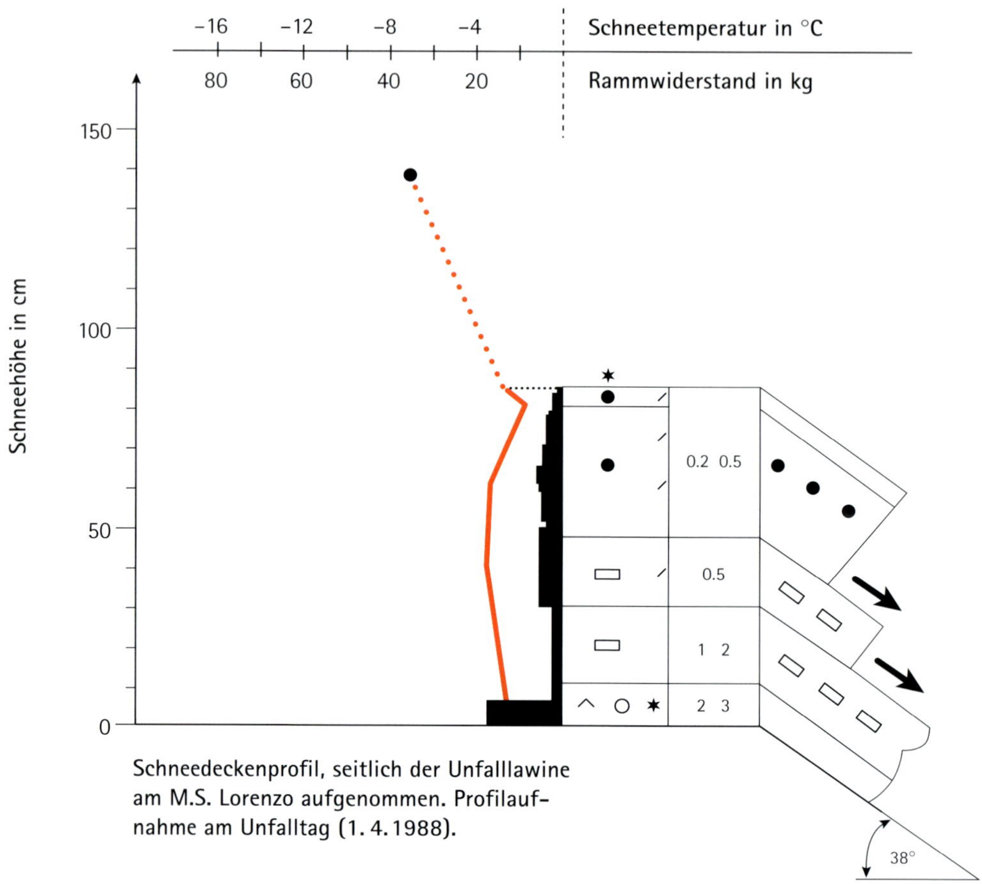

Schneedeckenprofil, seitlich der Unfalllawine am M.S. Lorenzo aufgenommen. Profilaufnahme am Unfalltag (1. 4. 1988).

57 Vergleich zweier Ramm-/Schichtprofile (RSP). Der Schneedeckenaufbau ist in beiden Fällen praktisch gleich. Links: Profil einer Unfalllawine. Rechts: Profil mit RK-Belastungsstufe »kompakt« (kein Scherbruch). Der Kommentar der EISLF zeigt das Dilemma deutlich: »Obwohl die Rammhärte des Schneeprofils vom 11.1.1989 nur geringe Werte aufwies und potenzielle Gleitschichten vorhanden waren (Eisschichten, Reifschichten), zeigten die Rutschblockversuche unmissverständlich auf, dass schwerlich mit Lawinenabgängen zu rechnen war.« (Beide Profile wurden den Winterberichten des EISLF entnommen.)

»verification based on single stability tests is clearly not possible due to the stability variation found even on slopes of the same aspect«
(Schweizer/Kronholm/Wiesinger, SLF, ISSW-paper Okt. 02)

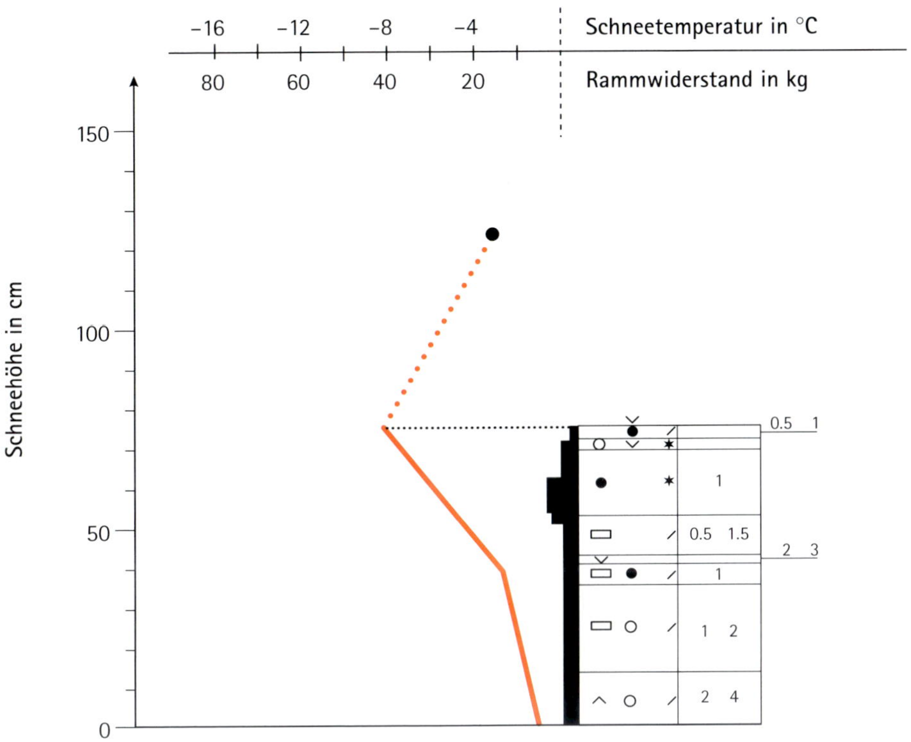

Schneeprofil vom 11. 1. 1989

1997 stellte eine Arbeitsgruppe der internationalen Lawinenwarndienste in Landeck an die Adresse der Skitourenfahrer unmissverständlich fest: »Die Fachleute waren sich einig, dass einzelne Schneedeckenuntersuchungen nicht geeignet sind, eine Einzelhangbeurteilung durchzuführen.«

Wie schwierig es selbst für Experten ist, aus einem Schneeprofil die richtigen Schlüsse zu ziehen, zeigt auch das Beispiel aus dem Winterbericht Nr. 59 des SLF: Am 1. 2. 1995 löste sich eine außerordentlich große Lawine (mehr als 2 Mio. Kubikmeter) am Sex Rouge im Diableretsmassiv und verschüttete rund 1400 m tiefer die Straße des Col du Pillon. »Nur eine Stunde vor dem Lawinenniedergang hat einer unserer SLF-Beobachter am Oldensattel, etwa 2 km östlich der späteren Abbruchlinie, ein Schneeprofil aufgenommen. Dieses ergab keinerlei Hinweise auf eine bedeutende Lawinengefahr.« Einen Tag nach dem Unfall wurde am Anriss der Großlawine ein weiteres Profil gemacht: »Die Mächtigkeit des eingeblasenen Schnees und die ungünstige Sktruktur ... sind darin deutlich zu erkennen ... Bedenkenswert ist die Diskrepanz zwischen den nur einen Tag und eine kurze Distanz auseinander liegenden Profilen ... welche die für die alpine Schneedecke typische kleinräumige Variabilität und die Schwierigkeit einer verlässlichen Gefahrenbeurteilung eindrücklich vor Augen führt.«

57 Kolk um einen festen Gegenstand herum. Die Hohlseite entsteht immer auf der Windseite.

58 Verspurter Hang. Ständig befahrene Hänge sind deutlich stabiler als selten befahrene.

59 Mitarbeiter des SLF bei Schneedeckenuntersuchungen

Rutschkeil und Rutschblock als Hilfsmittel zur Abschätzung der Schneedeckenstabilität an Ort und Stelle

Der Rutschkeil (RK) oder Rutschblock bietet die naturgetreue Simulierung des Basisbruchs (basaler Scherbruch) im Maßstab 1:1 und zeigt anschaulich die **Bruchlast** der Schneedecke an diesem ausgewählten Geländepunkt. Diese Punktmessung lässt sich aber nur dann auf eine größere Fläche übertragen (extrapolieren), wenn die Schneedecke einigermaßen homogen ist. Diese Einschränkung relativiert jede derartige Messung, und zwar unabhängig von der Messmethode. Die örtliche Unregelmäßigkeit der Schneedecke (siehe Seite 96 ff.) ist dann auch das Hauptproblem bei der Beurteilung der lokalen Schneebrettgefahr.

Die lokale Schneebrettgefahr kann nicht objektiv berechnet oder gemessen, sondern bloß subjektiv geschätzt werden. Jede derartige Gefahreneinschätzung hat den Rang einer Prognose mit der entsprechenden Irrtumswahrscheinlichkeit!

Der RK soll nie in einem großen und unter Umständen gefährlichen Hang gemacht werden, sondern in einem harmlosen Versuchshang, der für die betreffende Exposition und Höhenlage typisch ist.
Der Zeitaufwand zum Anlegen eines Rutschkeils beträgt bei 3 Personen und 1 Meter Schnee ungefähr 20 Minuten. Der RK ist immer zugleich ein Schneeprofil. Er liefert uns eine dreifache Information:

- Schneedeckenaufbau (Schneeprofil)
- Randfestigkeiten/Schichthärten (Handtest)
- Basisfestigkeit/Bruchlast (Rutschkeil)

Technische Angaben zum Anlegen eines Rutschkeils:

1 Versuchshang mindestens 30° steil, besser 35°. Resultate bei weniger als 30° sind unbrauchbar.

2 Schneeprofil mit 4 m Kantenlänge ausgraben. Muss Zeit gespart werden, kann man die Tiefe des Profils auf 1,5 m beschränken (damit erfassen wir 98 % aller Skifahrerlawinen).

3 Der Keil besteht aus einem Dreieck mit 2,5 m Basis und 2,5 m Höhe. Die Messfläche von 3 m^2 ist für das Ergebnis entscheidend und muss genau eingehalten werden. Wird anstelle des Rutschkeils ein Rutschblock gemacht (bei harten Schichten vorteilhaft), muss dieser flächengleich sein, damit er dasselbe Resultat liefert wie der Keil (2 m Länge x 1,5 m Breite).

4 Die Umlenksonde muss leicht schräg zum Hang eingerammt werden, damit die Schnur nach unten gleitet. Der Sägeschnitt erfolgt nach unten breiter werdend, damit der Keil nicht aufsitzt (verklemmt/-verkeilt). Bei hartem Schnee kann man Knoten in die Schnur knüpfen, um die Sägewirkung zu verbessern. Genügt dies nicht, muss ein Rutschblock gemacht werden.

5 Die Belastungsprobe erfolgt im Schwerpunkt des Keils, das heißt 80 bis 90 cm oberhalb der Profilkante. Die schwerste Person der Gruppe betritt die Messfläche mit Skiern behutsam auftretend von der Seite (auf keinen Fall mit Schwung). Diese vorsichtige Belastungsprobe ist beim Rutschblock nicht möglich, weshalb der Keil nach Möglichkeit vorzuziehen ist (Einteilung in Stabilitätsklassen siehe Seite 95).

6 Die Länge der Ski spielt keine entscheidende Rolle. Es macht nichts, wenn sie nicht in voller Länge auf der Messfläche Platz haben.

7 Bei der Übertragung (Extrapolation) des RK-Resultates auf vergleichbare Hänge (in Bezug auf Höhenlage, Exposition und Kammlage) muss die **5°-Regel** berücksichtigt werden. 5° ≈ Belastungsstufe.
Die **5°-Regel** weist einen großen Sicherheitsspielraum auf. Näheres ist in der Nivellierungstabelle im Anhang ersichtlich. Die RK-Belastungsstufe stellt nur zusammen mit der Hangneigung ein Stabilitätsmaß dar. RK-Resultate sind nur dann vergleichbar, wenn sie bei gleicher Steilheit gemacht wurden oder wenn man sie auf eine bestimmte Neigung nivelliert (normiert), siehe Seite 201.

Das Prinzip des Rutschkeils ist höchst einfach. Wenn wir die Basisfestigkeit messen wollen, müssen wir eine Messfläche so freistellen, dass sie keine Randfestigkeiten mehr aufweist. Die Druckfestigkeit wird mit dem Graben des Profils beseitigt und die übrigen Randfestigkeiten werden mit einer 3mm-Reepschnur (notfalls auch mit einer Lawinenschnur) zersägt. Wir haben nun ein freistehendes, dreieckiges Schneeprisma, das wir stufenweise belasten bis zum Bruch.

Da der Rutschkeil weniger Zeit erfordert als der Rutschblock und im kritischen Bereich auch genauere Resultate liefert, weil man ihn vorsichtiger belasten kann, wird man im Allgemeinen dem Keil den Vorzug geben. Auch wenn wir noch so sorgfältig von oben auf den Block treten (Stufe Teillast → Volllast), erzeugen wir die Belastungswerte der Stufe »Wippen« des Rutschkeils!

Sind jedoch die Schichten so hart, dass man sie mit umgelenkter Schnur nicht mehr durchsägen kann, bleibt nur noch der Rutschblock. Dabei stellt sich die Frage, ob bei mächtigen und harten Schichten überhaupt ein Stabilitätstest gemacht werden muss. Zum Sägen harter Schichten hat sich die Rutschkeil-Säge bewährt. Man knüpft kleine kantige Metallmuttern in die Schnur.

Die drei Stabilitätsklassen

Schon 1973 teilte ich die Belastungsstufen des Rutschkeils aus logischen Gründen in drei Stabilitätsklassen ein (gefährlich, verdächtig, sicher), denn auf die Frage »Darf dieser Hang jetzt begangen werden?« sind logisch nur drei Handlungsmöglichkeiten gegeben:

Rutschkeil-Belastungsstufen mit Stabilitätsklassen

Belastungsstufe	Belastungsprobe Keil rutscht	Stabilitätsklasse
10 = spontan	beim Sägen (ohne Zusatzlast)	schwach
20 = Teillast	beim behutsamen Drauftreten mit Ski	
30 = Volllast	bei voller Belastung durch Skifahrer	
41–44 = Wippen	bei kräftigem Wippen mit Ski (4 x steigern)	mittel
51–54 = Sprung an Ort	beim Aufspringen an Ort mit Ski (4 x steigern)	
61 = Sprung von oben	1. Sprung 1 Person ohne Ski	fest
62 = Sprung von oben	2. Sprung 2 Personen ohne Ski	
70 = Kompakt	kein Scherbruch	

- ich gehe
- ich gehe mit Vorsichtsmaßnahmen
- ich gehe nicht

Auch heute teilen wir die auf sieben **Belastungsstufen** angewachsene Rutschkeil-Skala in drei Stabilitätsklassen ein, die wir »schwach«, »mittel« und »fest« nennen.

Die durchschnittliche Stabilität einer trockenen Schneedecke (entsprechend »mäßiger Schneebrettgefahr«) beträgt rund zweimal »Sprung an Ort« bei 35° Neigung!

Bei unregelmäßiger Schneedecke werden sich **Übertragungsfehler** selbst bei großer Erfahrung und sorgfältiger Beurteilung unter Berücksichtigung aller maßgebenden Faktoren nicht vermeiden lassen.
Die genaue Analyse der Fehlbeurteilungen hat ergeben, dass der Rutschkeil bei folgenden Situationen versagt:

- bei unregelmäßiger Schneedeckenstabilität in ein und demselben Hang
- bei feuchter Schneedecke
- wenn die abgleitende Schicht dünner als 15 cm ist

Nach neuesten Erkenntnissen sind aber gefährliche Hänge gerade durch Variabilitäten auf kleinstem Raum (auf wenigen Metern) angezeichnet, das heißt, der Rutschkeil versagt ausgerechnet dann, wenn wir ihn am nötigsten hätten. Damit ist der Rutschkeil ein ungeeignetes Hilfsmittel, um gefährliche Hänge von ungefährlichen zu unterscheiden.

Die örtliche Unregelmäßigkeit der Schneedecke

Das Wesen der Schneedecke ist ihre Unregelmäßigkeit. Sie widerspiegelt die Vielgestaltigkeit des Gebirgsreliefs und die Launenhaftigkeit des Wetters und kann als Produkt aus lokal unterschiedlichem Nieder-

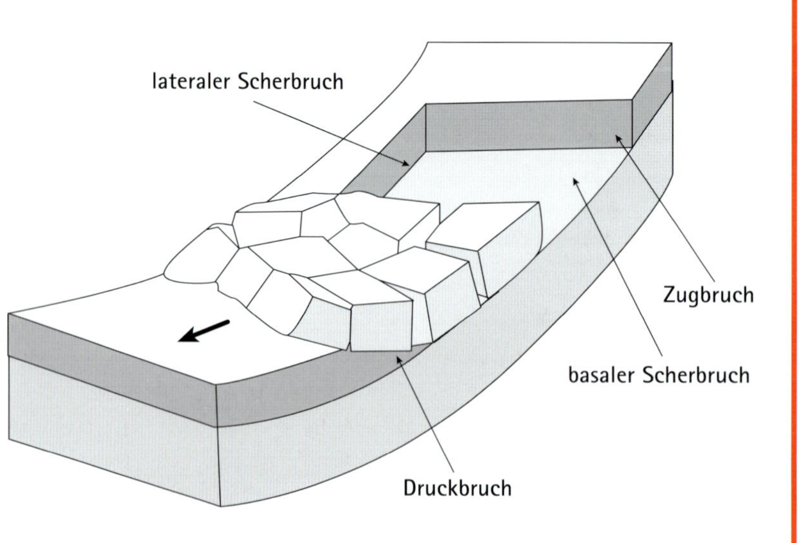

60 Basis- und Randfestigkeit. Wir nennen die entscheidende Festigkeitskomponente einer Schneedecke im Steilhang – die basale Scherfestigkeit – der Einfachheit halber Basisfestigkeit. Die sekundäre Festigkeitskomponente setzt sich zusammen aus der Zug- und Druckfestigkeit sowie der lateralen Scherfestigkeit. Wir nennen sie zusammenfassend Randfestigkeit.

61 Rutschkeil (schematisch). Die Sägelinien müssen unbedingt nach unten auseinander laufen, damit sich der Keil nicht verkeilt.

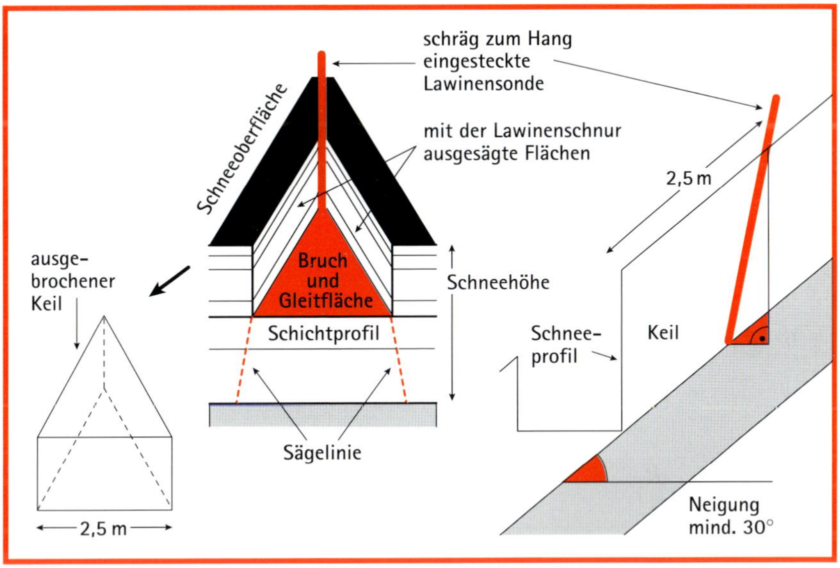

62 Rutschkeil. Nach Aushub eines Schneeprofils mit senkrechter Profilfläche wird eine Lawinensonde (oder notfalls ein Skistock) eingerammt zur Umlenkung der Lawinenschnur. Mit dieser Schnur wird ein Keil ausgesägt. Der auf diese Weise freigelegte Keil wird nun stufenweise belastet bis zum Scherbruch. Die Zusatzlast, die notwendig und hinreichend ist, um den Keil zum Abscheren zu bringen, gibt Aufschluss über die Basisfestigkeit (basale Scherfestigkeit) der Schneedecke an diesem Punkt.

schlag, turbulenten Winden, großen Temperatursprüngen auf kleinstem Raum und höchst variabler Sonneneinstrahlung kein gleichmäßiges (homogenes) Gebilde sein.
Je coupierter das Gelände, umso unregelmäßiger ist auch die Schneedecke. Jede Geländefalte entwickelt ein Mikroklima mit charakteristischen Besonderheiten. Eine gleichmäßig verfestigte Schneedecke finden wir höchstens im Hochwinter in einem wenig gegliederten Gelände einige Tage nach einem größeren Schneefall ohne wesent-

63 Labile und stabile Teilflächen im selben Hang! Vielleicht nur ein bisschen steiler, ein bisschen mehr Triebschnee, ein bisschen mehr nach Norden abgewandt ...

liche Windeinwirkung – im Gebirge ein seltener Fall. Dieses **Mikroklima** kann vom Lawinenlagebericht nicht berücksichtigt werden. Dies muss der Skifahrer an Ort und Stelle selbständig und eigenverantwortlich beurteilen. Hier stoßen wir an klare **Grenzen der Vorhersehbarkeit.** Das örtlich und zeitlich überraschende Auftreten von Gefahrenstellen kann auch bei großer Erfahrung und sorgfältiger Beurteilung mit zumutbarem Zeitaufwand nicht immer rechtzeitig (ex ante) erkannt – jedoch hinterher (ex post) meist erklärt werden.
Bei der örtlichen Variabilität der Schneedeckenstabilität können wir drei Größenordnungen unterscheiden:

❶ Lokale Abweichungen vom regionalen Durchschnitt

Am westlichen Alpennordhang herrscht beispielsweise »mäßige« Gefahr. Es ist nun ohne weiteres möglich, dass die Gefahr in exponierten Teilen der Waadtländer und Freiburger Alpen »erheblich«, hingegen in geschützten Lee-Lagen des Unteren Simmentals bloß »gering« ist. Diese Abweichungen vom regionalen Durchschnitt um plus/mimus eine Gefahrenstufe gelten als normal. Das Problem existiert vor allem für Leute, die die lokalen Verhältnisse nicht selbständig beurteilen können.

❷ Abweichungen innerhalb gleichartiger Hanglagen

Bedingt durch die vielgestaltige Topographie, zum Beispiel lokale Abweichung der Hauptwindrichtung durch ein Geländehindernis, Schattenwurf durch eine besondere Reliefkonfiguration etc. entsteht ein **Mikroklima** mit unterschiedlicher Verfestigung der Schneedecke. Diese Unterschiede sind oberflächlich durch bloßen Augenschein nur schwer oder überhaupt nicht zu erkennen. Die klassische Lehrmeinung, topographisch »vergleichbare« Hänge (in Bezug auf Höhenlage, Exposition, Steilheit und Kammnähe) würden ähnliche Stabilitäten aufweisen, lässt sich heute kaum noch aufrechterhalten. Stabile und instabile Hänge können topographisch »vergleichbar« und sogar eng benachbart sein.

❸ Abweichungen innerhalb eines Hangs

In gefährlichen Hängen können schwache und feste Teilflächen nahe beieinander liegen oder sogar unmittelbar aneinander grenzen. Übertragungen (Extrapolationen) von Punktmessungen sind in solchen Fällen illusorisch, weil es in einem »Flickteppich« keine repräsentativen Stellen gibt, siehe Kapitel 9.

Kurz: Die Variabilität der Stabilitätswerte ist in allen Größenordnungen (regional/lokal/zonal) wesentlich größer als bisher angenommen.

Zur Ehrenrettung des Rutschkeils – Grenzen der Vorhersehbarkeit

Rückblickend müssen wir uns heute fragen, weshalb sich der Rutschkeil angesichts der großen Unregelmäßigkeit der Schneedecke überhaupt so lange »bewährt« hat. Aus heutiger Sicht kann man die Frage leicht beantworten: Überprüft im Sinne einer »Nagelprobe« wurde der Rutschkeil immer nur beim Entscheid »gehen« und falsifiziert wurde dieser JA-Entscheid, wenn das Schneebrett trotzdem ausgelöst wurde, d. h. wenn der Hang nebst mittleren und festen Teilflächen auch eine genügend große Superschwachzone (siehe Kapitel 9) aufwies. Nach unserem heutigen Kenntnisstand sind aber Hänge, die vom Skifahrer ausgelöst werden können, insgesamt selten, so dass erst nach Anwendung über längere Zeiträume eine genügend große Zahl von »Versagern« zur Analyse vorhanden waren. Die Analyse führte dann allerdings zu der ernüchternden Erkenntnis, dass der Rutschkeil und die anderen analytischen Punktmessungen (Norwegermethode etc.) mit großer Wahrscheinlichkeit **genau** dann versagen, wenn die Situation kritisch ist (je unregelmäßiger die Schneedecke, desto unzuverlässiger). Punktmessungen sind somit untaugliche Mittel, um Gefahrenstellen rechtzeitig zu erkennen. Der springende Punkt für mein Aha-Erlebnis war die Erkenntnis, dass der Rutschkeil nicht hie und da versagt (das hätte ich in Kauf genommen), sondern ausgerechnet dann, wenn ich ihn wirklich brauche, nämlich bei kritischen Verhältnissen.

Obwohl das Hauptproblem der praktischen Lawinenkunde – die Beurteilung der Belastbarkeit eines konkreten Einzelhangs – nach wie vor ungelöst ist, hat sich doch herausgestellt, dass man mit einer Vielzahl von Rutschkeilen wenigstens das Gefahrenpotenzial einer Gegend (d. h. die Gefahrenstufe des Lawinenlageberichts) quantitativ und objektiv bestimmen kann (siehe MISTA im Anhang).

Auch unsere detaillierteren Kenntnisse über die flächige Verteilung der basalen Scherfestigkeit verdanken wir weitgehend dem Rutschkeil. Die zahllosen Einblicke in die Schneedecke auch im steilen Gelände und in kritischen Situationen führten uns die **Komplexität des Schneedeckenaufbaus** vor Augen sowie die Variabilität der Stabilitäten oft auf kleinstem Raum. Sie zeigten uns die **engen Grenzen der Vorhersehbarkeit** der örtlichen Gefahr im freien Skigelände, d. h. in einer natürlichen und ungestörten Schneedecke. Sie zwangen uns zur **Revision der klassischen Lawinenkunde** und zur Opferung von Dogmen, allen voran des »repräsentativen« Schneeprofils. Zur Einschätzung des konkreten Einzelhangs sind wir nach wie vor auf Erfahrung, Ortskenntnis und Intuition angewiesen. Wir haben nur Faustregeln, Vermutungen und Wahrscheinlichkeiten. Unsere JA/NEIN-Entscheide basieren auf unsicherem Wissen, lückenhaften Informationen und widersprüchlichen Indizien. Kurz: Die Wissenschaft hat dank des Rutschkeils große Fortschritte gemacht in Richtung Nichtvorhersehbarkeit – in einer Zeit, wo alle Anstrengungen darauf hinauslaufen, die Natur in den Griff zu bekommen. Die Lawinengefahr ist nach heutigem Wissen nur dort halbwegs vorhersehbar, wo man die Lawinen nach jedem größeren Schneefall abschießt (d. h. im Pistenbereich und bei Verkehrsverbindungen) und auf diese gewaltsame Weise dafür sorgt, dass sich gar keine natürliche Schneedecke mehr bilden kann und dort, wo man die Lawinen mit Verbauungen am Entstehen hindert, also überall dort, wo »Natur« nicht mehr Natur ist. Auch die spontanen Großlawinen (Tallawinen) auf den bekannten Lawinenbahnen kann man nach Großschneefällen mit genügender Zuverlässigkeit vorhersagen. Für die ungestörte natürliche Schneedecke im freien Skigelände hingegen, wo der Skifahrer meist das auslösende Element darstellt, muss man die früher naiv postulierte Vorhersehbarkeit radikal in Frage stellen. Die Frage lautet heute nicht mehr wie, mit welchen Mitteln und mit welchen Anzeichen wir die örtliche Gefahr erkennen können, sondern prinzipiell ob solche Erkenntnis überhaupt möglich sei.

KAPITEL 9

ABSCHIED VOM REPRÄSENTATIVEN SCHNEEPROFIL

> *»Eine neue wissenschaftliche Wahrheit pflegt sich nicht in der Weise durchzusetzen, dass ihre Gegner überzeugt werden und sich als belehrt erklären, sondern vielmehr dadurch, dass die Gegner allmählich aussterben und dass die heranwachsende Generation von vornherein mit der (neuen) Wahrheit vertraut gemacht ist.«*
>
> *MAX PLANCK*

Die klassische Lehrmeinung

Noch zu Beginn der 80er Jahre war die vorherrschende Lehrmeinung (herrschend im eigentlichen Wortsinn) geprägt von der Vorstellung, die Schneedecke sei ein mehr oder weniger homogenes Gebilde. Dieses klassische Paradigma lässt sich vereinfacht und verallgemeinert in drei Punkte zusammenfassen:

1. Topographisch vergleichbare Hänge (in Bezug auf Höhenlage, Steilheit, Exposition und Kammnähe) weisen ähnlichen Schneedeckenaufbau und damit ähnliche Festigkeiten auf. Mit einem repräsentativen Schneeprofil kann man den Schneedeckenaufbau einer Gegend analysieren. Aus den Ramm-/Schichtprofilen kann man direkt auf die Stabilität der Schneedecke schließen. Auch Punktmessungen der basalen Scherfestigkeit können innerhalb vergleichbarer Hänge mit genügender Zuverlässigkeit extrapoliert werden.

2. Die basalen Scherfestigkeitswerte im Einzelhang weichen nicht allzu sehr vom Mittelwert ab (kleine Streuung), d.h. die Festigkeit ist überall ungefähr gleich. Mit der Durchschnittsstabilität der Schneedecke lässt sich die Gefahrenstufe bestimmen: Geringe Durchschnittsstabilität ergibt eine hohe, große Durchschnittsstabilität eine niedrige Gefahrenstufe. Die fünfstufige europäische Gefahrenskala ist ein Beispiel dieser Denkrichtung. Dieses Denken war geprägt von der Vorstellung, dass die durchschnittlichen Materialeigenschaften die Tragfähigkeit einer Schneedecke bestimmen. Ein Schneebrett bricht, wenn die Scherfestigkeit auf der gesamten Fläche ungenügend ist (Spannung größer als Festigkeit). Die Festigkeit des Schnees stellte man sich als eine dem Material innewohnende Eigenschaft vor, unabhängig von der Art der Belastung.

3. Der analysierende Blick war primär auf den Schneedeckenaufbau, d.h. auf die Aufeinanderfolge der Schichten fixiert. Man dachte in Querschnitten und Profilen. Über die flächige Verteilung (hang- bzw. schichtparallele Längsschnitte) machte man sich weniger Gedanken. Hingegen war bekannt, dass Unregelmäßigkeiten im Schneedeckenaufbau (z.B. Aufeinanderfolge von harten und weichen Schichten) eine Erhöhung der Gefahr bedeutete.

Aus heutiger Sicht kann man sagen, dass das Paradigma der »Homogenisten« eine Schneedecke ohne Gefahrenstellen beschreibt, die glücklicherweise örtlich und zeitlich überwiegend vorherrscht. Aber da wir nicht allgemeine Schnee- sondern Lawinenkunde betreiben, müssen wir uns schwerpunktmäßig mit den seltenen Ausnahmen befassen. Denn die neue Lehrmei-

64 Blickrichtung der »Homogenisten« (Querschnitt) und der »Heterogenisten« (Längsschnitt). In beiden Blickrichtungen bedeuten Diskontinuitäten Verschärfung der Gefahr, z.B. eingeschneiter Oberflächenreif. Aber der »Heterogenist« stellt sich die Frage: Wie ausgedehnt (flächenmäßig/schichtparallel) ist die im Profil gefundene kritische Schicht?

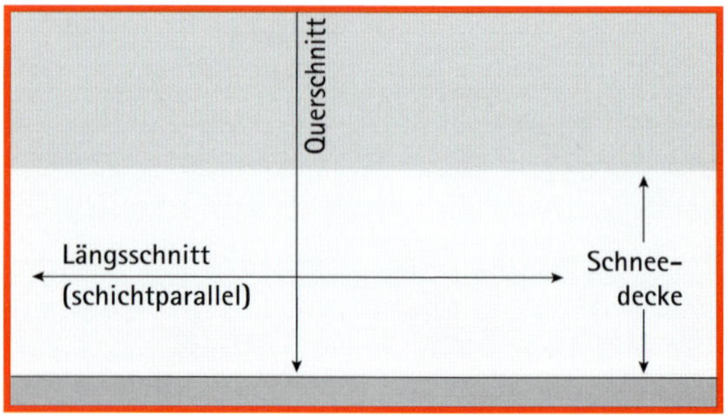

nung lautet, verkürzt auf einen Nenner gebracht:

Ohne Materialfehler keine Schneebrettauslösung!

Diese Diskontinuitäten sucht der »Heterogenist« weniger in Quer- als vielmehr in hangparallelen Längsschnitten, d.h. in der flächigen Verteilung der basalen Scherfestigkeiten. Bezeichnenderweise fehlten im alten Paradigma Überlegungen über mögliche statistische Verteilungsgesetze (obwohl ohne solche Gesetzmäßigkeiten ein Lawinenlagebericht nur schwer denkbar ist).

Ungereimtheiten und Widersprüche

Zahlreiche Beobachtungen im Gelände lassen darauf schließen, dass die klassische Lehrmeinung Widersprüche und Lücken aufweist und offensichtlich nur einen Teilaspekt der Phänomene umfasst. Einige Beispiele:

- Dass gleicher Schneedeckenaufbau nicht immer gleiche basale Scherfestigkeit zur Folge hat, haben wir beim Ramm-/Schichtprofil bereits festgestellt (uns interessieren auch hier die Ausnahmen mehr als die Regel, siehe Kapitel 8).
- Die Schneedecke bricht selten an der »Perforation«, die wir in Form einer Skispur bei der Hangquerung hinterlassen haben, obwohl sie das bei homogener neutraler) Stabilität eigentlich tun müsste.
- Wir beobachten häufig, dass nur eine kleine Teilfläche des ganzen Hangs ausbricht, auch wenn dieser Hang in Bezug auf Steilheit, Relief etc. gleichmäßig, das heisst topographisch neutral ist.
- Zwei Profile in einem scheinbar gleichmäßigen Hang ergeben völlig verschiedene Ergebnisse, sowohl in Bezug auf Schneedeckenaufbau wie auch in Bezug auf Stabilität. (Am Walliser Skilehrerkurs in Zermatt im April 1994 machten wir in einem gleichförmigen NE-Hang zwei Profile in 5 m Distanz: In einem Profil fanden wir 80 cm unter der Oberfläche eine markante Reifschicht, ca. 5 mm dick, 5 m daneben fehlte diese Schicht vollständig.)
- Schwache Teilflächen finden sich mitunter in offensichtlich sicheren Hängen.
- Zwei Schneedecken mit gleicher Durchschnittsstabilität (Durchschnitt aus zahlreichen Messungen) ergeben einmal MÄSSIG und ein andermal ERHEBLICH.
- An Tagen mit vielen schwachen und wenig festen Rutschkeilproben beobachten wir keine Lawinen, an Tagen mit vielen festen und wenig schwachen Rutschkeilproben provozieren wir völlig überraschend eine Auslösung.

Insbesondere die beiden letzten Punkte sind Rätselfragen, die sich m. E. nur schwerlich lösen lassen, ohne den Rahmen der klassischen Doktrin zu sprengen. Gesucht ist eine neue, widerspruchsfreie und umfassende Theorie, in der sich diese zahlreichen Beobachtungen normal einordnen lassen und nicht als »Ausreisser« ausgeschieden oder als »Exoten« ignoriert werden müssen.

Man ist an William James erinnert, der in »The Will to Believe« schrieb, dass *»das große Feld für neue Entdeckungen immer der unerforschte Rest ist. Um die gesicherten und geordneten Fakten einer jeden Wissenschaft schwebt immer eine Wolke von Ausnahmen, von winzigen und unregelmäßigen Erscheinungen, die selten anzutreffen sind und für die es sich immer als einfacher erweist, sie zu* *ignorieren als sich ihnen zuzuwenden. Das Ideal jeder Wissenschaft ist ein abgeschlossenes und vollständiges System von Wahrheiten. In diesem System nicht klassifizierbare Erscheinungen sind paradoxale Absurditäten und müssen für unwahr gehalten werden. Man vernachlässigt oder leugnet sie nach bestem wissenschaftlichen Gewissen. Seine Wissenschaft wird erneuern, wer sich ständig um die regelwidrigen Erscheinungen kümmert. Und wenn eine Wissenschaft erneuert ist, haben ihre Formeln oftmals mehr von den Ausnahmefällen an sich als von dem, was angeblich die Regel ist.«*

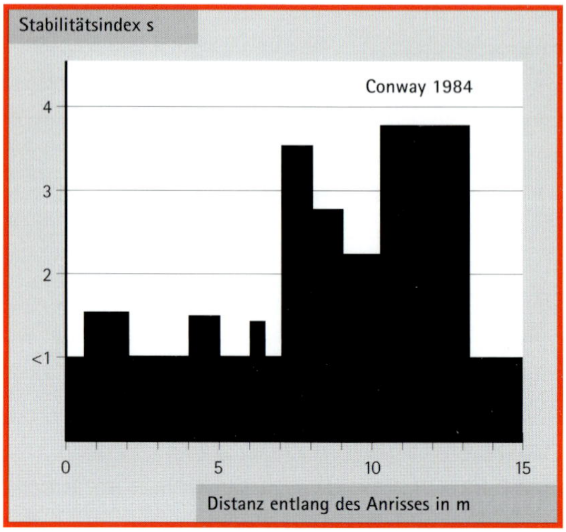

65 An der Anrissstirn gemessene Scherstabilitätswerte (s) einer durch Skifahrer ausgelösten Lawine. Stabilität 1 entspricht der Rutschkeilstufe »spontan« (Scherbruch ohne Zusatzbelastung, Stabilitätsklasse »schwach«) und Stabilität 3.5 ungefähr der Rutschkeilstufe »kompakt« (kein Scherbruch, Stabilitätsklasse »fest«).

Der Schock: Stabile und instabile Teilflächen im selben Hang

1984 publizierte der Neuseeländer Conway seine Scherfestigkeitsmessungen, die er entlang des Zugrisses von Skifahrerlawinen gemacht hatte. Seine Ergebnisse wirkten auf die Bergsteiger wie ein lähmender Schock: Er fand auf kleinstem Raum Werte mit Stabilität 1 (der Rutschkeil-Stufe »spontan« entsprechend) und Stabilität 3.5 (der Stufe »kompakt« entsprechend), ja an einer Stelle grenzten die Extremwerte unmittelbar aneinander (siehe Abb. 65). Jahrelang wagte niemand die naheliegende Schlussfolgerung aus dem Experiment zu ziehen, dass nämlich einzelne Stichproben völlig wertlos sind und sogar kontraproduktiv sein können und dass es in einem solchen Umfeld unmöglich ist, ein repräsentatives Profil zu finden. Denn was heißt schon repräsentativ, wenn stabile und labile Zonen unmittelbar nebeneinander liegen? Es wäre ohne weiteres möglich gewesen, vor dem Lawinenabgang in der Zugzone einen sehr repräsentativen Rutschkeil zu machen, der »zufällig« genau in die stabile Zone zu liegen gekommen wäre. Was dann? Niemand wagte es, sich das auszumalen und die entsprechenden Konsequenzen zu ziehen. Auch die Fachleute und Wissenschaftler nicht. Denn das »Denken des Undenkbaren« hätte klar gegen die herrschende Doktrin verstoßen!

Die tödliche Konsequenz

Auf den lähmenden Schock erfolgte sieben Jahre später der befreiende Donnerschlag. Eine Gruppe der Schweizer Armee machte am 12. März 1991 am Roßbodenstock (Oberalpgebiet) oben am Hang fachgerecht einen Rutschblock-Test und erhielt die bestmögliche Belastungsstufe, nämlich keinen Scherbruch bei Sprung von oben ohne Ski. Bei der Diskussion des unerwartet guten Resultats ging der ganze Hang als Schneebrett ab und verschüttete zwei Männer tödlich. Den Soldaten bot sich ein grotesker Anblick: Der Rutschblock war nämlich stehen geblieben, vom Schneebrett wie eine Insel im Strom umflossen. Der Rutschblock wurde vermutlich zufälligerweise in einer »Insel der Stabilität« gemacht (auf diese »Stabilitätsinseln« machte ich 1991 in der Neuen Lawinenkunde in der Abbildung auf S. 111 aufmerksam). Aber in diesem Fall war nicht zu bestreiten, dass der Ort für den Rutschblock sehr repräsentativ war (nämlich mitten auf dem Schneebrett) und dass man einen Extrapolationsfehler völlig ausschließen konnte! Der tragische Fall hatte ein juristisches Nachspiel, der die Macht des Paradigmas noch einmal aufzeigte. Der Erstgutachter konnte das Ereignis offensichtlich in seinem »Koordinatensystem« nicht einordnen und so fand er es nicht erwähnenswert, dass der Rutschblock bei der Belastungsprobe nicht brach und selbst der darauf folgenden Lawine standhielt. Als Zweitgutachter hatte ich Gelegenheit, den Fall im Detail zu studieren, und diesmal war ich fest entschlossen, die Konsequenzen zu ziehen und unsere falschen Vorstellungen vom Schneedeckenaufbau zu korrigieren. Denn es war offenkundig, dass unsere Doktrin nicht mit der Natur übereinstimmte, und diese Diskrepanz konnte tödlich sein.

Von der kritischen Deformationsgeschwindigkeit zur Superschwachzone

Bereits 1971 machte Bruno Salm (SLF) die folgenschwere Entdeckung, dass die Bruchlast von Schnee keine Materialkonstante

66 Hartes und trockenes Mini-Schneebrett mit scharfkantigen Schollen

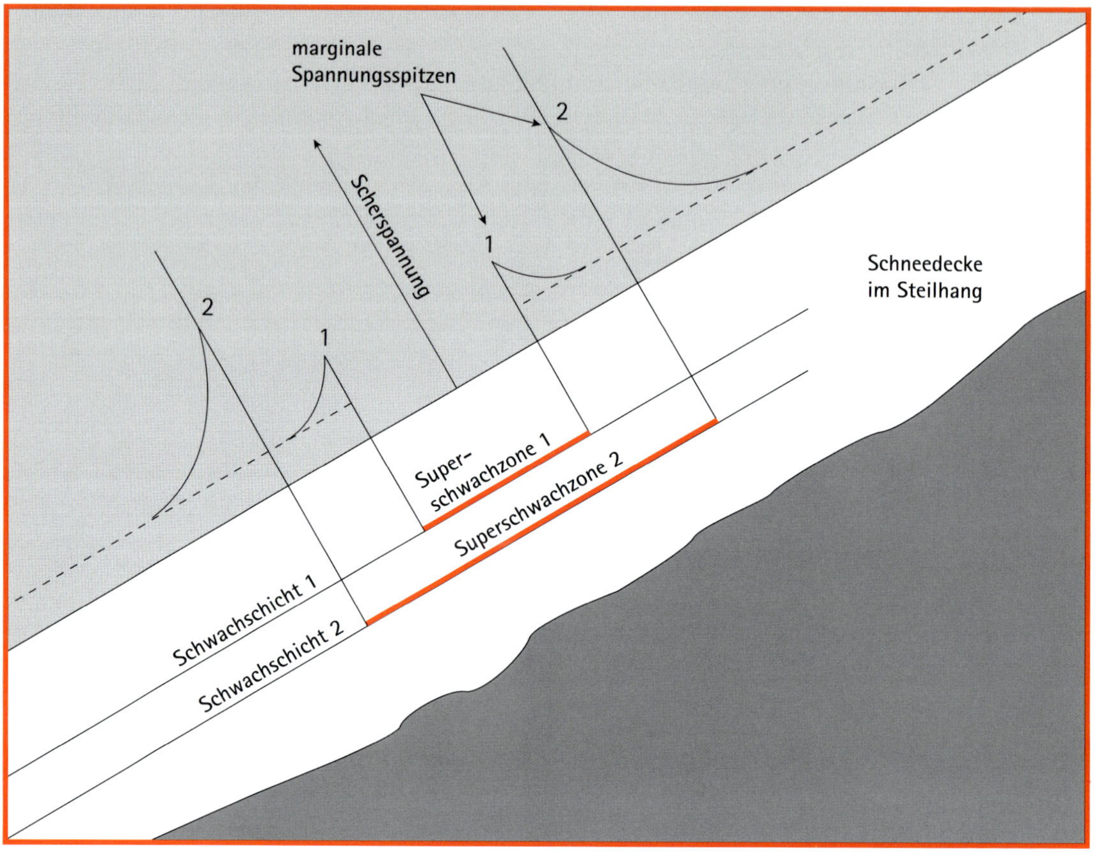

67 Marginale Spannungsspitzen in einer von einer Superschwachschicht unterbrochenen Schwachschicht (nach SALM). Je umfangreicher die Superschwachzone und je steiler der Hang, umso höher die Randspannung. (In Schwachschichten ist Festigkeit > Spannung, in Superschwachschichten ist Festigkeit ≤ Spannung.)

ist, sondern in hohem Maße von der Geschwindigkeit der Belastungseinwirkung abhängt: Bei langsamer Belastung deformiert sich der Schnee und verhält sich viskos = zähflüssig (Bindungsbrüche werden fortlaufend durch neue Bindungen ersetzt), erst wenn die kritische Deformationsgeschwindigkeit erreicht wird, erfolgt endgültiger Sprödbruch. Für Bergsteiger ist diese Erkenntnis nur die wissenschaftliche Formulierung einer einschlägigen Erfahrung: »Alte Füchse« wissen, dass man beim Spuren sehr viel Kraft sparen kann, wenn man den Schnee nicht rasant in einem Zuge durchtritt (dann bricht man voll ein), sondern bei jedem Tritt eine kurze Verzögerung einbaut, damit der Schnee »auf viskose Art« zusammengepresst wird. Bei schockartiger Krafteinwirkung kann die ursprüngliche Festigkeit bis auf ein Zehntel absinken, und auch die Bruchdehnung wird um die gleiche Größenordnung reduziert. Weitere Forschungen von SOMMERFELD, MELLOR, PERLA, MCCLUNG, GUBLER, NARITA u. a. in den 70er und 80er Jahren bestätigten und ergänzten die grundlegenden Erkenntnisse SALMS.

1986 schockte SALM die alpine Welt mit seinem berühmt-berüchtigten Vortrag anlässlich einer Veranstaltung des Österreichischen Kuratoriums für alpine Sicherheit, wo

er den verdutzten Zuhörern erläuterte, dass es bei neutralen Verhältnissen, d. h. bei gleichmäßiger basaler Scherfestigkeit, gar nicht zum Scherbruch kommen kann, weil mit der Eigengewichtsspannung (dem Schneegewicht allein) die kritische Deformationsgeschwindigkeit bei weitem nicht erreicht wird. Spontane Anbrüche sind deshalb nur dann möglich, wenn in einer Schwachschicht eine Teilfläche eingebettet ist, wo das Eigengewicht nicht oder nur ungenügend auf den Untergrund übertragen werden kann. Es entstehen so genannte **Defizitzonen** oder **superschwache Zonen.** (Ich nenne diese Zonen auch »hot spots«, sie entsprechen der Stufe »spontan« des Rutschkeils.) Diese Zonen sind am Zonenrand aufgehängt und erzeugen dort örtlich konzentrierte, hohe Randspannungen (siehe Abb. 67), die umso höher sind, je ausgedehnter die Superschwachzone ist. Diese **Spannungsspitzen** ermöglichen die »Initialzündung« des Schneebretts, die bei neutralen Verhältnissen gar nicht in Gang kommen kann. Diese Defizitzonen hat CONWAY empirisch festgestellt (= Zonen mit Stabilität 1). Nach Modellrechnungen liegt der kritische Durchmesser der Superschwachzone bei etwa 10 m, damit der Initialbruch spontan (d. h. ohne Zusatzspannung) gestartet werden kann. Die kritische Größe dieser Störzone (man könnte sie auch Materialfehler nennen) ist aber u. a. abhängig von der Hangneigung und von der Mächtigkeit der Schwachschicht. Je steiler der Hang und je dünner die Schwachschicht (Reifschichten können hauchdünn sein), umso kleiner der minimale Durchmesser.
Kurz: Es braucht eine kleine Superschwachzone (Materialfehler) für den **Initialbruch** und eine großflächige Schwachschicht für die **Bruchfortpflanzung.** Da bei hohen Deformationsgeschwindigkeiten die Festigkeit drastisch abnimmt, können bei Bruchfortpflanzungen in der Größenordnung der Schallgeschwindigkeit auch Teilflächen mitgerissen werden, die normalerweise ein Mehrfaches der Eigengewichtsspannung aushalten, entsprechende Distanz zur Initialbruchfläche vorausgesetzt.
Für den Skifahrer ist es wichtig zu wissen, dass zwischen dem Initialbruch, der oft von einem »Wumm«-Geräusch begleitet ist, und der Bruchfortpflanzung mehrere Minuten verstreichen können.
Kommt zum Eigengewicht eine Zusatzspannung dazu (z. B. Gewicht des Skifahrers), dann ist die minimale Größe der Defizitzone entsprechend kleiner: Am kleinsten ist sie also in der Kombination Zusatzgewicht + extrem steiler Hang. Es ist auch möglich, dass durch die **Zusatzspannung** mehrere unterkritische Störzonen schlagartig zusammenwachsen zu einer überkritischen Größe. Dass diese kleinen Superschwachzonen mit

68 Gedankenexperiment. Die Schneedecke in einem Steilhang wird schachbrettartig in Würfel geschnitten. Wenn alle Würfel auf ihrer Standfläche ihr Eigengewicht tragen, ist der Hang auf der ganzen Fläche **entspannt.** Es passiert nichts. Trägt ein Würfel sein Eigengewicht nicht (Festigkeit < Spannung), ist er an den Nachbarn »aufgehängt und abgestützt« und erzeugt **Spannungen** (durch Pfeile angedeutet).

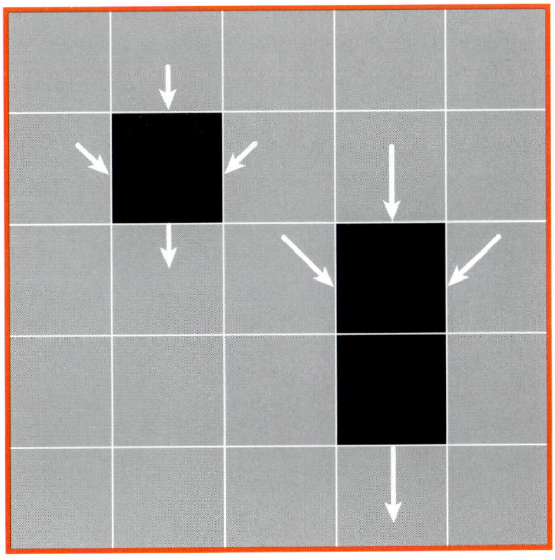

Durchmessern von weniger als 10 m kaum erkennbar sind, ist seit längerem bekannt. Eine bewährte Sprengregel besagt nämlich, dass das gesamte potenzielle Anrissgebiet mit Wirkungszonen vollständig überdeckt werden muss, weil die Lage dieser Störstellen meist unbekannt ist.
Man kann sich die Anfangsbedingungen einer Schneebrettauslösung auch schematisch in einem **Gedankenexperiment** vorstellen. Mit einer Riesensäge schneiden wir die Schneedecke eines Steilhangs in Würfel (siehe Abb. 68). Wenn jeder Würfel auf seiner Standfläche sein Eigengewicht trägt, ist der Hang auf der ganzen Fläche entspannt (neutral) und eine Schneebrettauslösung ist nur schwer denkbar (Festigkeit überall > Spannung). Trägt jedoch ein Würfel sein Eigengewicht nicht, ist er an seinen Nachbarn »aufgehängt« und erzeugt an seinen Rändern Spannungen (je größer der Würfel, umso höher die Spannung).

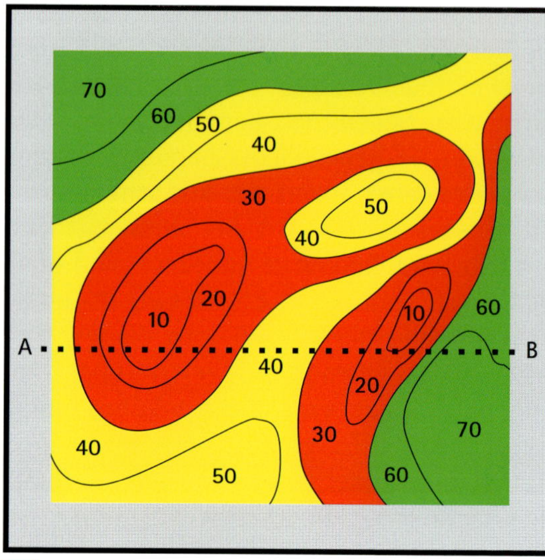

69 Fiktives Stabilitätsmuster mit Flächen gleicher basaler Scherfestigkeit:
10 bis 30 = schwach
40 bis 50 = mittel
60 bis 70 = fest

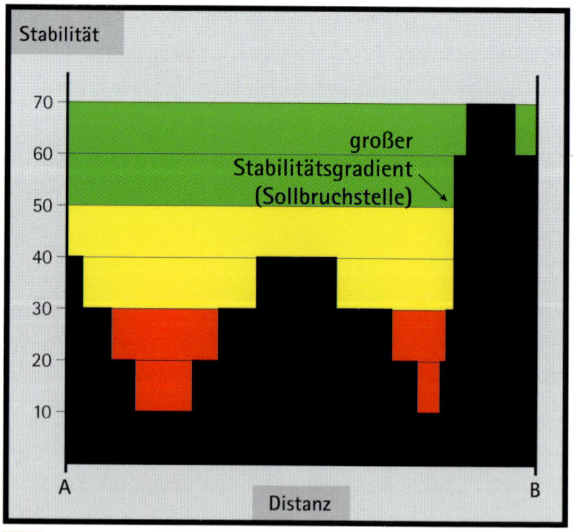

70 Stabilitätsquerschnitt A–B aus der oberen Grafik (siehe Abb. 65).

»Flickteppich«-Modell und Stabilitätsmuster

Wie wir bereits gesehen haben, ist die neue Sicht der Dinge durch einen **Perspektivenwechsel** charakterisiert: Das Denken in Querschnitten (senkrecht zur Schichtung) wird durch das Denken in Längsschnitten (schichtparallel) ergänzt. Wenn wir in einem Schneeprofil eine Schwachschicht entdecken (z.B. Zwischenreif), dann stellen wir uns zusätzlich die Frage, wie ausgedehnt diese Störzone ist. Dies hat CONWAY gemacht, und wohl um sich das Graben eines Riesenprofils zu ersparen, hat er die Messungen am Zugriss von abgegangenen Skifahrerlawinen gemacht. Seine Diagramme sind die genauen Entsprechungen zu den Ramm-/Schichtprofilen. An Stelle einer Aufeinanderfolge von harten und weichen Schichten (Härteprofil) erhalten wir im Längsschnitt eine Aufeinanderfolge von schwachen und festen basalen Scherfestigkeiten (Scherprofil), ein charakteristisches **Stabilitätsmuster**, aber eindimensional, entlang einer geraden Linie gemessen. Es stellt sich natürlich sofort die Frage, wie solche Muster zweidimensional aussehen.

Um solche zweidimensionalen Scherfestigkeitsmuster empirisch zu ermitteln, bräuchten wir ein sehr dichtes Netz von Rutschkeilen, was natürlich in einem gefährlichen Hang nicht realisierbar ist. Wir müssen das Problem deshalb spekulativ lösen. Mein Vorschlag lehnt sich an die Wetterkarte an: Statt dass wir Punkte gleichen Luftdrucks zu Isobaren verbinden, verbinden wir Punkte gleicher basaler Scherfestigkeit zu isostabilen Flächen (siehe Abb. 69). Beliebige linienförmige Schnitte durch diese Isostabilen-Karte ergeben dann die charakteristischen Diagramme, wie sie CONWAY gefunden hat. Wir können uns die kritische Schicht eines gefährlichen Hangs als unregelmäßiges und kompliziertes Muster vorstellen, mit Inseln der Stabilität und Inseln der Instabilität, dazwischen sanfte bis abrupte Übergänge. Die abrupten Übergänge veranschaulichen Stellen mit hohem Stabilitätsgradienten, die vermutlich für die Auslösung von besonderer Bedeutung sind (hypothetischer Gedanke).

Weil die Kritizität (Auslösewahrscheinlichkeit) in einem solchen Stabilitätsmuster eine globale Eigenschaft ist, lässt sie sich weder mit Stichproben analysieren noch auf einen elementaren Baustein reduzieren. Insbesondere kann man nicht Resultate von einzelnen Stichproben auf das Ganze extrapolieren, es gibt keine Teilfläche, die das Ganze repräsentieren könnte (kein pars pro toto). Man kann auch nicht die Stabilität von Teilflächen zum Ganzen aufsummieren oder hochrechnen. Weil im konkreten Einzelhang Anzahl, Form, Größe und Anordnung der unterschiedlich stabilen Teilflächen die Kritizität bestimmen und nicht etwa eine abstrakte Durchschnittsstabilität, müsste man das Stabilitätsmuster (den »Flickteppich«) im Detail kennen, um die Gesamtstabilität des Hangs abschätzen zu können. Dies ist mit den heutigen technischen und wissenschaftlichen Mitteln unmöglich. Wir haben deshalb keine Ahnung, wie diese Muster im konkreten Einzelfall aussehen, sie können von einfachen Formen (»Taschen«) bis zu komplizierten chaotischen Mustern reichen. Schätzwerte zur Gesamtstabilität eines Hangs sind deshalb reine Spekulation. Selbst wenn es uns gelänge, das exakte Muster eines Hangs bis ins Detail in Erfahrung zu bringen, wüssten wir noch lange nicht, an welchem Punkt man mit welcher Kraft und Dynamik ein Schneebrett auslösen könnte. Wahrscheinlich haben wir uns die Sache bisher um mehrere Größenordnungen zu einfach vorgestellt.

Auf Grund dieser Überlegungen wird jetzt auch klar, weshalb topographisch »vergleichbare« Hänge (in Bezug auf Höhenlage, Exposition, Steilheit und Kammnähe) stark abweichende Gesamtstabilitäten aufweisen können: Die chaotischen Stabilitätsmuster sind Unikate. Selbst gleiche Wetterbedingungen ergeben im gleichen Hang schwerlich exakte (isomorphe) Wiederholungen. Und in solchen Mustern genügen kleine Verschiebungen in der Anordnung (bei gleichbleibender quantitativer Verteilung der Stabilitätsklassen) zur erheblichen Veränderung der Gesamtstabilität.

Mit dem neuen »Flickteppich«-Modell können wir bereits die meisten der im Kapitel 9 aufgezählten Ungereimtheiten und Widersprüche auflösen. Die übrig bleibenden zwei Rätselfragen lassen sich meines Erachtens nur lösen, wenn wir die Frage nach einem Verteilungsgesetz (Wie sind die Stabilitätswerte in einer Schneedecke verteilt?) beantworten können. Diese Frage hat sich in der klassischen Lehrmeinung gar nicht stellen können, weil man sich ein Nebeneinander von stabilen und instabilen Stellen gar nicht vorstellen konnte.

Die Konsequenzen der Normalverteilung

Wenn sich eine Schneedecke aus unterschiedlich stabilen Teilflächen zusammensetzt, interessiert uns natürlich der flächenmäßige Anteil der einzelnen Stabilitätsklassen. Wie groß ist beispielsweise der Anteil »schwach« bei GERING, wie groß bei ERHEBLICH? Weisen die Gefahrenstufen eine charakteristische Verteilung der Stabilitätsklassen auf? Ließe sich gar aus dem Mischungsverhältnis der Stabilitätsklassen quantitativ auf die Gefahrenstufe schließen? Wir sehen in der Frage nach dem flächenmäßigen Anteil der basalen Scherfestigkeiten wieder die neue Blickrichtung: Versuch, die Gefahrenstufe nicht aus dem Querschnitt (Schneeprofil), sondern aus dem Längsschnitt zu bestimmen. Im **Forschungsprogramm MISTA** bin ich diesen Fragen nachgegangen und zu bemerkenswerten Ergebnissen gekommen, die unsere Vorstellung von der Schneedecke wesentlich erweitern:

1. Jede Schneedecke setzt sich aus schwachen, mittleren und festen Teilflächen zusammen (= »Flickteppich«-Modell). Die Stabilitätsklassen sind in guter Näherung normalverteilt (= Glockenkurve). Der Anteil der Stabilitätsklasse »schwach« definiert die Gefahrenstufe, das Verhältnis der Stabilitätsklasse »mittel« und »fest« den Gefahrentyp (siehe Punkt 3).

Folgerung: In jeder Schneedecke gibt es Schwachstellen, nur Anzahl, Größe und Verteilung sind je nach Gefahrenstufe verschieden.

71 MISTA. Die Stabilitätsklassen schwach, mittel und fest sind in guter Näherung normal verteilt (je höher die Glockenkurve, umso kleiner die Streuung). GERING exkl. SEHR GERING.

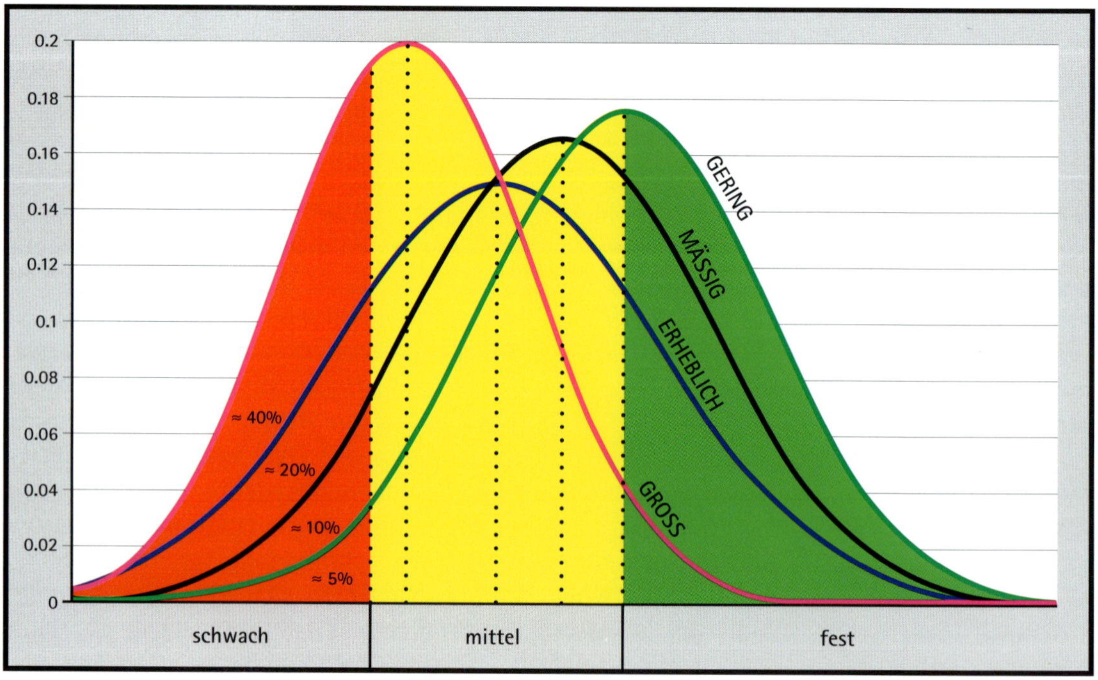

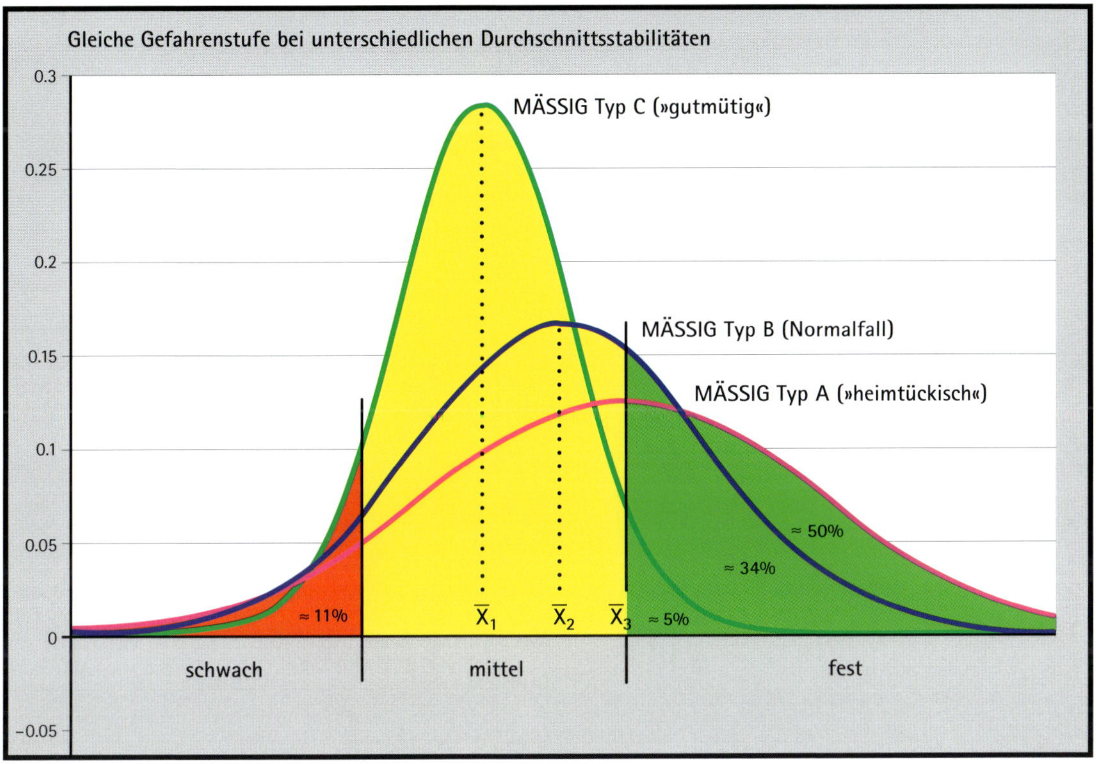

72 Kleiner Mittelwert mit kleiner Streuung ergibt Typ C und großer Mittelwert mit großer Streuung Typ A.

2. Der Anteil der Stabilitätsklasse schwach« verdoppelt sich von Gefahrenstufe zu Gefahrenstufe (exponentieller Anstieg).

FAUSTREGEL

5% »schwach« = GERING,
10% »schwach« = MÄSSIG,
20% »schwach« = ERHEBLICH,
40% »schwach« = GROSS.
Siehe Abb. 71.

3. Für die Beschreibung der Schneedeckenstabilität brauchen wir Mittelwert und Streuung. Die Gefahrenstufe lässt sich nicht mit der Durchschnittsstabilität allein bestimmen, weil gleiche Durchschnitte unterschiedliche Gefahrenstufen und unterschiedliche Durchschnitte dieselbe Gefahrenstufe ergeben können, je nach Streuung, d.h. Stabilität und Gefahr sind nicht umgekehrt proportional. Insbesondere ergibt geringe Durchschnittsstabilität kombiniert mit niedriger Streuung dieselbe Gefahrenstufe (Typ C) wie große Durchschnittsstabilität kombiniert mit hoher Streuung (Typ A). Typ C ist »gutmütig« (wird wegen des geringen Anteils von »fest« meist überschätzt) und Typ A ist »heimtückisch« (wird wegen des hohen Anteils von »fest« meist unterschätzt). Mit Typ A und C sind die beiden Rätselfragen von Seite 103 elegant gelöst und »heimtückisch« kann quantifiziert werden. Wir unterschätzen die »heimtückische« Situation, weil der Anteil »fest« überdurchschnittlich hoch ist (er ergibt bei normaler Streuung GERING!).

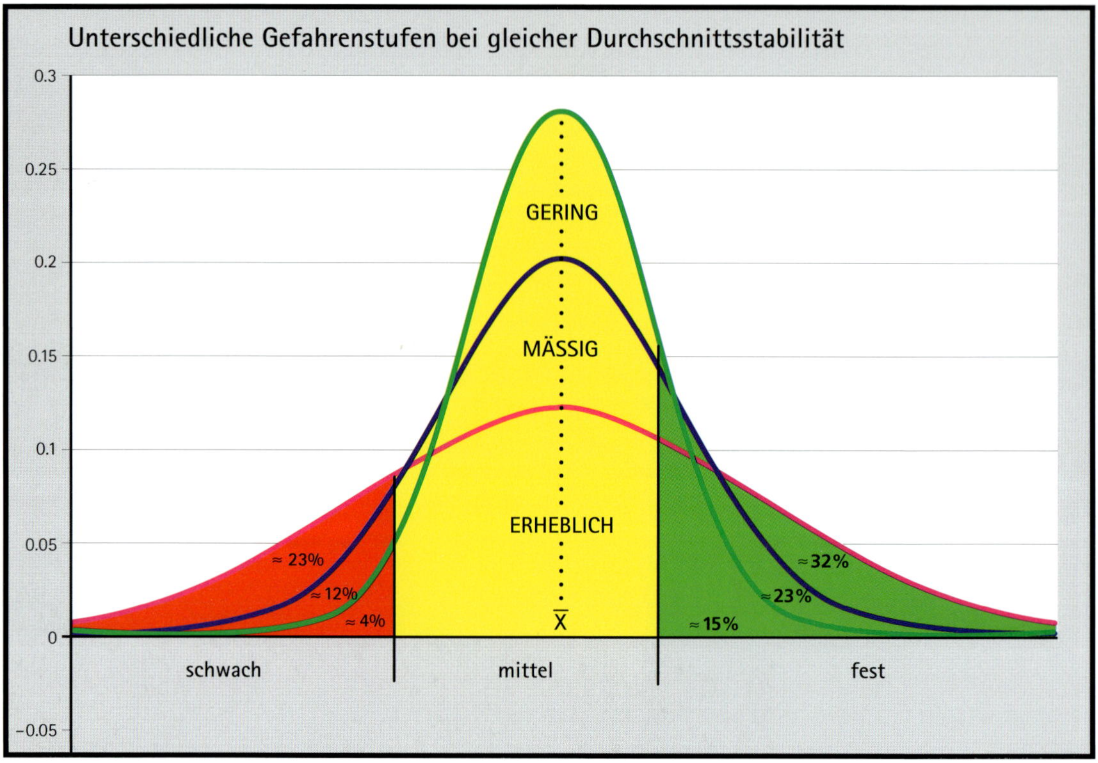

73 $\bar{x}$ ergibt mit kleiner Streuung GERING und mit großer Streuung ERHEBLICH.

4. Ein Rutschkeil ist eine **Zufallsvariable** aus einer normalverteilten Grundgesamtheit. Ein Rutschkeil kann höchstens eine Stabilitätsklasse repräsentieren und nicht ein Mischungsverhältnis dreier Klassen. Infolgedessen gibt es keine repräsentativen Rutschkeile (in Bezug auf Stabilität), die den »Flickteppich« abbilden könnten: Eine »repräsentative Zufallsvariable« ist ein Widerspruch in sich selbst. Auch mit einem durchschnittlichen Rutschkeil können wir nicht viel anfangen (siehe Punkt 3).

5. Eine durchschnittliche Schneedecke (langjähriges, zeitliches Mittel) setzt sich zusammen aus 11 % »schwach«, 55 % »mittel« und 34 % »fest«. Sie entspricht der Gefahrenstufe MÄSSIG Typ B (mit durchschnittlicher Streuung). Man könnte sie auch als »Standard«-Schneedecke bezeichnen. Sie dient uns bei Schneedeckenvergleichen als Referenz.

Wie man mit einer größeren Zahl Rutschkeilen Mittelwert und Streuung (und damit die Gefahrenstufe einer Gegend) ermitteln kann, zeige ich im Anhang.
Mit der Superschwachzone, dem »Flickteppich« und der Normalverteilung lassen sich alle genannten Ungereimtheiten und Widersprüche erklären und in ein neues Bezugssystem einordnen. Leider ermöglicht die neue einheitliche Theorie keine zuverlässigere Einschätzung des Einzelhangs – im Gegenteil, die Fortschritte in Richtung Nichtvorhersehbarkeit sind eklatant. Je besser wir mit der Natur übereinstimmen, umso mehr wird unsere Illusion entlarvt, wir hätten die Schneedecke »im Griff«.

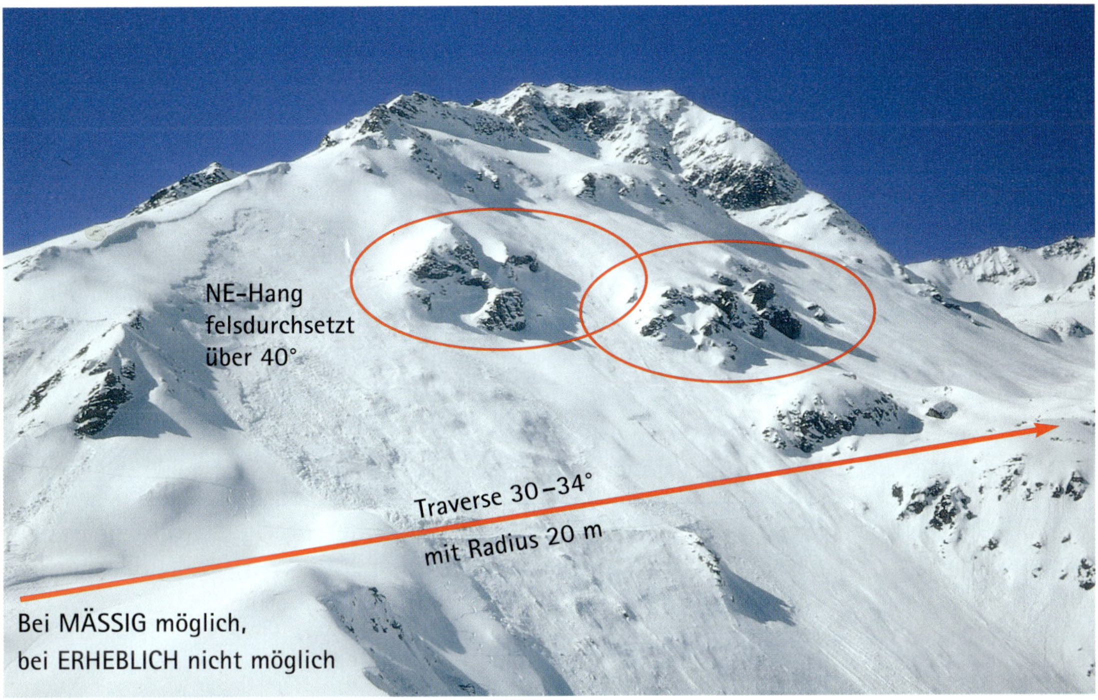

74 Unterschiedliches Umfeld bei MÄSSIG und ERHEBLICH. Die Hangtraverse im unteren Bilddrittel ist bei MÄSSIG 30 bis 35° steil (Umfeld ± 20 Höhenmeter oder 20m Radius), bei ERHEBLICH muss der ganze Hang in Betracht gezogen werden, und da er oberhalb der Spur felsdurchsetzt ist, muss auf mindestens 40° geschlossen werden.

75 Typisches felsdurchsetztes Steilgelände ist in der Regel steiler als 40° (steilste Hangpartie!), es sei denn, wir können das Gegenteil beweisen.

Die Sackgasse der analytischen Lawinenkunde und Neuorientierung

Das Dilemma der analytischen Lawinenkunde lautet wie folgt: Nur wenn ein Steilhang hinsichtlich Stabilität einigermaßen homogen (gleichmäßig) ist, sind Punktmessungen (z. B. Rutschkeil) übertragbar auf größere Flächen, aber dann ist es kaum gefährlich. Wenn es gefährlich ist, sind Unregelmäßigkeiten auf kleinstem Raum (einige Meter) zu erwarten, und einzelne oder auch mehrere Stichproben lassen sich dann nicht auf »vergleichbare« Hänge übertragen (kein pars pro toto). Dieses Dilemma ist mit analytischen Methoden nicht auflösbar.

Das heißt nun aber nicht, dass wir überhaupt nicht mehr in die Schneedecke schauen sollen, nur geschieht dies mit einer anderen Zielsetzung: Nicht um einzelne Gefahrenstellen zu erkennen, sondern um das allgemeine Gefahrenpotenzial der Gegend (Größenordnung mehrere km^2) abzuschätzen, also um eigenverantwortlich einen lokalen Lawinenlagebericht zu erstellen oder um den amtlichen Lawinenlagebericht zu überprüfen. Unsere Beobachtungen (z. B. Alarmzeichen und kritische Neuschneemenge) und Untersuchungen (z. B. Schneeprofil) sind qualitativer Art, aus denen keine direkten Stabilitätsbeurteilungen für einen konkreten Einzelhang abgeleitet werden können. Sie liefern uns wertvolle Aufschlüsse über die allgemeinen Schneeverhältnisse in der Gegend.

Wo sich dieses Gefahrenpotenzial in einer Lawinenauslösung aktualisieren wird, entzieht sich unserer Kenntnis und ist weitgehend zufallsbedingt: Es sind die wenigen Hänge mit einer genügend großen Superschwachzone. Aber wir wissen aus Erfahrung und aus langjährigen Unfallstatistiken, wo die Wahrscheinlichkeit einer Auslösung örtlich und zeitlich am größten ist, und diese prädisponierten Stellen müssen wir zu bestimmten Zeitabschnitten meiden. Da wir die einzelnen Hänge nicht zuverlässig einteilen können in gefährliche und sichere, drängt sich ein genereller Verzicht auf Hänge mit stark erhöhter Auslösewahrscheinlichkeit auf, z. B. bei ERHEBLICH Verzicht auf die unfallträchtige Kombination »schattig + extrem steil + wenig befahren + große Gruppe«. Solange wir die Schneeparameter zu wenig genau beurteilen können, müssen wir uns darauf beschränken, mit Größen zu arbeiten, die zum einen in engem Zusammenhang mit der Schneebrettauslösung stehen und zum andern ziemlich genau vom Tourengeher eingeschätzt werden können, z. B. Exposition, Hangneigung, Häufigkeit der Befahrung und Gruppengröße. Dies habe ich in meiner **Reduktionsmethode** versucht. Die Methode ermöglicht uns, besonders unfallträchtige Kombinationen in den meisten Fällen rechtzeitig zu erkennen und zu vermeiden.

76 Auf die neuen Modellvorstellungen müssen wir mit angepaßten Strategien antworten.

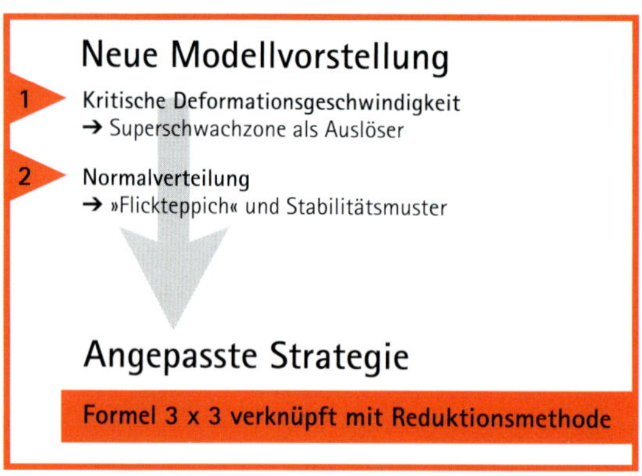

KAPITEL 10

STRATEGISCHE LAWINENKUNDE

Formel 3 x 3 und Reduktionsmethode mit goldener Regel

»Strategie ist mehr als Wissenschaft, sie ist die Übertragung des Wissens auf das raktische Leben, i st Fortbildung des ursprünglich leitenden Gedankens entsprechend den stets sich ändernden Verhältnissen, ist die Kunst des Handelns unter dem Druck der schwierigsten Bedingungen.
Für die Strategie können daher allgemeine Lehrsätze, aus ihnen abgeleitete Regeln und auf diese aufgebaute Systeme unmöglich einen praktischen Wert haben.«

Moltke

Strategien im Umgang mit unsicherem Wissen

Solange wir die Unsicherheit nicht mit wissenschaftlichen Methoden beseitigen können, bleibt uns nichts anderes übrig, als aus dem Umgang mit unsicherem Wissen eine Wissenschaft zu machen: Wir müssen lernen, auf Grund von unsicheren, widersprüchlichen und lückenhaften Informationen JA/NEIN-Entscheide zu fällen, die in den meisten Fällen richtig sind. Erfolgversprechende Ansätze und Elemente finden wir beispielsweise in folgenden Bereichen:

- Kombinatorik (unsichere Faustregeln kombinieren, unfallträchtige Kombinationen herausfinden, Rasterfahndung anwenden etc.)
- Probabilistische, d. h. wahrscheinlichkeitsorientierte Entscheidungskonzepte (z. B. Risikokalkül)
- Unscharfes Denken (fuzzy logic): z. B. Denken in Bandbreiten und Größenordnungen, sich überschneidende Begriffsfelder statt sich ausschließende exakte Definitionen, Denken in drei statt in zwei Kategorien (schwarz-grau-weiß statt schwarz-weiß). Diese Denkform, die wir im Alltag fast ausschließlich anwenden, führt bei unscharfen Mengen (z. B. Schneehöhe, Neuschneemenge, Windstärke und -richtung etc.) zu besseren Resultaten als das scharfe, zweiwertige Schwarzweißdenken.
- Dazu kommt, dass die Landschaft sich nicht aus Figuren der Euklidischen Geometrie zusammensetzt, sondern ein fraktales Gebilde ist: Ein Berg besteht nicht aus schiefen Ebenen, ein Hang hat jede beliebige Neigung, je nach Körnigkeit (bei genügend kleiner Auflösung finden wir in jedem Hang überhängende Stellen). Der Begriff »steilste Hangpartie« darf deshalb nicht zu genau definiert werden, sondern er ist ein Begriffsfeld mit unscharfen Rändern.
- Faktor Mensch einbeziehen, z. B. in die Formel 3 x 3 »Verhältnisse, Gelände, Mensch«. Der Mensch, der die Lawine meist auslöst und sich in der Regel frei entscheiden kann, stellt die Hälfte des Problems dar. Die Schneebrettauslösung geschieht am Schnittpunkt zwischen dem komplexen System Schneedecke und dem komplexen System Mensch.
- Unterscheidung der Sphären »Erkennen und Wissen« und »Entscheiden und Handeln«. Das handlungsorientierte Wissen hat eine andere Struktur als das erkenntnisorientierte. Wenn wir wissenschaftliche Erkenntnisse in der Praxis anwenden wollen, müssen wir sie umstrukturieren und transformieren (nicht bloß vereinfachen).
- Man muss nicht alles wissen, um zu guten Entscheiden zu kommen. Die geschickte Vernetzung von ein paar Schlüsseldaten (Kombinatorik) ist meist erfolgversprechender. Es gibt für gute Entscheide ein optimales Wissensquantum (nicht zu viel und nicht zu wenig). Die Entscheide werden zudem schlechter, wenn man zu lange überlegt.
- Je komplexer die Situation, umso einfacher müssen die Entscheidungsregeln sein (jeder Feldherr »mit Fortune« wusste, dass angesichts der Unberechenbarkeit des Schlachtenglücks nur einfachste Einsatzpläne Erfolg haben).
- Bewusster Umgang mit Fehlern, Entwicklung einer Fehlerkultur, Anwendung von fehlertoleranten Methoden (z. B. Filtersystem statt Entscheidungsbaum).
- Risikobewusstsein statt Sicherheitsdenken, Risiko-Management statt Sicher-

heitsgarantie. In dieser Beziehung ist im Bereich Bergsteigen eine Mentalitätsänderung dringend nötig. Unfälle werden auch von Leuten provoziert, die glauben, die Sache »im Griff« zu haben.

- Kunst des Ratens, Mutmaßens und Antizipierens (Vorwegnehmen) höher bewerten und bewusst trainieren. Diese intuitiven Gaben können sich bei Geringschätzung nicht entfalten.

Die Formel 3 x 3 und die Reduktionsmethode sind aus diesen logischen, statistischen, probabilistischen, kybernetischen, strategischen, kognitiven und psychologischen Elementen zusammengesetzt.

Die Formel 3 x 3 zur ganzheitlichen Beurteilung der Lawinengefahr

Grundsätzlich darf die Lawinengefahr nie bloß auf Grund eines Kriteriums beurteilt werden, sondern alle drei Hauptfaktoren sind in die ganzheitliche Risikoanalyse mit einzubeziehen: Verhältnisse, Gelände, Mensch.
Wesentlich für eine ganzheitliche Beurteilung ist die Einbeziehung des Einzelkrite-

77 Beispiele für den Zoomeffekt

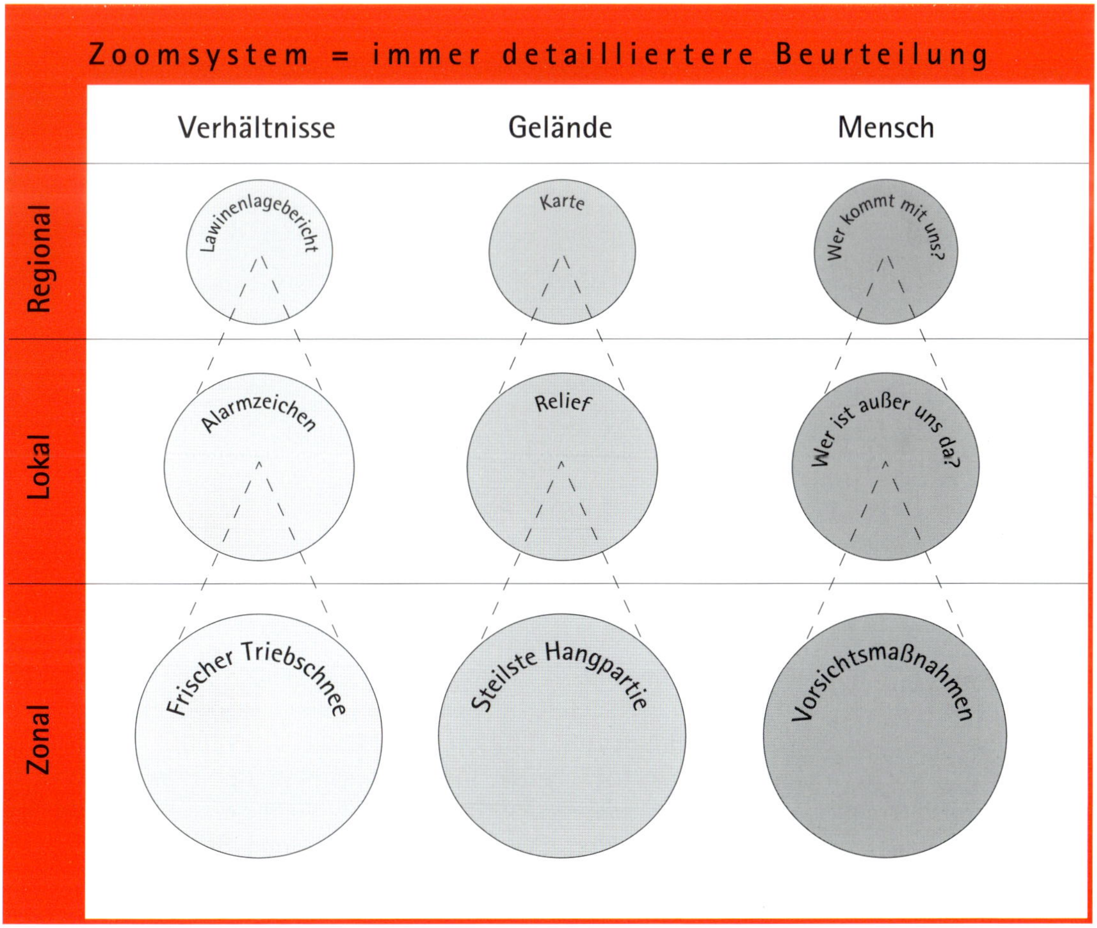

3 Kriterien

3 Filter

	Verhältnisse (Wetter und Schnee)	
REGIONAL Tourenplanung mit Alternativen	• Lawinenlagebericht • Wetterprognose • Auskünfte von Lokalexperten und Vertrauenspersonen • Weitere Infos	
LOKAL (so weit Auge und Feldstecher reichen) Routenwahl mit Varianten	**Schnee** • Allg. Schneeverhältnisse • Windverfrachtungen • Kritische Neuschneemenge und Alarmzeichen • Ist heute alles umgekehrt: Süd gefährlicher als Nord? In der Höhe besser als unten? • Lawinenlagebericht überprüfen und wenn nötig anpassen	**Wetter / Tendenz** • Sicht / Bewölkung • Wind • Niederschlag • Temperatur
ZONAL Einzelhang-beurteilung Spuranlage im Hang	• Neuschneemenge überprüfen • Frische Triebschneeansammlungen • Sicht • Einstrahlung • Ausmaß eines möglichen Schneebretts (u. a. abhängig von der Gefahrenstufe): Was hängt alles zusammen?	

Formel 3 x 3 zur ganzheitlichen Beurteilung (3 Kriterien x 3 Filter, mit Zoomeffekt)

riums in einen Gesamtzusammenhang, d.h., die einzelnen Informationen und Beobachtungen müssen gewichtet und zueinander in Beziehung gebracht werden. Die Wechselwirkung zwischen den Variablen (veränderlichen Größen) ist in jeder Situation anders. Für die Beurteilung komplexer und dynamischer Zusammenhänge ist flexibles, vernetztes und selbständiges Denken gefragt.

Die Beurteilung der Lawinengefahr in **drei Phasen,** entsprechend des üblichen Ablaufs der Tour, hat sich in der Praxis bewährt. Tourenplanung zu Hause, Routenwahl im Gelände und Einzelhang-Beurteilung.

Die Formel 3 x 3 ist ein **Koordinatensystem** der klassischen Lawinenkunde. Sie setzt sich

lände	Mensch	
arte 1:25 000 ührerliteratur otos, Luftbilder igene Geländekenntnisse	• Wer kommt voraussichtlich mit? • Verfassung (körperlich / psychisch) • Ausrüstung • Ausbildung und Erfahrung / Kompetenz • Wer ist verantwortlich?	**Fremdinformationen** **Prognosen /** **Annahmen**
timmt meine Vorstellung? Ait Feldstecher überprüfen: – Relief – Dimensionen – Expositionen – Steilheit – Skispuren ind eventuell vorhandene Skispuren em Gelände und den Verhältnissen ngepasst?	• Wer ist in meiner Gruppe? • Ausrüstungs- und LVS-Kontrolle • Wer ist sonst noch unterwegs? (evtl. Absprachen) • Zeitplan laufend überprüfen	**Eigene Beobachtungen und laufende Neubeurteilung**
Vas ist über / was ist unter mir? teilste Hangpartie xposition ammnähe löhenlage langform (Relief)	• Müdigkeit / Disziplin / Skitechnik • Hang tatsächlich ständig befahren? • Führungstaktik / Vorsichtsmaßnahmen: – Abstände – Korridor – Spurfahren – Warteräume – Umgehungen	**Letzte Überprüfung** **to go …** **… or not to go**

aus drei Kriterien zusammen (Verhältnisse, Gelände, Mensch), die auf drei geographischen Ebenen (regional, lokal, zonal) durchgespielt werden. Die einzelnen Kriterien können auf diese Weise zoomartig herausvergrößert werden. Bei der Planung können sowohl Längs- als auch Querschnitte betrachtet werden, siehe Tabelle oben und Abb. 77. Die dreifache Beurteilung desselben Kriteriums auf drei verschiedenen Ebenen (regional, lokal, zonal) kann mit Filtern verglichen werden, die in einer Reihe hintereinander geschaltet sind, und zwar in der Reihenfolge grob, mittel, fein. Diese Reihenfolge darf nicht vertauscht werden (das Verfahren ist hierarchisch-sequentiell).

Wir beobachten die Phänomene mit **unterschiedlichem Auflösungsvermögen** und vermeiden dadurch den Fehler, vor lauter Bäumen den Wald zu übersehen:

- **Regionales Filter** (grob): Größenordnung einige Tausend Quadratkilometer, z. B. Gebirgsmassiv, Gebirgskette
- **Lokales Filter** (mittel): Größenordnung einige Dutzend Quadratkilometer, z. B. Berg und Tal (so weit das Auge reicht)
- **Zonales Filter** (fein): Größenordnung Hektar, z. B. Einzelhang, Couloir, Mulde, Rücken

Wir betrachten die Welt aus drei verschiedenen Perspektiven. Dieser dreistufige Erkenntnisprozess ist fehlertolerant (iterative Schleifen).

Fremdinformationen, Prognosen und Annahmen, die wir der Tourenplanung zu Hause oder in der Alpenvereinshütte zugrunde gelegt haben, können unterwegs überprüft und wenn nötig angepasst oder korrigiert werden. Mit kritischer Neuschneemenge + Alarmzeichen + Schneeoberfläche (Triebschnee, Wächten, Dünen, Zastrugis etc.) können wir die Gefahrenstufe des LLB kontrollieren (lokales Filter) und angesichts des Einzelhangs prüfen wir, ob die Steilheit mit der Messung auf der Karte übereinstimmt oder ob der Hang verspurt ist oder nicht. Mit dieser dreistufigen Vorgehensweise modellieren wir uns ein Bild des Ganzen und legen so die **Entscheidungsgrundlagen.** Das Schwergewicht legen wir auf die fünf Schlüsselvariablen Gefahrenstufe, Hangneigung, Hangexposition, Häufigkeit der Befahrung, Gruppengröße und Abstände. Erst wenn diese Schlüsselvariablen feststehen, können wir entscheiden. Motto: Zuerst **klassisch beurteilen** (mit 3 x 3), dann **probabilistisch** entscheiden (mit RM). Die strikte **Trennung von Beurteilen und Entscheiden** ist ein methodischer Grundsatz von höchster Wichtigkeit. Von dieser Trennung sind selbstverständlich nur die lawinentechnischen Entscheide betroffen. Es gibt außerdem zahlreiche Entscheide, die mit Lawinen nur indirekt zu tun haben, z. B. schlechte Sicht, stürmischer Wind, ungenügende Skitechnik u. ä. Hier entscheiden wir aufgrund einer 3 x 3-Beurteilung direkt.

Die Reduktionsmethode – ein probabilistisches Entscheidungsmodell

Zielsetzung der Reduktionsmethode

Eine Serie von schweren Lawinenunfällen in der Schweiz Ende der 80er Jahre, in denen vor allem geführte Jugendgruppen betroffen waren (siehe Tabelle S. 28), machte deutlich, dass die klassische Beurteilung der Lawinengefahr mit schweren Mängeln behaftet war und vor allem dem Unerfahrenen mangels konkreter Kriterien einen viel zu großen Ermessensspielraum offen ließ. Ich suchte nach neuen Möglichkeiten und war entschlossen, die ausgetretenen Pfade zu verlassen. Ich stellte folgendes utopisches Pflichtenheft auf:

- Vermeidung von groben Planungsfehlern durch eine Messlatte an Stelle eines Ermessensspielraums
- gültig vor allem für geführte Gruppen (siehe Tabelle Seite 28)
- besondere nivologische Kenntnisse (Schneedeckenuntersuchungen) dürfen nicht vorausgesetzt werden, der Lawinenlagebericht muss genügen
- Beschränkung auf topographische Parameter (Konstanten statt Variablen) wie Exposition und Steilheit

- mindestens Halbierung der Zahl der Lawinentoten ohne unakzeptable Einengung des Spielraums, d. h. Verzicht zur richtigen Zeit und am richtigen Ort
- nur einfache Überlegungen und Kombinationen (Kopfrechnen statt Computer), Beurteilung durch bloßes Nachdenken statt Schaufeln, keine neue teure Ausrüstung (»high brain and low tech«).

Das Konzept sollte auf einem DIN-A4-Blatt Platz haben, man sollte es auswendig lernen können, siehe Seite 126.

Dieses DIN A4-Blatt legte ich im Dezember 1992 einer Handvoll Experten vor und erntete nur Hohn und Kopfschütteln (dass er spinnt, wussten wir, aber jetzt hat's ihm völlig ausgehängt). Einige Experten nahmen sich dann aber doch die Mühe, ihre Standard-Touren durchzurechnen (übrigens die beste Methode, um sich ein eigenes Urteil zu bilden), und sie staunten nicht schlecht, dass diese »sture Rechnerei« in den meisten Fällen zu den gleichen Ergebnissen führte wie ihre langjährige Bergerfahrung. Ließe sich also doch die Bergerfahrung entgegen aller Erwartung wenigstens teilweise formalisieren? Eine Bemerkung zur »sturen Rechnerei« sei mir hier noch erlaubt: Bevor wir mit Rechnen beginnen, müssen wir den Lawinenlagebericht zur Kenntnis nehmen, auf einer genauen Karte Exposition und Hangneigung bestimmen, überlegen, wie viele mitkommen, und erst dann können wir loslassen. Häufig fehlt ein Reduktionsfaktor, so dass wir nur durch Einhaltung von Entlastungsabständen zum akzeptierten Restrisiko kommen. Was wollen wir denn eigentlich mehr? Die Reduktionsmethode ist ein Werkzeug, und die Tauglichkeit eines Werkzeugs ist nur kritisierbar in Bezug auf seinen Zweck. Wer mit einer Beißzange einen Nagel einschlägt, beweist damit nicht die Untauglichkeit dieses Instruments zum Nägelausziehen. Erfüllt also die Reduktionsmethode bei richtiger Anwendung ihren Zweck? Gibt

78 Empirische Verteilung der Stabilitätsklassen S (schwach), M (mittel) und F (fest), GERING inkl. SEHR GERING. Ergebnis von MISTA mit 650 Rutschkeilen, Winter 1983/84–1994/95. Die Stabilitätsklasse S (schwach) verdoppelt sich von Gefahrenstufe zu Gefahrenstufe (exponentielles Wachstum). Theoretische Verteilung, siehe Abb. 71

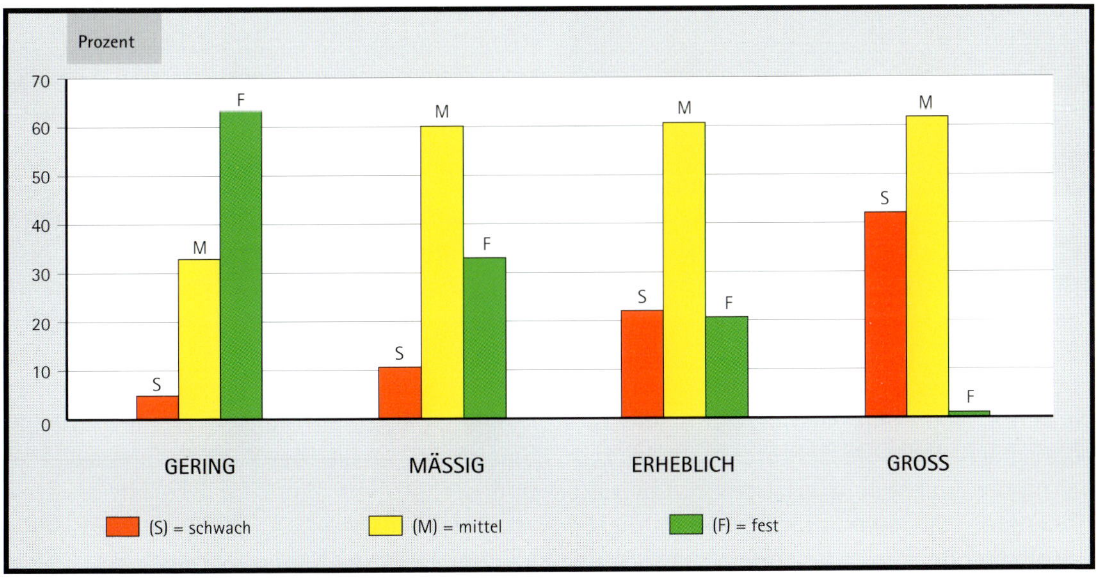

es bessere Werkzeuge dazu? Wer die Reduktionsmethode kritisiert, sollte dies fairerweise mit Blick auf die Zielsetzung tun. Dies würde eine Weiterentwicklung des Werkzeugs ermöglichen.
Dass man jedes Werkzeug missbrauchen kann, ist mir auch klar, und dass die Reduktionsmethode nicht narrensicher ist, habe ich eigentlich durch die Formel »Denken statt Schaufeln« und »high brain and low tech« genügend klar ausgedrückt. Ich möchte es sicherheitshalber noch einmal ganz explizit aussprechen: Die Reduktionsmethode ist nicht für Narren bestimmt, sondern für Leute, denen Denken Spaß macht!

Die Elementare Reduktionsmethode ERM

Die angestrebte Halbierung der Lawinentoten könnte man durch die konsequente Anwendung eines einzigen Satzes deutlich überbieten:

Bei MÄSSIG geht man nicht über 39°, bei ERHEBLICH nicht über 34° und bei GROSS beschränken wir uns auf mäßig steiles Gelände (unter 30°).

Für mich ist das der **Hauptgrundsatz der praktischen Lawinenkunde.** Der Spielraum (bei ERHEBLICH bis 34° und bei MÄSSIG bis 39°) ist immer noch erstaunlich groß und reicht mir vollkommen.
Vor allem wenn man sich den Umstand zunutze macht, dass die Gefahrenstufe des LLB nur für die angegebene **kritische Hang- und Höhenlage** gilt und wir außerhalb dieser **Schnittmenge** die nächstniedrigere Stufe

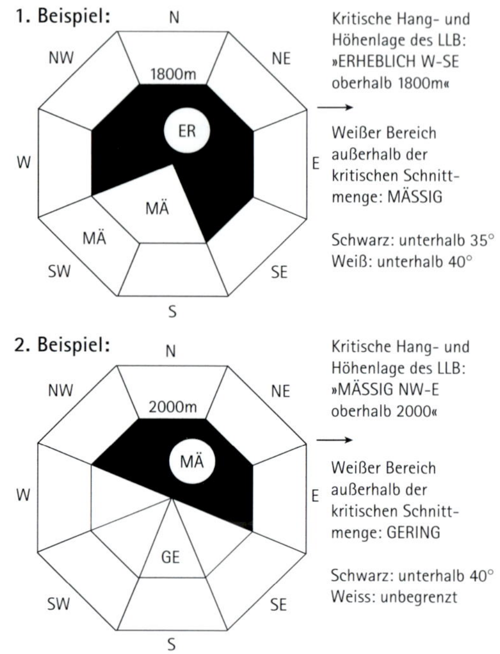

In unverspurten Steilhängen (»Spitzkehrengelände«) sind Entlastungsabstände einzuhalten

Die Begrenzung der Hanglage gehört noch zum kritischen Bereich: NW-E heißt NW inkl. -E inkl.

79 Elementare Reduktionsmethode ERM

annehmen dürfen (Beispiele siehe Abb. 79). »Die Begrenzungen sind als Bandbreiten zu verstehen. Knapp ausserhalb der Schnittmenge sollte man deshalb nicht an die Grenze gehen!« Anschliessend »bei Anwendung der ERM würden sich rund ⅓ der Lawinentoten vermeiden lassen.«
Die ERM zeigt, dass man mit dem LLB und mit topographischen Konstanten (Hangneigung und Exposition) auskommt, auf eine Untersuchung der Schneedecke kann man ohne wesentliche Informationseinbußen verzichten.
Die Professionelle Reduktionsmethode (PRM) ist flexibler und hat einen größeren Spielraum. Sie ist aber auch anspruchsvoller und deshalb vor allem für Bergführer interessant, die ihren Gästen auch bei ERHEBLICH noch etwas bieten müssen.

Die statistischen Grundlagen der Reduktionsmethode

Für die Anwendung der Risikoformel brauchen wir zuerst das Gefahrenpotenzial: Es ist die Summe der Gefahren im betreffenden Gebiet, d. h. die Summe der Schwachstellen (Anteil der Stabilitätsklasse »schwach« an der gesamten Schneedecke). MISTA hat gezeigt, dass sich dieses Potenzial von Gefahrenstufe zu Gefahrenstufe verdoppelt (exponentielles Wachstum, Abb. 78+83). Wir schreiben daher:

GERING = Potenzial 2

MÄSSIG = Potenzial 4

ERHEBLICH = Potenzial 8
(Mittelwerte)

Die Bereiche erstrecken sich für GERING von 0–3, für MÄSSIG von 3–6 und für ERHEBLICH von 6–12 (für die Kopfrechnung werden die Klassengrenzen 2,8, 5,6 und 11 aufgerundet). Der Bereich ERHEBLICH ist also doppelt so breit wie für MÄSSIG. Bei der Einschätzung des lokalen Gefahrenpotenzials (2. Filter) können beliebige Zwischenwerte geschätzt werden, z. B. MÄSSIG-ERHEBLICH = Potenzial 6. Das Gefahrenpotenzial korreliert örtlich und zeitlich gut mit der Zahl der Lawinenopfer (siehe Abb. 46 und Kapitel 7) und dient uns deshalb als zweckmäßiger und zuverlässiger Gefahrenindikator. Die Gefahrenstufen der **Euro-Skala** können nicht direkt für die Risikoformel gebraucht werden, weil sie das exponentielle Wachstum nicht ausdrücken.
Der Zusammenhang ist aber einfach: Die Nummer der Gefahrenstufe ist Exponent zur Basis 2.

Gefahrenstufe 1 (GERING)
Potenzial $2^1 = 2$

Gefahrenstufe 2 (MÄSSIG)
Potenzial $2^2 = 4$

Gefahrenstufe 3 (ERHEBLICH)
Potenzial $2^3 = 8$ etc.

Die Reduktionsfaktoren gewinnen wir aus MISTA und der Unfallstatistik. Für die Expositionen wurde die empirische Verteilung der Schwachstellen (siehe Abb. 81) verwendet,

Zeitliche Korrelation zwischen Gefahrenpotenzial und Lawinenopfern. Durchschnittliches Gefahrenpotenzial ≈ 5. Wenn wir mit der Reduktionsmethode 5 auf 1 reduzieren, bleiben theoretisch 20 % der Lawinenopfer als Restrisiko, das wären in der Schweiz ca. 5 Lawinenopfer pro Winter. Selbst wenn wir im Durchschnitt einen Schätzfehler mit Faktor 2 machen, bleiben unter dem Strich nur 10 Lawinenopfer pro Winter.

Gefahrenstufe	zeitliche Dauer (t)	durchschnittliches Gefahrenpotential (p)	t x p	Anteil Todesopfer	
				Erwartungswert t x p: 515	effektiv (gerundet)
GERING	32%	1*	32	6,2%	5%
MÄSSIG	36%	4	144	28,0%	25%
ERHEBLICH	26%	9	234	45,4%	50%
GROSS	5%	16	80	15,5%	15%
SEHR GROSS	1%	25	25	4,9%	5%
*inkl. SEHR GERING mit Potential < 1			Σ 515		

die von der Zahl der Skifahrer völllig unabhängig ist, und für die Hangneigungen wurden 30 Unfälle aus den 70er und 80er und 61 Unfälle aus den 90er Jahren zusammengelegt (Mischung aus alter und neuer Fahrweise, siehe Abb. 80). Die zeitlichen Vergleiche zeigen einen signifikanten Trend in Richtung »Sektor Nord« und in Richtung »Extremhänge«, was den Kenner der »Szene« nicht wundert. Die Reduktionsfaktoren wurden so angesetzt, dass sie eine »Sicherheitsdistanz« aufweisen. Die den Reduktionsfaktoren zugeordneten »steilsten Hangpartien« sind im Durchschnitt etwas steiler als die »steilste Partie der Lawinengleitflächen«.

Die diskreten Klassengrenzen wurden aus praktischen Gründen von unten nach oben in Fünfgrad-Schritten gezogen:

0–29° = mäßig steil
30–34° = steil, Reduktionsfaktor 4
35–39° = sehr steil, Reduktionsfaktor 2
40° und mehr = extrem steil

Der oft geäußerten Kritik, man könne doch die Hangneigung nicht auf 1° genau schätzen, und wenn wir uns an der Klassengrenze nur um 1° täuschten, wären wir um einen Faktor 2 falsch, was fatale Folgen haben könnte, ist entgegenzuhalten, dass erstens die Reduktionsfaktoren eine große Sicherheitsreserve enthalten und dass zweitens die Auslösewahrscheinlichkeit an den Klassengrenzen nicht sprunghaft, sondern stetig ansteigt. Dieser stetige Anstieg der Auslösewahrscheinlichkeit erlaubt uns, beliebige Zwischenwerte zu schätzen, z. B.

Reduktionsfaktor 3 für steilste Hangpartie 35° bis 37°

Auch dieser Zwischenwert weist genügend Reserven auf, wenn man sich um 1° täuschen sollte; sogar bei einer Abweichung von 2° stimmt die Größenordnung immer noch. Im Übrigen ist es jedem freigestellt, seine Schätzungen sicherheitshalber aufzurunden!

80 Verteilung der Hangneigung von Schneebrettern je nach der Definition der Steilheit. Links ältere Statistik mit durchschnittlichen Hangneigungen (auf der Karte gemessen). Da die steilste Hangpartie immer steiler ist als auf der Karte gemessen (»der Hang ist kein Waschbrett«), ergibt sich nach der neuen Definition eine auffällige Verschiebung der Häufigkeit. Der Hauptanteil bei durchschnittlicher Hangneigung liegt zwischen 35° und 40°und bei steilster Hangpartie (sofern 20 m hoch) oberhalb 39°. In den letzten Jahren lag der Anteil der Skifahrerlawinen steiler als 39° in Tirol sogar bei 70 %.

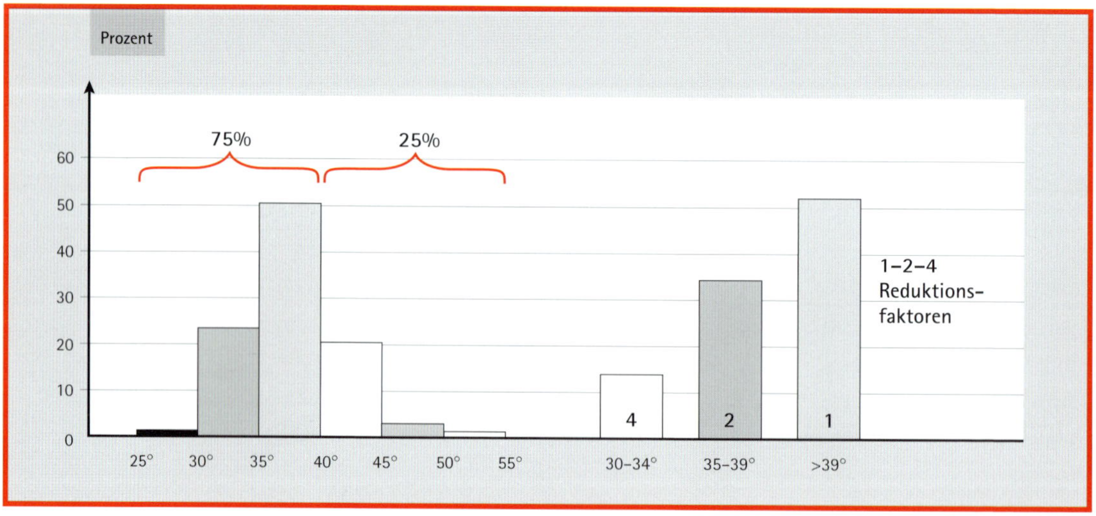

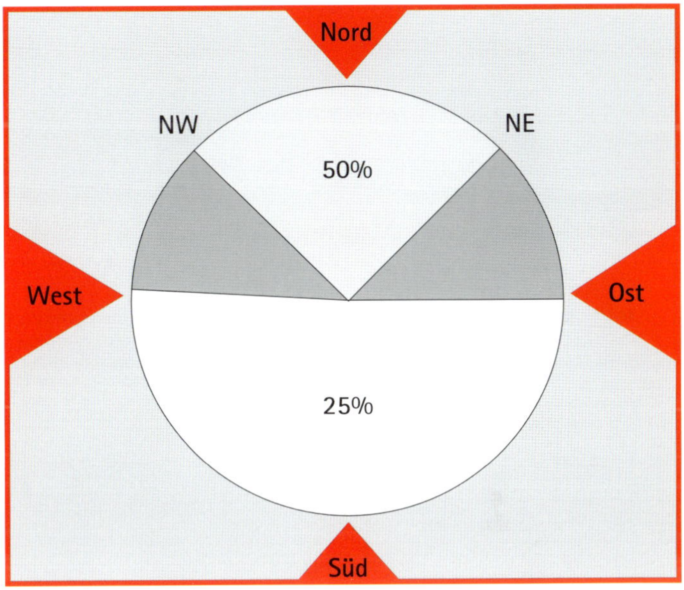

81 Empirische Verteilung der Schwachstellen gemäß MISTA. Die Hälfte aller Schwachstellen wurde im Sektor Nord (NW-N-NE) gefunden und in der südlichen Hälfte nur 25 % (E gehört zur nördlichen und W zur südlichen Hälfte). Diese Statistik ist unabhängig von der Zahl der Skifahrer, sie bezieht sich nicht auf Unfälle, sondern auf die Zahl der gefundenen Schwachstellen anlässlich von Schneedeckenuntersuchungen mit Rutschblock. Die Verteilung der Schwachstellen korreliert aber sehr gut mit der Zahl der Unfälle (vgl. Abb. 46).

Die Risikoformel – spielerischer Umgang mit Wahrscheinlichkeiten

Jede alpinistische Tätigkeit im winterlichen Gebirge ist grundsätzlich gekennzeichnet durch Unsicherheit und Risiko. Hier von Sicherheit zu reden, zeugt von Unwissenheit oder Unehrlichkeit.

Wenn der Zufall (»sa sacrée majesté le Hazard«) bei der Schneebrettauslösung durch Skifahrer eine bedeutende Rolle spielt – und daran kann man heute kaum mehr zweifeln –, müssen wir ihn in einem Risikokalkül berücksichtigen. Da der Zufall Methode hat, müssen wir versuchen, ihn mit seinen eigenen Waffen zu schlagen. Wir bedienen uns dabei der »Mathematik des Zufalls« (Pascal), der Wahrscheinlichkeitsrechnung. Dieses probabilistische (= wahrscheinlichkeitsorientierte) Entscheidungskonzept gelingt im Einzelfall nicht immer, aber wenigstens die große Zahl haben wir damit sicher »im Griff«. Wir werden also weiterhin einzelne Lawinenunfälle haben, aber die Gesamtzahl wird bei allgemeiner Anwendung der neuen Methode stark zurückgehen.

Wir verzichten darauf, einzelne Gefahrenstellen im Gelände erkennen zu wollen, weil uns dazu die Fähigkeiten fehlen. Stattdessen legen wir eine Messlatte fest, ein Restrisiko, das wir bereit sind zu akzeptieren. Mit einem Risikokalkül schätzen wir ab, ob wir diesseits oder jenseits der gewählten Limite liegen. Die Grenzziehung ist reine Willkür und hängt davon ab, wie viele Unfälle man bereit ist zu akzeptieren. Meine erklärte Zielsetzung ist eine Halbierung der bisherigen Zahl der Lawinentoten bei Einkalkulierung eines Rechen- oder Schätzfehlers um den Faktor 2. Das bedingt eine Reduktion des durchschnittlichen Gefahrenpotenzials von 5 auf 1, was theoretisch der Gefahrenstufe SEHR GERING entspricht bzw. GERING, wenn Fehler gemacht werden. Ich habe dieses akzeptierte Restrisiko auf 1 festgesetzt im Hinblick auf Verantwortungsträger, z. B. Jugend+Sport-Leiter, denen Jugendliche anvertraut werden, die nicht eigenverantwortlich entscheiden können. Ich kann mir aber gut vorstellen, dass Bergführer mit erfahrenen Gästen, die freiwillig und bewusst (nach entsprechender Aufklärung) bereit sind, höhere Risiken einzu-

Lawinenlagebericht

GERING	Potenzial	2
MÄSSIG	Potenzial	4
ERHEBLICH	Potenzial	8

$$\text{Akzeptiertes Restrisiko} = \frac{\text{GEFAHRENPOTENZIAL}}{\text{Red.-Faktor x Red.-Faktor}} \leq 1$$

GERING — MÄSSIG — ERHEBLICH — GROSS →

1 2 3 4 6 8 12 Gefahrenpotenzial

Bei der lokalen Einschätzung des Gefahrenpotenzials können Zwischenwerte geschätzt werden (gleitende Skala mit exponentiellem Wachstum). Einige Reduktionsfaktoren (RF) können kombiniert werden, in diesem Fall multiplizieren sie sich. Das Resultat dieser Multiplikation muss mindestens gleich groß sein wie das Gefahrenpotenzial.

Nr. 1 oder	steilste Hangpartie 35–39° (weniger als 40°)	RF 2	erstklassig
Nr. 2 oder	steilste Hangpartie 35°	RF 3	
Nr. 3	steilste Hangpartie 30–34° (weniger als 35°)	RF 4	
Bei ERHEBLICH muss ein erstklassiger RF gewählt werden			
Nr. 4 oder	Verzicht auf Sektor Nord: NORD (NW-N-NE)	RF 2	zweitklassig
Nr. 5 oder	Verzicht auf nördliche Hälfte (WNW-N-ESE)	RF 3	
Nr. 6	Verzicht auf die im Lawinenlagebericht genannten kritischen Hang- und Höhenlagen (= Schnittmenge)	RF 4	
Nr. 7	ständig befahrene Hänge	RF 2	
Die zweitklassigen RF sind ungültig bei nassem Schnee			
Nr. 8 oder	große Gruppe mit Entlastungsabständen	RF 2	drittklassig
Nr. 9 oder	kleine Gruppe (2–4 Personen)	RF 2	
Nr. 10	kleine Gruppe mit Entlastungsabständen	RF 3	
Entlastungsabstand min. 10 m im Aufstieg, in der Abfahrt mehr			

- Wenn man feststellt, dass es in allen Expositionen gefährlich ist, sind die Reduktionsfaktoren 3–5 natürlich ungültig (häufig der Fall, wenn kritische Neuschneemenge weit überschritten ist)
- Bei **GROSS** beschränken wir uns auf mäßig steiles Gelände (unter 30°)

Ergänzungen und Präzisierungen zur Reduktionsmethode

- Ausgangspunkt der Reduktionsmethode ist immer die Gefahrenstufe der **ungünstigeren** Hanglagen (z. B. bei »ERHEBLICH für Nordhänge und MÄSSIG für Südhänge« ist von ERHEBLICH = Potenzial 8 auszugehen: kein doppelter Bonus)
- In vorliegender Form nur gültig für **die Alpen** (kann an andere Verhältnisse angepasst werden)
- Die Reduktionsmethode berücksichtigt **nicht:** Geländeform, Kammnähe, Höhenlage und Hanggröße
- **Felsdurchsetzte Steilhänge** sind meist über 39° steil, kommen also bei ERHEBLICH nicht in Betracht
- Am **ersten schönen Tag** nach einer bedeutenden Niederschlagsperiode (kritische Neuschneemenge erreicht) geht man nicht an die äußerste Grenze
- Ständig befahren heißt: **zahlreiche Spuren** nach jedem Neuschneefall **auch in der Anrisszone**. Beispiele: wilde Piste, Varianten, Modetouren (nicht jede Modetour ist es zu allen Jahreszeiten). **Achtung:** Knapp außerhalb des zerfahrenen Bereichs kann es bereits gefährlich sein!
- Rinnen, Mulden und Trichter haben **mehrere Expositionen**, zudem ist die Rinnenachse nicht die steilste Stelle (Seitenwände!)
- Bei Hangneigungsmessungen auf der Karte S-förmige Profile beachten (30–60 Höhenmeter, oben und unten flacher), siehe Seite 217
- Ein evtl. Heimvorteil ermöglicht eigene Einschätzung des Gefahrenpotenzials schon bei der Tourenplanung (1. Filter)

gehen, das akzeptierte Restrisiko ausnahmsweise überschreiten können. Beispiel:

Potenzial 8/Reduktionsfaktoren 2 x 3 = Restrisiko 1,333

Wenn der Hang nicht umgangen werden kann, er auch nicht allzu groß ist und keine Absturzgefahr besteht beim Mitreißen, würde ich den Hang u. U. (wenn ich ausschließen kann, dass ich Schätzfehler gemacht habe, also Gefahrenpotenzial nicht zweifelhaft und auch die Hangneigung gut abschätzbar) begehen, allerdings mit Sicherheitsabständen, d. h. nur eine Person im Hang. Und selbstverständlich testet der Bergführer den Hang als erster. Solche Ausnahmen für erfahrene Bergführer müssen im Gebirge je nach Umständen immer möglich sein, sie verlangen aber in jedem Fall eine Aufklärung des Gastes und eine besonders sorgfältige Einschätzung der Situation.

Die Goldene Regel ermöglicht Risiko-Schnellchecks ohne Rechnen:

a) bei GERING wählen wir einen beliebigen Reduktionsfaktor
bei MÄSSIG wählen wir zwei beliebige Reduktionsfaktoren
bei ERHEBLICH wählen wir einen erst-, einen zweit- und einen drittklassigen Reduktionsfaktor

b) sind bei ERHEBLICH keine zweitklassigen RF verfügbar (z. B. nasser Schnee oder Sektor Nord ohne Spuren) müssen wir unter 35° bleiben und Entlastungsabstände einhalten.
Bei ERHEBLICH gibt es somit drei Fragen:

1. **Bin ich unter 40°?**
2. **Bin ich ausserhalb des Sektors Nord oder ist dieser verspurt?**
3. **Habe ich Abstände ? 3 x JA = OK**

Die Reduktionsmethode erlaubt uns einen Schnell-Check des Einzelhangs (Dauer 10–30 Sek.), der die folgenden **Schlüsselvariablen** berücksichtigt:

- Gefahrenpotenzial
- Hangneigung (steilste Stelle)
- Hangexposition
- Gruppengröße
- Vorsichtsmaßnahmen (z. B. Abstände)
- Häufigkeit der Befahrung

Der Check sagt uns, wie unfallträchtig die gewählte Kombination ist im Vergleich zu den Unfällen der Vergangenheit.
Mit ganzzahligen Faktoren, die man gegebenenfalls kombinieren (multiplizieren) kann, reduzieren wir das Risiko auf die gewünschte Größe. Die Restrisikoformel ist bewusst so gewählt, dass Risiko Null nicht erreichbar ist:

$$\text{Risiko} = \frac{\text{Natur}}{\text{Mensch}} = \frac{\text{Verhältnisse}}{\text{Verhalten}} = \frac{\text{Gefahrenpotenzial}}{\text{Vorsichtsmaßnahmen}}$$

$$\text{akzeptiertes Restrisiko} = \frac{\text{Gefahrenpotenzial}}{\text{Red.faktor x Red.faktor}} \leq 1$$

Durch konsequente Anwendung dieser Formel auf **jeden** Steilhang ließe sich die Zahl der tödlichen Unfälle drastisch reduzieren, viel wirkungsvoller, als wenn man hie und da ein Schneeprofil macht (als juristische Alibiübung).
Die Reduktionsmethode ermöglicht uns einen spielerischen Umgang mit Wahrscheinlichkeiten und vermeidet das bisherige verkrampfte Sicherheitsdenken. Gleichzeitig schärft es unser Risikobewusstsein und führt uns immer wieder vor Augen, dass Risiko Null in den Bergen nicht zu haben ist. Es

zwingt uns zu defensivem Verhalten. Wir versuchen in jeder Situation das Risiko zu reduzieren, sogar bei GERING. Die Reduktionsfaktoren funktionieren übrigens auch dann, wenn wir uns in der Gefahrenstufe geirrt haben sollten, ein nicht zu unterschätzender Vorteil dieser Methode.
Die bis heute vorherrschende (unehrliche) Sicherheitsphilosophie wird durch ein bewusstes Risiko-Management ersetzt. Bergführer und andere Verantwortungsträger sind nicht länger Sicherheitsgaranten, sondern Risiko-Manager. Das Wort Risiko darf in diesem Zusammenhang nicht bloß negativ gewertet werden, sondern wir müssen berücksichtigen, dass jede Chance Risiken birgt und jedes Risiko Chancen enthält. Risikobereitschaft gehört zum Anforderungsprofil jeder Führungskraft!
Das »sozialadäquate Risiko« (das erlaubte Wagnis) kann mit der Reduktionsmethode erstmals quantifiziert werden. Passiert ein Unfall innerhalb des akzeptierten Restrisikos, ist die »adäquate Kausalität« im juristischen Sinne nicht erfüllt, weil der Unfall wohl »möglich« aber nicht »wahrscheinlich« war. Nicht nur der Bergsteiger, sondern auch der Jurist erhält eine Messlatte in die Hand.

Kombination von klassischer und probabilistischer Beurteilung

Da die Reduktionsmethode wesentliche Aspekte nicht berücksichtigt – z. B. Höhenlage, Hanggröße, Hangform und Kammlage –, ist es von Vorteil, die klassische (bisherige) Beurteilungsmethode (inklusive intuitive Komponente) beizubehalten und im Falle von JA = GEHEN mit der Reduktionsmethode zu überprüfen und bei NEIN zu verzichten (siehe dreifaches Doppel-Ja, Abb. 82). Dies ist jedoch nur dem erfahrenen Bergsteiger möglich. Anfänger arbeiten am besten mit der elementaren Reduktionsmethode und versuchen, sich möglichst rasch im Schätzen und Messen von Hangneigungen zu verbessern. Topographische Kenntnisse sind leichter und schneller lernbar als die Beurteilung der Schneedecke. Mit zunehmender Routine wird man sich dann in die Reduktionsmethode einarbeiten wollen, die flexibler ist und auch zuverlässiger, weil besser vernetzt.

Die optimale Beurteilung wird nur mit der Kombination von klassischer und probabilistischer Methode erreicht werden können!

Unfallträchtige Muster und Limits

Die RM ermöglicht es uns, in Minutenschnelle mit dem kleinen Einmaleins das Risiko einer Kombination aus Gefahrenstufe, Hangneigung, Hangexposition, Häufigkeit der Befahrung, Gruppengröße + Abstände (= die fünf Schlüsselvariablen) abzuschätzen und einen JA/Nein-Entscheid zu fällen. Es gibt pro Gefahrenstufe mehr als hundert Kombinationsmöglichkeiten. Häufige, immer wiederkehrende **Muster** kann man aber bald auswendig, sie können dann blitzartig aus dem Gedächtnis abgerufen werden (ich nenne das den »synthetischen Blick«, siehe Abb. 92). Diese Muster ermöglichen uns einen **einfachen Umgang mit Komplexität** und eine **spielerische Auseinandersetzung mit dem Zufall.** Das berüchtigste Muster, der »Todgeile Dreier«, besteht aus der Kombination ERHEBLICH + extrem steil + Sektor Nord. Die drei unfallträchtigsten Kombina-

82 Reduktionsmethode als Neunerprobe (Check) der Formel 3 x 3. Bei der klassischen Beurteilung können auch Gefühl und Intuition berücksichtigt werden. Wenn mein Bauch NEIN sagt, dann ist definitiv NEIN, wenn er JA sagt, dann wird dieses JA probabilistisch mit der RM gecheckt (Gefühl und Kalkül kombinieren).

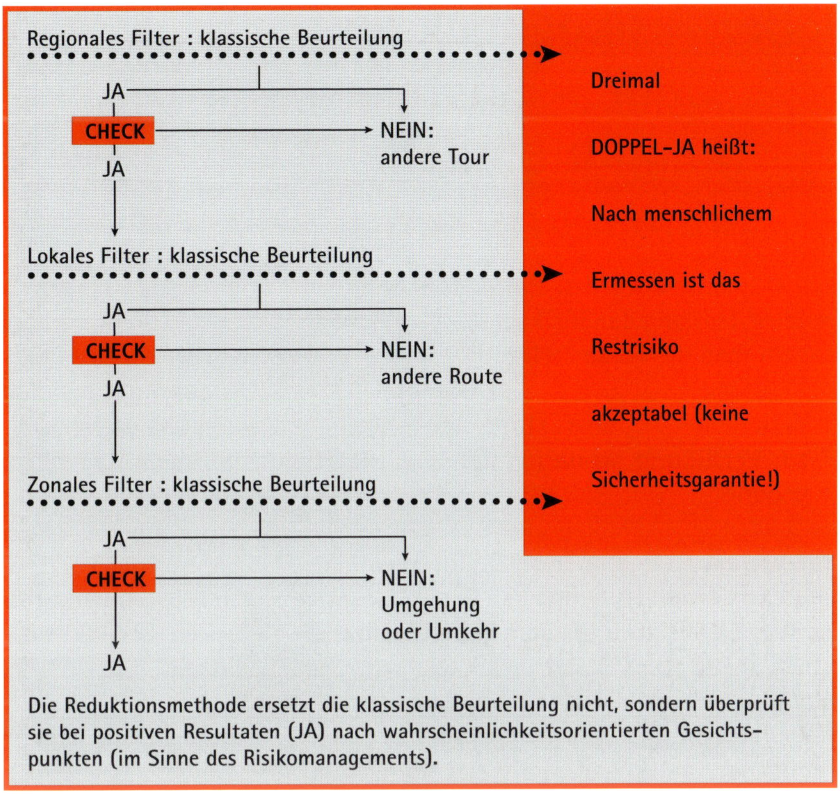

83 Unten: Exponentieller Anstieg des Gefahrenpotenzials $y = 2^x$. Die Bandbreite von ERHEBLICH ist doppelt so breit wie bei MÄSSIG.

tionen (= Klumpenrisiken) habe ich **Limits** genannt (siehe Abb. 107).

MÄSSIG Sektor Nord, selten befahren: maximal 39°

ERHEBLICH maximal 39° in allen Expositionen (gilt nicht für täglich befahrene Varianten in Pistennähe)

GROSS maximal 29° in allen Expositionen

Diese Limits sollten auf keinen Fall überschritten werden. Es handelt sich um eine **absolute Obergrenze ohne Graubereich, ohne Fehlertoleranz und ohne Sicherheitsdistanz.** Die Limits sollten auch von erfahrenen und ortskundigen Bergführern respektiert werden. Niemand muss ans Limit gehen, aber niemand sollte sie überschreiten.

NO risk, NO fun – NO limit, NO life

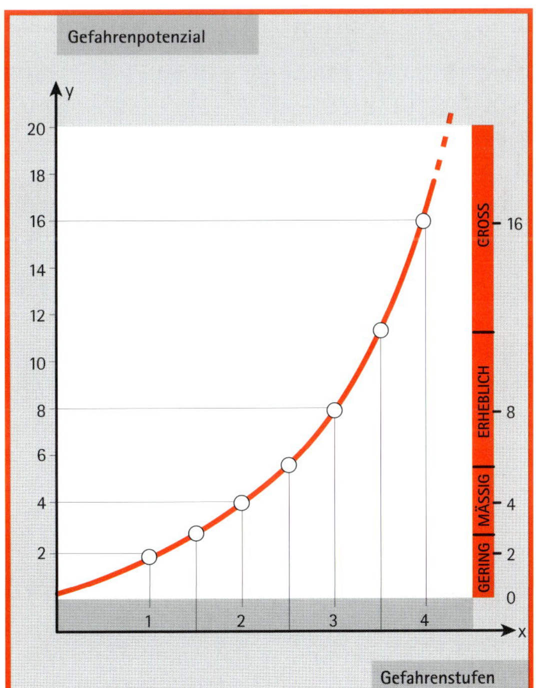

Der Risikocheck im Gelände – Rasterfahndung nach Klumpenrisiken

Ich empfehle auch den Profis dringend, vor jedem Steilhang den Risikocheck zu machen, indem man die Frage stellt:

> **Welche Reduktionsfaktoren stehen mir zur Verfügung, wenn ich den Hang jetzt begehe?**

Die verfügbaren Reduktionsfaktoren werden multipliziert und ergeben das Reduktionspotenzial (Resultat unter dem Bruchstrich). Es sollte mindestens gleich groß sein wie das Gefahrenpotenzial (über dem Bruchstrich). Falls die gewählte Kombination jenseits der Limits ist, muss gar nicht erst gerechnet werden. Das dauert in der Regel nicht länger als eine Minute (sofern die Schlüsselvariablen bereits ermittelt wurden).

Zwei Beispiele aus der Praxis von erfahrenen Berufsbergführern und versierten Lawinenspezialisten:

1. Zwei Bergführer mit unterschiedlich starken Gruppen sind unterwegs. Sie haben die Tour zu Hause mit der RM gecheckt. Auf dem Gipfel entschließen sie sich kurzfristig, mit der stärkeren Gruppe eine direkte Abfahrtsvariante zu wählen. Die klassische Beurteilung vor Ort ergibt ein klares JA, die Gruppe fährt ohne Risikocheck ab und löst ein Schneebrett aus ... Der Schnellcheck hätte das **Klumpenrisiko** sofort aufgedeckt: MÄSSIG, über 40°, Sektor Nord, unverspurt, große Gruppe.
2. Ich bin technischer Leiter eines SAC-Lawinenkurses in den Fideriser Heubergen und betreue sieben Gruppen mit erfahrenen Klassenlehrern, die im Gelände Schneeprofile und Rutschkeile machen. Ich gehe von Gruppe zu Gruppe und auf dem Gipfel des Mattischhorns angekommen, habe ich eine Fülle von Informationen und Beobachtungen gesammelt, wie man sie auf einer normalen Skitour nie zur Verfügung hat. Aufgrund dieser gründlichen Beurteilung entschließe ich mich, den steilen Nordhang zu befahren, der während des Schneefalls in der Nacht vorher im Luv lag und keinerlei sichtbare Triebschneeansammlungen aufwies. Für den analysierenden Verstand ist alles klar, nur mein Bauch legt sich quer. Ich zögere (schließlich ist der Bauch in solchen Situationen oft klüger als der Kopf ...) und beobachte kurze Zeit später, wie eine Gruppe von sicherer Warte aus den »Todgeilen Dreier« mit Leichtigkeit entdeckt: ERHEBLICH, 40°, Sektor Nord, unverspurt.

Beide Beispiele liegen jenseits der Limits. Sie zeigen auf, dass selbst Lawinenexperten und Bergprofis mit der klassischen Beurteilung der Schneedecke vor Ort oft überfordert sind. Die Lösung des Einzelhangproblems liegt nicht in der Schneedecke, sondern auf einer Metaebene. Wir brauchen Strategien im Umgang mit Unsicherheit. Gute Entscheidungsmodelle funktionieren wie Karikaturen: Sie reduzieren die komplexe Wirklichkeit auf prägnante Aussagen. Mit der RM hätten selbst Anfänger auf einen Blick das Klumpenrisiko der beiden Unfälle erkannt, ohne in die Schneedecke zu sehen. Wer in den neuen Kategorien der RM denkt, dem wird statistisches Denken zur (unbewussten) Geisteshaltung, zur Gewohnheit. Der spielerische Umgang mit Unsicherheit und Zufall macht unglaublichen Spaß, es ist ein geistiges Abenteuer ersten Ranges und stellt ein eigentliches Lebenselixier dar. Unter diesem Gesichtspunkt der »survival skills« erhält das Motto »no risk, no fun« plötzlich eine neue Dimension.

KAPITEL 11

BEURTEILUNG DER LAWINENGEFAHR

»Ich sehe die Beurteilung einer Lawinensituation als ein großes Mosaik oder als ein großes Puzzle. Das Bild dahinter, das wir erkennen wollen, setzt sich aus einer Fülle von Bausteinen zusammen. Wir bemühen uns, durch verschiedene Methoden möglichst viele dieser Puzzlesteine an den richtigen Ort hinzusetzen, um ein Bild von der Situation zu bekommen. Es bleiben eine Fülle von weißen Flecken übrig, die wir durch Erfahrung, Intuition und Ortskenntnis ersetzen müssen.«

Werner Mahringer

Was heißt Lawinengefahr? – Gefährlich für wen?

Das Ausmaß der Lawinengefahr wird für den Skifahrer weitgehend von vier Größen bestimmt:

- Je höher das Gefahrenpotenzial (bzw. die Gefahrenstufe des Lawinenlageberichts), umso zahlreicher die gefährlichen Hänge und umso größer die Gefahr (größere Trefferwahrscheinlichkeit).
- Streuung der Schneedeckenstabilität. Je unregelmäßiger die Schneedecke, umso »heimtückischer« die Gefahr (weil sehr schwer erkennbar).
- Volumen der abgleitenden Schneemassen. Je größer, desto gefährlicher. Die Wahrscheinlichkeit, ganz verschüttet zu werden, steigt mit wachsendem Volumen.
  Achtung: Je nach Geländeform (V-förmiger Graben) genügen verhältnismäßig geringe Schneemassen für eine metertiefe Verschüttung. Auch können wir von lächerlich geringen Schneemassen mitgerissen und in den Abgrund befördert werden (Felswand unter uns).
- Je steiler der Hang, desto größer die Wahrscheinlichkeit einer Verschüttung (größere Beschleunigung).

Für den Skifahrer ist die Trefferwahrscheinlichkeit maßgebend, das heißt das zufällige Zusammentreffen des Skifahrers mit dem gefährlichen Hang.
Nun ist aber eine bestimmte Schneedecke nicht für alle Menschen in dieser Region gleich gefährlich. Wir können hier drei Hauptkategorien von Betroffenen unterscheiden:

1. Die erste Kategorie wartet an Ort und Stelle, bis die Lawine spontan (ohne menschliche Einwirkung) kommt. Bewohnte Gebiete sind nur bei akuter Gefahr bedroht. Beispiele für diesen Standpunkt sind die Sicherungsdienste für Verkehrsverbindungen und Siedlungen.

2. Bei der zweiten Kategorie handelt es sich um Sicherungsdienste für Skipisten. Der Schneedeckenaufbau ist gestört, weil die gefährlichen Hänge nach jedem bedeutenden Schneefall gesprengt werden und weil die Variantenfahrer immer wieder dieselben Hänge abseits der Pisten befahren. Häufiges und regelmäßiges Befahren stabilisiert die Hänge. Vielbefahrene Modehänge sind im Allgemeinen sicherer als Hänge gleicher Höhenlage und Exposition, die selten befahren werden. Dies gilt es bei der Interpretation des Lawinenlageberichts zu berücksichtigen: Der Lawinenlagebericht wird prinzipiell für ungestörte Hänge erstellt.

3. Die dritte Kategorie der Tourenfahrer und Bergsteiger bewegt sich völlig frei im potenziellen Anrissgelände. In diesem Fall sind Anzahl und Verteilung der Gefahrenstellen für die Einschätzung maßgebend. Oft handelt es sich zudem um ungestörten Schneedeckenaufbau (selten befahrene Hänge). Häufig befahrene Hänge auf Modeskitouren gehören grundsätzlich in die zweite Kategorie. Besonders gefürchtet werden vom Tourenfahrer unregelmäßige Schneedecken, vor allem Ausreißer in durchschnittlich stabilen Schneedecken, die völlig unerwartet, urplötzlich, brechen.

Die Betroffenen werden deshalb den Lawinenlagebericht sehr unterschiedlich interpretieren müssen: Für die erste Kategorie ist

die Gefährdung bei »erheblicher Schneebrettgefahr« im Allgemeinen vernachlässigbar, für den Tourenfahrer hingegen ist die Trefferwahrscheinlichkeit schon überdurchschnittlich hoch.
Dort, wo für die erste Kategorie die Gefahr kritisch wird (Gefahrenstufe 4), ist der Spielraum für die dritte Kategorie nur noch sehr gering. Und wer sich nicht zu den routinierten Alpinisten mit langjähriger Erfahrung zählen darf, tut gut daran, bei diesen Verhältnissen zu Hause oder in der sicheren Unterkunft zu bleiben.
Diese unterschiedliche Interpretation des Lawinenlageberichts je nach Standpunkt des Betroffenen kann auch dazu führen, dass man unzutreffende **Auskünfte von Einheimischen** erhält (siehe auch Seite 139 f.).
Skiliftangestellte, die sich weitgehend im gesicherten Gelände bewegen, werden die Lawinengefahr in ihrem Bereich zu Recht weniger schlimm beurteilen als die Grenzwächter und Wildhüter, die ihre Kontrollgänge abseits vielbefahrener Hänge durchführen.

Akute, indizierte und latente Gefahr

Wir können die Lawinengefahr anhand des **äußeren Erscheinungsbildes** in drei Klassen einteilen: Gefahr direkt sichtbar (akut), nur indirekt erkennbar (indiziert) und fehlende Anzeichen (latent).

Akute Gefahr

Lawinenaktivität vorhanden, Gefahr sichtbar und hörbar. Ab »großer Schneebrettgefahr«. Meist von kurzer Dauer. Anhand der Alarmzeichen leicht erkennbar (sieh Seite 142 ff.).

Wenn wir in der Ebene Wumm-Geräusche provozieren und gleichzeitig in den benachbarten Steilhängen Schneebretter fernauslösen, herrscht mindestens »große Schneebrettgefahr«.

Indizierte (angezeigte) Gefahr

Keine eindeutigen Alarmzeichen vorhanden, aber äußere sichtbare Anzeichen, zum Beispiel frische Triebschneeansammlungen. Spontanlawinen als Bestätigung fehlen. Für den erfahrenen Bergsteiger mittelschwer bis schwer erkennbar, je nachdem, wie ausgeprägt die Anzeichen sind. Bei indizierter Gefahr sind meist gute und schlechte Anzeichen gemischt.

Latente (verborgene) Gefahr

Überhaupt keine äußeren Anzeichen vorhanden, höchstens sehr schwache Wumm-Geräusche, die man bei starkem Wind nur allzu leicht überhört. Diese Situation ist selbst für Lawinenexperten sehr schwer oder überhaupt nicht erkennbar, zum Beispiel schwache Schneedecke mit unregelmäßiger Stabilität. Diese »heimtückische« Situation kann in Schwimmschnee-Wintern wochenlang andauern. Häufig zwischen »mäßiger« und »erheblicher« Gefahr angesiedelt. Der Lawinenlagebericht bei solchen Verhältnissen ist oft unzuverlässig und lückenhaft (auch der Lawinenwarner braucht Anzeichen).

Gefährliche und sichere Hänge liegen oft dicht beisammen (vergleichbar in Bezug auf Höhenlage, Exposition, Steilheit und Kammlage) und gleichen sich äußerlich wie frische und faule Eier.

Die Lawine stinkt nicht

Wenn ich heute ältere Lehrbücher (auch meine eigenen) durchsehe, fällt mir vor allem der naive Erkenntnisoptimismus auf, d.h. die Überzeugung, die Lawinengefahr lasse sich anhand äußerer Anzeichen oder doch zumindest anhand einer Schneedeckenuntersuchung einigermaßen zuverlässig erkennen. Jahrzehntelang postulierte die Nivologie ohne eigentliche Beweise diese Erkennbarkeit bzw. Vorhersehbarkeit und niemand äußerte prinzipielle Zweifel daran.

Als ich dann allerdings im Frühjahr 1993 in Bormio anlässlich einer IKAR-Tagung die Kinderfrage stellte, ob mir einer der anwesenden Experten Kennzeichen oder Merkmale aufzählen könne,

- die wir mit unseren fünf Sinnesorganen wahrnehmen können,
- die bei drohender Gefahr immer vorhanden sind (im Sinne von »notwendig und hinreichend«) und
- die uns eindeutig und rechtzeitig warnen,

erhielt ich keine befriedigende Antwort, und ich warte bis heute vergeblich darauf.

Die Lawinengefahr ist mit der Radioaktivität vergleichbar – sie ist mit unseren Sinnesorganen nicht erkennbar. Aber sie ist im Gegensatz zur Radioaktivität nicht einmal messbar. Die »gespannte Falle« ist weder sichtbar noch hörbar (evtl., aber leider nicht immer, sind Wumm-Geräusche hörbar, aber dann ist es in vielen Fällen zu spät!), noch schmeckbar, noch riechbar, noch tastbar (hier und da feine Vibrationen spürbar), sie hat weder Farbe noch Form, noch Bewegung; so können sich zwei benachbarte und in jeder Beziehung vergleichbare Hänge gleichen wie ein Ei dem anderen – ein Ei kann gut und das andere faul sein. Wir wissen immer erst hinterher, ob ein Hang gut oder schlecht war, d.h., wenn wir ihn begangen haben.

Falls die **Bormio-Frage** nicht positiv beantwortet werden kann – ich warte immer noch gespannt auf eine Antwort –, heißt dies doch, dass die Schneebrettgefahr im freien, ungesicherten Gelände für den Skifahrer nicht erkennbar ist und Verurteilungen wegen fahrlässiger Tötung keine genügende Rechtsgrundlage haben. Denn nur erkennbare Gefahren sind vermeidbar.

Niemand darf wegen Nichtbeachtung nicht erkennbarer Gefahren verurteilt werden. Dieses Fehlen von handfesten und zuverlässigen Entscheidungsgrundlagen kontrastiert eklatant mit der vorherrschenden Auffassung der Justiz, Lawinenunfälle gälten nicht mehr als »höhere Gewalt«, sondern seien – dank naturwissenschaftlicher Fortschritte – »weitestgehend vorhersehbar« (so ein bekannter Skirechtler 1994 auf dem Symposium »Lawinen und Rechtsfragen« in Davos).

Hieb- und stichfeste naturwissenschaftliche Beweise für die Erkennbarkeit fehlen bis heute, akute Gefahr (große und sehr große Gefahr, siehe Seite 133) ausgenommen, aber das sind nur ein paar Tage pro Winter. Bei diesen Verhältnissen ist die Gefahr vorhersehbar (eindeutige Alarmzeichen), deshalb ereignen sich nur wenige Unfälle. In der übrigen Zeitspanne mit rund 80 bis 90 % aller Unfälle gibt es leider keine Anzeichen und Signale, die uns eindeutig und in jedem Fall rechtzeitig vor der drohenden Gefahr warnen (im Sinne von »wo Rauch ist, ist auch Feuer«).

»Der Natur ist es gleichgültig, ob die verborgenen Gründe und Arten ihres Handelns dem Menschen verständlich sind oder nicht.«

Galileo Galilei

Tourenplanung zu Hause

Auch wenn wir die Lawinengefahr nur indirekt erschließen (vermuten, erraten) können und diese Einschätzung in jedem Fall nur den Stellenwert eines **Indizienbeweises** hat, heißt das keineswegs, dass man auf jede Beurteilung und Planung verzichten kann, im Gegenteil: Wir müssen versuchen, uns die relevanten Informationen zu verschaffen und diese systematisch zu verarbeiten, zu gewichten und zu vernetzen. Mit einer guten Strategie kommen wir trotz unsicheren Daten in den meisten Fällen zu guten Entscheiden. Wichtige Hilfsmittel zu diesem Indizienbeweis sind:

- **Lawinenlagebericht** (Bulletin) in der Schweiz: Tel. 187, die übrigen Nummern der europäischen Lawinenwarndienste siehe Seite 210 im Anhang oder www.slf.ch – europäische Lawinenwarndienste
- **Alpenwetterbericht** Schweiz: Tel. 0900522138
- Studium von genauen **topographischen Karten** (Maßstab 1:25000), wenn vorhanden Fotos und Luftbilder. Karten 1:50000 sind zu ungenau
- **Auskünfte** von ausgewiesenen Gebietskennern (z.B. Hüttenwart, Bergführer, siehe auch Seite 132 f.)
- vor allem **eigene Gebietskenntnisse** sowie **eigene Beobachtungen im Gelände,** ein eventueller Heimvorteil kann nicht hoch genug eingeschätzt werden. Nur in unseren Hausbergen sind wir wirklich stark, nur hier wissen wir welche Lawinen bei welchen Verhältnissen abgehen und welches Ausmaß sie erreichen können.

Wie wir bereits festgestellt haben (Kapitel 10), ist das erste Filter, d.h. die Tourenplanung zu Hause, das wirksamste.

> Mit einer umsichtigen Tourenplanung lassen sich mehr als die Hälfte der Unfälle verhindern!

Möglichkeiten und Grenzen des Lawinenlageberichts

Der Lawinenlagebericht ist für eine Tourenplanung zu Hause, fernab von der Region der Wahl, eine wertvolle und nur schwer ersetzbare Informationsquelle.

Der Lawinenlagebericht beschränkt sich zu Recht auf die Angabe potenziell (möglicherweise) gefährdeter Hanglagen in Bezug auf Exposition, Höhenlage, Geländeform und Kammlage, in denen je nach Gefahrenstufe spontane Lawinen oder Auslösungen durch Skifahrer mehr oder weniger wahrscheinlich sind. Meist handelt es sich um eine großzügige Aufteilung des Tourengebietes in eine günstige und ungünstige Hälfte, beispielsweise sind Hänge oberhalb rund 2000 m in den Expositionen NW über N bis E meist ungünstig. Ungünstig heißt aber nicht gefährlich.

Nur ein Bruchteil der Hänge in diesen Hanglagen ist wirklich gefährlich, je höher die Gefahrenstufe, umso zahlreicher sind sie. Der Lawinenlagebericht sagt uns aber ausdrücklich nicht, welche Hänge genau in dieser Exposition und Höhenlage wirklich gefährlich sind und welche nicht. Er macht uns bloß auf die Möglichkeit aufmerksam, der und der Hang könnte kritisch sein. Die Wahrscheinlichkeit einer Auslösung steigt von Gefahrenstufe zu Gefahrenstufe und ist bei großer Zusatzbelastung (große Gruppe ohne Abstände) immer größer als bei kleinen Gruppen.

Der Stellenwert des Lawinenlageberichts ist natürlich abhängig von der **Erfahrung:** Der Anfänger ist auf den Lawinenlagebericht angewiesen, weil er die Gefahr nicht selbst beurteilen kann. Ein professioneller Bergführer hat das Know-how, um in jeder

Gegend das Gefahrenpotenzial selbständig und eigenverantwortlich zu bestimmen. Er braucht den Lawinenlagebericht vor allem für die Planung. Einmal vor Ort, verlässt er sich lieber auf seine eigenen Beobachtungen und Erfahrungen. Und wenn er sich mehrere Tage im gleichen Gebiet aufgehalten hat, weiß er über die lokalen Schnee- und Lawinenverhältnisse besser Bescheid als der Bulletinmacher. Der amtliche Lawinenwarner wäre froh, wenn er von den fundierten und detaillierten Beobachtungen vor Ort in Kenntnis gesetzt würde. Die Kommunikationsmöglichkeiten sind ja heute vorhanden (Handy etc.).
Das EISLF hat für solche Meldungen eine Gratis-Telefonnummer eingerichtet:

0800 80 01 87 (Fon)

0800 80 01 88 (Fax)

Je reger diese Rückmeldungen, umso zuverlässiger und detaillierter wird das Bulletin ausfallen. Wenn wir ein gutes Bulletin wollen, müssen wir unseren Beitrag leisten und zum Informationsaustausch beitragen. Statt dass wir uns am Hüttentisch großspurig über das falsche Bulletin unterhalten, gehen wir gescheiter zum nächsten Telefon und melden dies der zuständigen Stelle.
Der Stellenwert des Bulletins ist aber auch abhängig von der **Trefferquote.** Dank automatischer Wetterstationen, langjährigen Datenbanken und ausgetüftelten Expertensystemen ist die Trefferquote sehr viel höher als früher, ich schätze sie auf rund 85 %. Von den 15 % Nieten ist eine Hälfte zu hoch und die andere zu niedrig. Ist das Bulletin eine Gefahrenstufe zu hoch, ist das nicht weiter tragisch, unser Spielraum ist nur »unnötig« eingeengt. Falls das Bulletin die Gefahr zu niedrig einstuft, können wir das in vielen Fällen beim zweiten Filter korrigieren, vor allem mittels der kritischen Neuschneemenge und der Alarmzeichen (siehe Kapitel 7 und Seite 144 f.). Wir betrachten also das Bulletin als unsichere Information wie alle anderen auch. Wir verfügen in der Lawinenkunde über keine einzige sichere und zuverlässige Information. Aber wir können eine Vielzahl von unabhängigen Informationen so gewichten und verknüpfen, daß gute Entscheide trotzdem die Regel sind.

Lawinenlagebericht und Wetterbericht sind nützliche Hilfsmittel zur Tourenplanung. Beide haben denselben Stellenwert und ersetzen keinesfalls die selbständige und eigenverantwortliche Beurteilung der Situation vor Ort!

Ausgabezeiten: In der Schweiz wird in der Regel von Mitte November bis Mitte Mai ein tägliches Bulletin herausgegeben und zwar in zwei Formen: Ein nationales Bulletin (nur Text) erscheint abends um 17 Uhr in Form einer Prognose für den nächsten Tag und ein regionales Bulletin (Text und Grafik) jeden Morgen um 8 Uhr. Beispiele sind auf Seite 210 im Anhang abgedruckt. Zur Interpretation der Gefahrenstufen siehe Seite 207 im Anhang. Weitere Infos (Gefahrenkarten, Schneehöhen etc.) am einfachsten über www.slf.ch mit weiterführenden Links. Die informative »Interpretationshilfe zum Lawinenbulletin« ist beim SLF erhältlich (Bibliothek, Flüelastraße 11, CH–7260 Davos).

Messen und Schätzen von Hangneigungen

Die topographische Karte im Maßstab 1:25000 gehört zu den zuverlässigsten Informationen, die wir für unsere Beurteilung zur Verfügung haben. Es gilt, ihren Informationsgehalt optimal zu nutzen.

Die **Exposition** eines Hangs kann auf einer Karte zuverlässiger bestimmt werden als im Gelände. Muldenförmige Hänge und Rinnen haben mehrere Expositionen, für die Lawinenbeurteilung wird die ungünstigere berücksichtigt. Nebenbei bemerkt: Ein Nordhang fällt nach Norden ab, er ist auf unserer nördlichen Halbkugel also ein Schattenhang.

Leider läßt sich die Hangneigung weniger genau bestimmen als die Exposition. Das Problem liegt darin, daß die Fallinie eines Berghangs streng genommen nicht rektifizierbar, d.h. nicht durch eine gerade Linie darstellbar ist, weil sie eine fraktale Dimension hat, vergleichbar einer Küstenlinie, deren Länge nicht genau definierbar ist. Ein Berghang hat jede beliebige Neigung, wenn man die steilste Hangpartie nur klein genug definiert (beispielsweise 1 dm^2): Je genauer wir definieren, um so ungenauer wird die Angabe in bezug aufs Ganze. Wenn wir die steilste Hangpartie definieren wollen, müssen wir uns für eine bestimmte Auflösung (Körnigkeit) entscheiden. Aus praktischen Gründen wählen wir die Äquidistanz 20 m.

84 Messung der Hangneigung mit Skistöcken

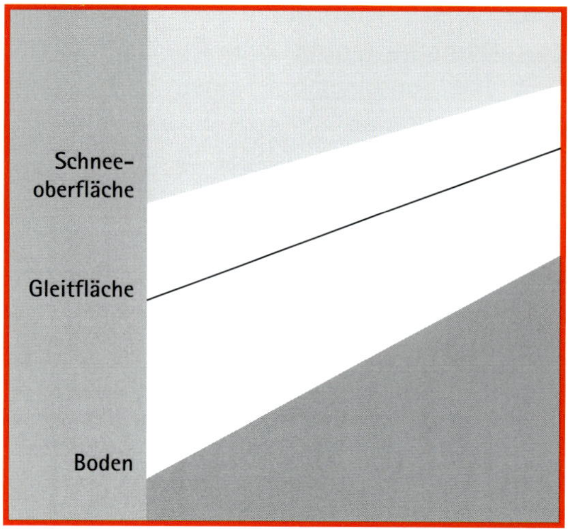

85 Schneeoberfläche, Gleitfläche und Boden sind nicht immer parallel.

86 Triebschneeansammlungen modellieren das Gelände.

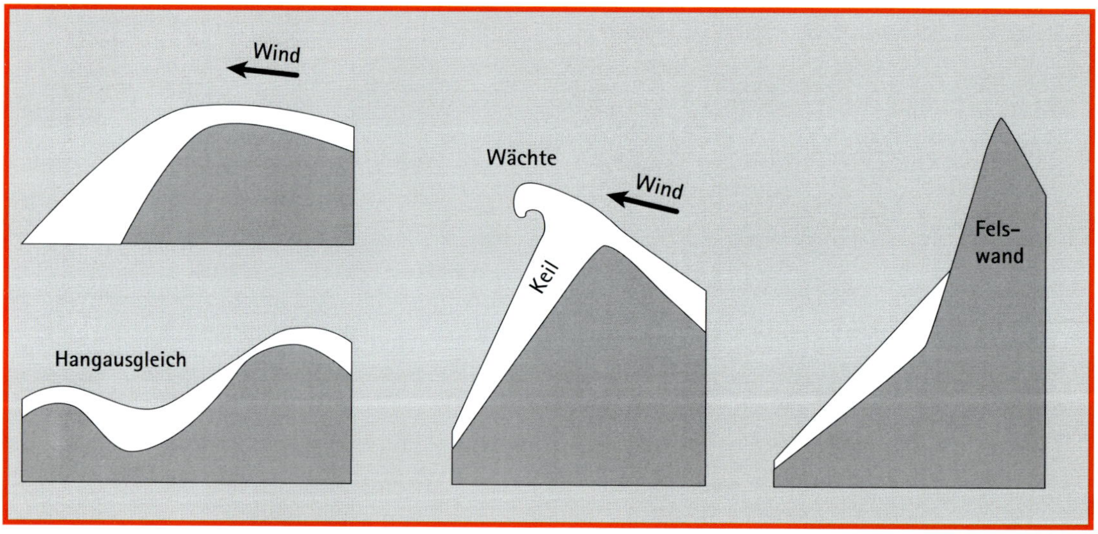

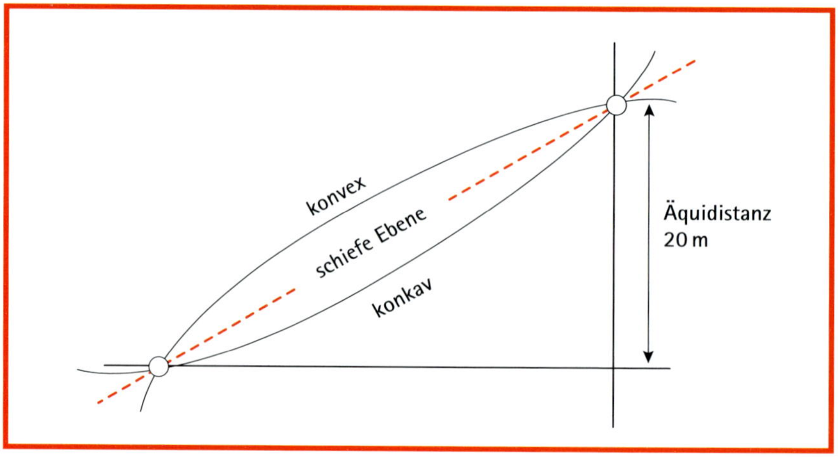

87 Die effektive Hangneigung ist immer größer als auf der Karte gemessen.

Wenn die fragliche steilste Hangpartie also eine Mindesthöhe von 20 m hat, wird sie bei der Beurteilung der Lawinengefahr in Betracht gezogen.
Für die Beurteilung der Lawinengefahr ist die Neigung der Gleitfläche maßgebend, die leider nicht immer korrespondiert mit der Neigung der Schneeoberfläche und mit der Neigung des gewachsenen Untergrundes (siehe Abb. 85). Es gibt immerhin gewisse Anhaltspunkte, wann und wo die drei Neigungen nicht übereinstimmen, nämlich bei Triebschneeansammlungen, die das Gelände modellieren: z. B. Hangausgleich im coupierten Gelände, Wächtenkeil unter Wächten und Aufsteilung am Fuße von Felswänden, um nur die wichtigsten zu nennen (siehe Abb. 86).
Zum Schätzen der Hangneigung hilft uns Folgendes:

- Felsdurchsetzte Steilhänge
- Böschungswinkel von Moränen
- Anriß von Lockerschneelawinen

Steilste Hangpartie ist in der Regel steiler als 39°

Wenn wir schätzen, schätzen wir im ersten Durchgang in Bandbreiten und Größenordnungen mit einem Minimal- und Maximalwert, im zweiten Durchgang stellen wir uns die Frage: näher beim Minimum oder näher beim Maximum? Bei der Einschätzung des Gefahrenpotentials gehen wir methodisch genau gleich vor.
Wenn wir hingegen messen (beispielsweise den Abstand zwischen zwei Höhenkurven auf der Karte), dann messen wir so genau wie möglich. Hier gibt es keine Bandbreiten zu schätzen (siehe Seite 217).

Der Hang zwischen zwei Höhenkurven bildet keine schiefe Ebene, sondern er stellt ein fraktales Gebilde mit Relief dar (konvexe und konkave Wölbungen). Die effektive Hangneigung ist deshalb immer steiler als auf der Karte gemessen! (Siehe Abb. 87)

Auskünfte von Lokalexperten

Der Stellenwert von Auskünften Einheimischer wird von den Experten des EISLF nicht besonders hoch veranschlagt. Ein Gutachten aus dem Jahre 1985 (Unfall Samnaun) hält pauschal fest:

> **»Das Einholen von Rat bei Einheimischen ist und bleibt unseres Erachtens immer sehr problematisch. Bemerkungen von Einheimischen nach einem Lawinenunfall sind stets zu relativieren.«**

Von dieser Relativierung möchte ich aber doch Ausnahmen machen, zum Beispiel rechtzeitige Warnungen von Lokalexperten (Bergführer, Hüttenwarte, Grenzwächter und Angehörige des Festungswachtkorps, ausgewiesene Kenner der örtlichen Bergwelt), die unmissverständlich im Sinne eines Verzichts von vornherein (»ich ginge bei diesen Verhältnissen nicht«) ausgesprochen wurden. Dieses eindeutige Abraten von der Tour darf aber nicht verwechselt werden mit bloßen Vorbehalten in örtlicher und zeitlicher Hinsicht, zum Beispiel vorsichtige Routenwahl, früher Start und Ähnliches. Falls diese Vorbehalte befolgt werden, ist gegen die Tour nichts einzuwenden. Hingegen beinhalten diese Vorbehalte möglicherweise einen Verzicht unterwegs, wenn beispielsweise Alarmzeichen angetroffen werden oder sonst konkrete Anzeichen, die auf eine drohende Gefahr hinweisen.

Nützliche Hinweise bekommt man häufig von Leuten, die von einer Tour gerade zurückkommen und uns z. B. mitteilen können, ob ein bestimmter Hang verspurt oder noch unberührt ist.

Auch Ratschläge von Lokalexperten ersetzen keinesfalls die selbständige und eigenverantwortliche Beurteilung vor Ort !

Zum Unterschied von Warnung und Vorbehalt siehe auch Kapitel 15. Leider trifft man in Gutachten und Gerichtsurteilen immer wieder die Tendenz, aus bloßen Vorbehalten oder simplen Auskünften über Schneeverhältnisse in skitechnischer Sicht (z. B. ungünstig wegen Bruchharsch) im Nachhinein Warnungen vor Lawinengefahr zu konstruieren, obwohl von Lawinengefahr überhaupt nicht die Rede war.

Beispiel einer Tourenplanung

Für die Tourenplanung werden die beiden Kartenausschnitte auf Seite 141 verwendet mit eingezeichneter Normalroute und möglichen Varianten. Wir planen am Vorabend der Tour, und uns steht der Lawinenlagebericht dieses Tages zur Verfügung (Mitte Januar). Er lautet:

»Über das Wochenende war es in den Bergen sonnig und mild. Dank der nächtlichen Abstrahlung ergab sich somit eine günstige Situation betreffend Lawinen. Es sind nur vereinzelt Nassschneerutsche beobachtet worden. Am Montag setzten von Südwesten her starke Winde ein. Niederschlag blieb vorderhand noch aus. Gefahrenstufen: Am Alpennordhang besteht eine mäßige Schneebrettgefahr. Die anhaltenden Winde führen zu Schneeumlagerungen. Oberhalb etwa 2200 m sind vor allem an Steilhängen der Expositionen Nord bis Ost gefährliche Triebschneeansammlungen vorhanden. Die Gefahr von Nassschneerutschen bleibt unterhalb 2000 m bei den weiterhin hohen Temperaturen in geringem Maße bestehen.«

Wir wollen entscheiden, ob Albristhorn oder Männlifluh bei diesen für die Jahreszeit untypischen Verhältnissen günstiger ist. Beide Gipfel befinden sich in der gleichen Region (Simmental/Diemtigtal, d. h. westlicher Alpennordhang), sie liegen ungefähr 12 km voneinander entfernt. Wir studieren die Aufstiegsroute, bestimmen die vermutlichen Schlüsselstellen und zeichnen sie mit Bleistift in die Karte ein (Kreis). Dann machen wir eine Gegenüberstellung:

	Albristhorn	Männlifluh
Gipfelhöhe	2761,80 m	2652,30 m
Schlüsselstellen	Nordh. RF 1 nicht über 37° RF 3	Südh. RF 3 über 39° RF 1

Das Restrisiko beträgt in beiden Fällen 4:3 = 1,33, allerdings weist das Albristhorn einen erstklassigen RF auf, was ihm einen leichten Vorteil verschafft. In beiden Fällen können die Schlüsselstellen nur mit Entlastungsabständen begangen werden. Beide Routen werden im Hochwinter nur sporadisch gemacht, mit verspurten Hängen können wir somit kaum rechnen. Den Ausschlag gibt aber eine genaue Lektüre des Lawinenlageberichts, der starke und anhaltende Winde aus SW mit frischen Triebschneeansammlungen meldet. Die Schlüsselstelle am Albristhorn ist aber ausgerechnet eine Umgehung des Punktes

88 Kartenausschnitt 1:25000, reproduziert mit der Genehmigung der Eidgenössischen Landestopographie

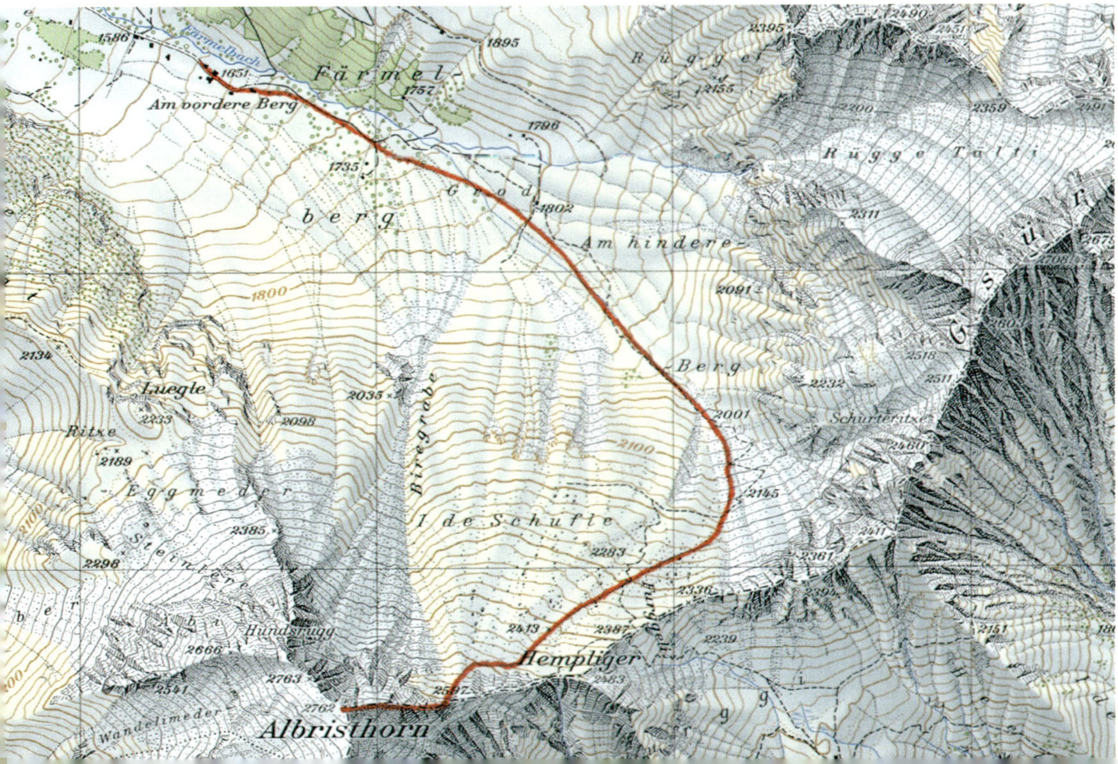

2597 über seine steilen Nordhänge (ausgesprochene Kammlage). Wir entscheiden uns somit für die Männlifluh, wo wir uns im Gipfelbereich ausschließlich in West- bis Südhängen bewegen.
Nassschneerutsche unterhalb 2000 m sollten auf dem Anmarsch kein Problem darstellen. Immerhin wollen wir auf Grund der außergewöhnlich starken Erwärmung für die Jahreszeit verhältnismäßig früh starten. Das Beispiel zeigt, dass bei vergleichbarem Restrisiko Faktoren den Ausschlag geben können, die in der Reduktionsmethode nicht berücksichtigt werden, z.B. Wetter, Höhenlage, Länge der Tour, Rückzugs- und Ausweichmöglichkeiten etc. Ablauf der Tour: in der Nacht Föhnsturm, in Bern wärmste Januarnacht des Jahrhunderts, Tour muss zwischen Mittel- und Oberberg abgebrochen werden wegen orkanartiger Böenspitzen und Temperaturen um + 4 °C, größere Nassschneerutsche aus der Galmschibe-Südflanke mit Anriss gegen 2300 m schon am frühen Morgen. Da kann man nur noch sarkastisch feststellen:

Wer exakt plant, irrt genauer.

Eigene Beobachtungen im Gelände

Das Beispiel zeigt, wie wichtig die lokale Beurteilung ist, vor allem wenn Wetterprognosen und/oder Lawinenlagebericht nicht zutreffen.
Unter lokaler Beurteilung verstehen wir die Einschätzung der drei Kriterien »Verhältnisse (Wetter + Schnee)/Gelände/Mensch« in der Gegend, wo wir uns gerade aufhalten, so weit das Auge reicht (kann mit Fernglas wirksam erweitert werden), d.h. Größenordnung einige km^2.
Am Ausgangspunkt der Tour interessiert uns zuerst das Wetter:

- Ist die Prognose zutreffend?
- Voraussichtliche Entwicklung im Laufe des Tages?
- Was ist über Nacht passiert?
- Ist die Temperatur heute ein Problem (Zeitplan)?
- Ist die Sicht genügend?

Gerade die Sicht wird immer wieder vernachlässigt. Aber wenn wir im Schneetreiben und im Nebel unsere nächste Umgebung nicht mehr beurteilen können in Bezug auf Dimensionen, Distanzen, Höhendifferenz, Steilheit und Geländeform und wir nicht sehen, was über uns ist, dann hilft auch die Reduktionsmethode nicht weiter.
Eine der häufigsten Unfallursachen ist die Kombination

Schneefall
+ starker Wind
+ sehr kalt
+ schlechte Sicht
→ Unfall

Weitere Fragen, bevor wir uns in Steilhänge über 30° wagen:

- Können sich die momentanen Lawinenverhältnisse im Laufe des Tages verschlechtern wegen Wind/Temperatur und Einstrahlung/Niederschlag?
- Ist heute alles umgekehrt? Sind die Südhänge ausnahmsweise gefährlicher als Nordhänge (z.B. nach kaltem Neuschneefall auf Schmelzharsch)? Wenn ja, sind die Reduktionsfaktoren betreffend Exposition natürlich ungültig.

- Gibt es Alarmzeichen (Wumm-Geräusche, spontane Lawinen, Fernauslösungen, Vibrationen in der Schneedecke)? Siehe Seite 144 ff.
- Gibt es frische Triebschneeansammlungen? (Je kälter – desto gefährlicher, können über Nacht entstanden sein oder sich im Verlauf der Tour bilden.)
- Ist die kritische Neuschneemenge (KNM) nicht erreicht, erreicht, überschritten? Diese Frage müssen wir uns mehrmals am Tag stellen, die Antwort könnte mit zunehmender Höhe anders ausfallen. Die Neuschneemenge der letzten 1 bis 3 Tage muß an mehreren möglichst neutralen Orten gemessen werden (ohne Triebschnee), damit wir einen ungefähren Mittelwert mit Bandbreite bilden können, z. B. 10 bis 20 cm. Wenn alles stark verblasen ist, ist das keine leichte Aufgabe. Ist die KNM knapp erreicht, rechnen wir mit Potenzial 7, wenn gut erreicht, mit Potenzial 8, und ist sie weit überschritten, legen wir Potenzial 10 zugrunde.

Bei der lokalen Einschätzung des Gefahrenpotenzials können wir beliebige Zwischenwerte schätzen: im ersten Durchlauf z. B. mehr als 4 aber weniger als 8, im zweiten Durchlauf z. B. näher bei 4, also 5. Oder Lawinenlagebericht ERHEBLICH, aber weit und breit keine Alarmzeichen: Wir gehen von 8 auf 6, einen Tag später (wenn sich unser Eindruck bestätigt hat) auf 4. Oder bei rasch wechselnden Frühjahrsverhältnissen nach klarer Nacht 2, gegen Mittag (je nach Exposition) 4 und am Nachmittag 8. Mit der Reduktionsmethode können wir uns sehr flexibel anpassen.

Wenn wir unterwegs Annahmen korrigieren müssen, die wir bei der Tourenplanung getroffen haben (sei es Gefahrenpotenzial, Steilheit, mehr Leute als gerechnet etc.), dann müssen wir selbstverständlich den Check mit den korrigierten Werten wiederholen!

Bei der Beurteilung des Geländes sind folgende Fragen vorrangig:
- Stimmt meine Vorstellung , die ich mir auf Grund der Karte gemacht habe, mit der Wirklichkeit überein in Bezug auf Dimensionen, Steilheit, Relief etc.? Selbst nach mehr als 40jähriger Bergerfahrung muss ich hin und wieder feststellen, dass ich mir das Gelände eigentlich weniger steil vorgestellt habe. Ein Fernglas ist zur Beurteilung m. E. unentbehrlich.
- Was ist über mir? Was ist unter mir? Diese beiden Fragen stammen aus dem Repertoire des Überlebensinstinktes.
- Wie groß ist das Ausmaß eines möglichen Schneebretts (je höher die Gefahrenstufe, umso größer)? Eine der schwierigsten Fragen in der Lawinenkunde – kann nur mit sehr großer Erfahrung halbwegs beantwortet werden. Gerade in dieser Beziehung ist ein Heimvorteil unschätzbar.

Last but not least werden wir auch den Faktor **Mensch** in unsere Fragestellung einbeziehen:
- Sind **Skispuren** vorhanden? Sind diese Spuren den momentanen Verhältnissen angepasst? Was gestern richtig war, kann heute falsch sein. Bei Frühjahrsverhältnissen liegt zwischen richtig und falsch oft nur eine Stunde. Ist die Schlüsselstelle so stark verspurt, wie wir bei der Tourenplanung angenommen haben? Wenn nicht, Check mit korrigierten Annahmen wiederholen.
- Sind noch andere Leute auf der gleichen Route unterwegs? Eventuell Absprachen beim Begehen der Schlüsselstelle.
- Sind die Gruppenmitglieder im Moment körperlich noch so gut in Form, dass sie Vorsichtsmaßnahmen diszipliniert einhal-

ten können? Ist die Skitechnik nach stundenlanger Anstrengung noch so gut, dass sie den Hang sturzfrei bewältigen können? Erlaubt die Schneequalität überhaupt ein sturzfreies Fahren? Diese Frage muss bei Bruchharsch verneint werden.

- Welche Taktik drängt sich auf? Ist freies Fahren angemessen? Genügen Entlastungsabstände oder wollen wir nicht doch lieber Sicherheitsabstände anordnen und von »Insel« zu »Insel« vorgehen? Sind solche »Inseln« überhaupt vorhanden? Ist die Anordnung eines Korridors ausreichend? Ist Spurfahren angezeigt (zwingt zu disziplinierter Fahrweise)?

Fragen über Fragen (der Katalog ist bei weitem nicht vollständig), die wir alle selbständig und eigenverantwortlich beantworten müssen. Es gibt keine Patentantworten, alles ist von den momentanen Verhältnissen abhängig, die sich täglich, ja stündlich ändern können. Bergsteigen ist vor allem auch eine eminent geistige Leistung (siehe Kapitel 16). Auch wenn wir noch so sorgfältig und gewissenhaft beurteilen, laufen wir doch ständig Gefahr, einer fatalen, menschlich allzu menschlichen Tendenz zu erliegen: nämlich eine vorgefaßte Meinung (heute ist alles okay, es wird schon gehen etc.) zu bestätigen. Wir finden dann überall im Gelände Hinweise und Anzeichen, die unserer Auffassung entsprechen – die anderen verdrängen wir einfach oder unser selektiver Wahrnehmungsapparat nimmt sie schon gar nicht wahr (siehe auch »Ballistisches Handeln«, Kapitel 16).

»Eine gefaßte Hypothese gibt uns Luchsaugen für alles sie Bestätigende und macht uns blind für alles ihr Widersprechende«

ARTHUR SCHOPENHAUER

Dagegen müssen wir ständig ankämpfen und bewusst nach Beobachtungen suchen, die unserer Meinung widersprechen: Es gilt dann, die günstigen und ungünstigen Anzeichen gegeneinander abzuwägen.

Die Alarmzeichen

Die größten Gefahren für uns Bergsteiger liegen nicht dort, wo sie der Laie vermutet – bei akuter Gefahr und labiler Schneedecke –, diese Situationen sind erstens selten und zweitens für den erfahrenen Bergsteiger relativ leicht erkennbar und dadurch vermeidbar (siehe Seite 134 und Kapitel 13). Die Gefährdung liegt vielmehr bei den viel häufigeren »mittleren« Gefahrenstufen, wo sich gute und schlechte Anzeichen die Waage halten; bei relativ tragfähiger Schneedecke, die einer großen Zusatzspannung (= größere Gruppe ohne Abstände) zu ihrer Auslösung bedarf und bei gut gesetzter Schneedecke mit schwacher Basisfestigkeit, die im wenig steilen Gelände gut trägt und erst ab einer gewissen Steilheit plötzlich und unerwartet bricht. In diesen Fällen ist die Erkennbarkeit der Gefahr bzw. die Vorhersehbarkeit wesentlich schwieriger als bei akuter Gefahr. Eigentliche Beweise für Lawinengefahr gibt es nur in Form von Lawinenaktivität. Fehlt dieser direkte und augenfällige Beweis, gibt es nur indirekte Hinweise und Anzeichen, und die Beurteilung der Gefahr gleicht in diesen Fällen dem Indizienbeweis in der Justiz mit der gleichen Irrtumswahrscheinlichkeit wie ebenda.
Welche Anzeichen in der Natur sind nun aber zuverlässig und welche nicht?
Da eine Klassifizierung der Erkennungsmerkmale in Bezug auf ihre Zuverlässigkeit in der Wissenschaft fehlt, sei hier ein erster Versuch gewagt, die Anzeichen (Spuren,

89 Schönwettersturm

90 Sturmgebänderter Schnee

91 Riss nach Wumm-Geräusch

Indizien, Signale, Merkmale, Anhaltspunkte) nach den bekannten Kriterien notwendig, hinreichend in folgende Hierarchie einzuteilen (Auswahl):

Notwendig und hinreichend:
- Wumm-Geräusche (?)

Hinreichend, aber nicht notwendig (überbestimmt):
- Fernauslösungen
- Spontanlawinen
- kritische Neuschneemenge überschritten
- plötzliche und massive Erwärmung

Notwendig, aber nicht hinreichend (unterbestimmt):
- steilste Hangpartie >30°
- gebundener Schnee auf Gleitfläche
- schwache Basisfestigkeit

Weder notwendig noch hinreichend:
- Triebschnee
- Schwimmschnee
- Exposition
- Geländeformen
- Kammlage

Gesucht werden notwendige und hinreichende äußere Anzeichen, die mit unseren Sinnesorganen wahrgenommen werden können.

Nur notwendige und hinreichende Anzeichen sind bei drohender Gefahr immer vorhanden!

Mit den Wumm-Geräuschen glaube ich ein solches Merkmal gefunden zu haben. Sie sind allerdings nur hörbar, wenn man sie in einer eigenen Spur provoziert und hie und da sind sie nur schwach hörbar. Wer nicht mit voller Aufmerksamkeit und mit gespitzten Ohren marschiert (in größeren Gruppen, wo fröhlich diskutiert und gesungen wird, ist dies gar nicht möglich), überhört diese Zeichen.
Auch bei starkem oder stürmischem Wind ist dieses Alarmzeichen nicht immer hörbar. Neben diesen hörbaren wären also sichtbare Anzeichen erwünscht als Ergänzung. Wer findet sie? Wumm-Geräusche sind wohl immer verbunden mit Rissen in der Schneedecke, aber diese Risse sind oft so weit weg vom Skifahrer, dass sie allzu leicht übersehen werden.

Als zuverlässige Alarmzeichen gelten heute:
- **Wumm-Geräusche und Risse beim Betreten der Schneedecke**
- **spontane Schneebretter**
- **Fernauslösungen**
- **Vibrationen in der Schneedecke (Zdarskys »gallertartiges Zittern«)**

Ist nur eine dünne Oberflächenschicht labil, ertönt anstelle des dumpfen bis dröhnenden Wumm-Geräusches ein helles **Zischen** (Sch...) mit derselben Bedeutung. Je dumpfer das Wumm-Geräusch, umso tiefer liegt der basale Scherbruch. Wumm-Geräusche sind bei »ERHEBLICH« typisch und bei »MÄßIG« selten.
Nach meiner Erfahrung können Fernauslösungen über einige Distanz bei »erheblicher Schneebrettgefahr« nur durch Lawinen und Ratrac provoziert werden. Hingegen sind Nahauslösungen durch Skifahrer bei »ERHEBLICH« möglich (siehe Kapitel 13), z. B. am Hangfuß. Erfolgen Fernauslösungen durch Skifahrer allein über größere Distanzen, muss auf »große Schneebrettgefahr« geschlossen werden. Fernauslösungen sind nur möglich, wenn große Flächen eine schwache Basisfestigkeit aufweisen.

Denken statt Schaufeln – Der Einzelhang-Check

Solange wir keine zuverlässige Methode zur Bestimmung der Hangstabilität haben (notabene die Wissenschaft auch nicht), müssen wir uns wohl oder übel anders behelfen. Wenn der Rutschkeil zur Einzelhang-Beurteilung nicht taugt, müssen wir nach einem Ersatz suchen. Bei dieser Suche stieß ich auf die Idee der Reduktionsmethode. Die Grundidee ist simpel einfach: Wir versuchen, mit klassischen Methoden das Gefahrenpotenzial der Gegend bzw. die Gefahrenstufe zu bestimmen (dafür sind sie tauglich), und für die Einzelhang-Beurteilung bedienen wir uns eines probabilistischen (wahrscheinlichkeitsorientierten) Kalküls. In diesem Kalkül kombinieren wir die wichtigsten Schlüsselvariablen (Gefahrenstufe bzw. Gefahrenpotenzial, Steilheit, Exposition, Gruppengröße, Abstände, Häufigkeit der Befahrung) und schätzen ab, wie unfallträchtig diese Kombination ist im Vergleich mit den

92 Der synthetische Blick erkennt den »Todgeilen Dreier« blitzartig: ERHEBLICH, über 40° (felsdurchsetzt), Sektor Nord. Beachte die Dünen unter dem Vorgipfel. Das Schneebrett wurde bei der Abfahrt durch einen Einzelgänger ausgelöst, nachdem mehrere Schneedeckentests auf dem Gipfelgrat als gut befunden wurden (kommt uns merkwürdig bekannt vor, wie sich die Beispiele doch gleichen ...).

Unfällen der Vergangenheit. Stichwort: Schlüsseldaten vernetzen (siehe Schlüsselvariablen S. 127).

Da die Reduktionsmethode zur Hauptsache auf Verzicht basiert, muss sie funktionieren (jede beliebige Methode, die den Bergsteiger zum Verzicht animiert, funktioniert). Der »Trick« der Reduktionsmethode besteht erstens darin, dem Bergsteiger zu zeigen, dass es vernünftiger ist, jeden Steilhang 30 Sekunden lang zu analysieren (Risikokalkül), als hie und da ein Profil zu graben, und zweitens, ihm einen eventuellen Verzicht schmackhaft zu machen, ihn zu überzeugen, dass die gewählte Kombination zu riskant ist (Messlatte) und drittens darauf hinzuweisen, dass es bei diesen Verhältnissen zahlreiche Optionen hat (Spielraum). Die meisten Kritiken zielen an diesen drei »Erfolgsrezepten« völlig vorbei.

Wenn ich die Unfälle analysiere, die trotz (oder wegen) des Rutschkeils oder Rutschblocks passiert sind, komme ich zur Erkenntnis, dass die »sture Rechnerei« mehr als die Hälfte der Versager verhindert hätte: 30 Sekunden systematisch nachdenken ist somit effizienter als 30 Minuten »stur schaufeln«.

Innerhalb des akzeptierten Restrisikos kann jeder nach seinen Bedürfnissen und Kenntnissen, seiner Erfahrung und Intuition das Risiko weiter vermindern. Man muss den Spielraum ja nicht jedes Mal voll ausschöpfen. Das Restrisiko muss nicht 1 sein, es darf auch kleiner sein.

Wer trotzdem auf Schneedeckenuntersuchungen und Rutschkeile nicht verzichten möchte, findet die nötigen Hinweise auf Seite 93 ff.

Auf keinen Fall dürfen wir auf Grund einer einzigen Schneedeckenuntersuchung einen Hang begehen, den wir ohne diese Untersuchung nicht begangen hätten!

Alle heute bekannten Schneedeckenuntersuchungen (Schneeprofil, Rutschkeil, Norwegermethode etc.) sind qualitativer Art, aus denen keine direkten Stabilitätsbeurteilungen für einen konkreten Einzelhang abgeleitet werden dürfen. Sie liefern uns aber u. U. wertvolle Aufschlüsse über die allgemeinen Schnee- und Lawinenverhältnisse in der Gegend (= lokales Filter).

Es ist wesentlich zuverlässiger, den Hang klassisch, nach alter Väter Sitte, zu beurteilen: Frische Triebschneeansammlungen, Einstrahlung, Höhenlage, Kammnähe, Hangform, Was ist über mir? Was ist unter mir? etc. und mit Hilfe von Erfahrung, Ortskenntnissen und Intuition eine JA/NEIN-Entscheidung zu treffen. Diese Entscheidung wird nur im Falle von JA = GEHEN mit der Reduktionsmethode überprüft. Ein klassisches NEIN kann also nicht mit der probabilistischen Reduktionsmethode umgebogen werden zu einem JA (das wäre ein klarer Missbrauch). Es ist aber möglich, dass aus unserem klassischen JA ein probabilistisches (und damit endgültiges) NEIN wird. Denn nur ein dreifaches DOPPEL-JA ergibt grünes Licht (siehe Abb. 82). Bei eher defensiver Tourenplanung wird die Reduktionsmethode in den meisten Fällen mit der klassischen Beurteilung übereinstimmen. Wer relativ oft Nicht-Übereinstimmung feststellt, sollte sich einmal ernsthaft prüfen, ob er nicht generell zu aggressiv plant. Die Messlatte (Restrisiko höchstens 1) ist ein objektiver Vergleichsmaßstab. Ich kenne Leute, die häufig bei Restrisiko 2 landen, vor allem Variantenfahrer und Surfer. Solange sie das auf eigenes Risiko tun, kann niemand etwas dagegen einwenden. Aber eine indiskrete Frage sei mir in diesem Fall erlaubt:

Wenn dir das Surfen solchen Spaß macht, warum verhältst du dich dann nicht so, dass du noch möglichst oft und noch möglichst lange surfen kannst?

KAPITEL 12

LAWINENGEFAHR IM SOMMER – EISLAWINEN

»Schneebretter bilden sich überall, wo Schnee liegt, auf jedem Hang, in jeder Lage, zu jeder Zeit, in den ganzen Alpen.«

Walter Flaig

Im Hochgebirge müssen wir die Lawinengefahr auch im Sommer beachten. Und zwar gibt es nicht nur die ziemlich zahlreichen nassen Lockerschneerutsche, sondern es können sich bei winterlichen Wetterbedingungen auch Schneebretter bilden wie im Winter.

Durch Neuschneefälle bei tiefer Temperatur und starken Winden entstehen in Hochlagen Triebschneeansammlungen und Schneebretter wie im Winter. Die kritische Neuschneemenge (siehe Kapitel 7) ist auch im Hochsommer gültig, wobei zusätzlich zu beachten ist, dass im Hochgebirge häufig

93 Mächtige Eislawine am Tilicho (Annapurna-Massiv)

Blankeis als sehr ungünstige Oberfläche vorhanden ist. Meist dauert die Gefahrenzeit nur kurz, weil die starke Sonneneinstrahlung und die allgemeine Erwärmung schnell eine günstige Verfestigung der Schneedecke bewirken. In Schattenlagen mit Blankeisunterlage kann die Gefahrensituation jedoch auch länger andauern.

Beispiele für Schneebrettunfälle im Hochsommer gibt es zuhauf. Einer der bekanntesten und größten ist jedoch der Unfall von ALEXANDER BURGENER, des »Königs der Bergführer«, der zusammen mit sechs Gefährten am 8. Juli 1910 unter der Berglihütte tödlich verunglückte und zwar am ersten schönen Tag nach mehrtägigem Schneesturm mit bis zu 1 m Neuschnee. BURGENER ließ sich von seinen Gästen unter Druck setzen und unternahm die Tour wider besseres Wissen. Der Schneebrettanriss betrug 2,50 m.

Auch bei dem Unfall am Dom am 1. August 1982 handelte es sich um den ersten schönen Tag nach einer Schlechtwetterperiode mit Schneefällen bis auf 2000 m herunter. Am Unfallort am Festigrat auf 4070 m war die kritische Neuschneemenge nur knapp erreicht (10 cm Neuschnee, stürmische Winde, Temperatur minus 8 bis minus 9 °C, Blankeis als Unterlage). Der Schneebrettanriss betrug 20 bis 40 cm. Das kleine Schneebrett riss vier Frauen in den Tod (Absturz mit anschließender Verschüttung).

Nebst Lockerschneerutschen und Schneebrettern sind es jedoch vor allem Eislawinen, die den Bergsteiger im Sommer bedrohen. Unter **Eislawinen** verstehen wir Lawinen, die durch den Abbruch und Absturz von Gletschereis entstehen. Bei genügender Fallhöhe bilden sich Staublawinen. Die Häufigkeit von Eislawinen ist abhängig von der Fließgeschwindigkeit der Hängegletscher und diese ist unabhängig von den Tagesschwankungen der Temperatur. Mit erhöhter Eislawinentätigkeit müssen wir hingegen nach größeren Schneefällen oder nach einer längeren Wärmeperiode rechnen (0°-Grenze wochenlang auf über 3500 bis 4000 m). Im Allgemeinen dürfte der Monat Juni die größte Eislawinentätigkeit aufweisen.

Nach meinem Dafürhalten ist der Monat Juni für Firn- und Eistouren sowieso die ungünstigste Jahreszeit: meist viel zu warm, sehr hohe 0°-Grenze, Schnee noch nicht zu Firn umgewandelt, am Morgen meist nur sehr oberflächlich gefroren, mühsam zum Spuren (vor allem im Abstieg), vermehrter Stein- und Eisschlag, Schneerutsche, Bäche, Wassereis. Es gibt wahrlich günstigere Jahreszeiten. Ausnahme: Bisenlage, dann außerordentlich günstig!

Eislawinen können zu jeder Tages- und Nachtzeit losbrechen. Sie sind unabhängig von den Tagesschwankungen der Temperatur. Eislawinen können sehr weit in die Ebene vorstoßen. Einzige Vorsichtsmaßnahme: den gefährdeten Bereich möglichst umgehen oder rasch passieren!

Einige der größten Sommer-Lawinenunfälle (ohne Eislawinen):

7. Juli 1964	Aig. Verte	14 Todesopfer
16. Juli 1974	Mt. Blanc du Tacul	8 Todesopfer
17. Sept. 1985	Lyskamm	6 Todesopfer
3. Aug. 1980	Lauteraarhorn	4 Todesopfer
1. Aug. 1982	Dom	4 Todesopfer

94 Auslösung durch Ratrac bei GERING, nach dem zahlreiche Variantenfahrer den Hang befahren hatten.

95 Auslösung durch Hund bei GROSS. Vorgängig zahlreiche Wummgeräusche und Risse beim Betreten der Schneedecke ...

KAPITEL 13

AUSLÖSUNG VON SCHNEEBRETTERN

»... Da! Ein lauter Knall! Ein Rasseln und Bersten.
Links über mir ... zuckte wie ein Blitz ...
ein Riss quer durch den Hang.
Der ganze Hang rumpelte krachend ab – urplötzlich!
Auf wohl 200 Meter Breite!«

Walther Flaig

»Schon im Augenblick des Anbrechens des Brettes vereinigen sich gleich drei besonders tückische Gefahrenmomente: der schlagartige und daher völlig überraschende sowie der vollständige Anbruch des ganzen Brettes mit großer Breitenwirkung. Urplötzlich ist die Gefahr da und überdies in ihrer ganzen Größe. Alle anderen Lawinen beginnen meist ganz klein, entwickeln sich allmählich wachsend aus oft winzigsten Ursachen. Beim Schneebrett aber werden sekundenschnell und explosionsartig ungeheuere Massen entfesselt. Der Vorgang gleicht dem Bersten einer Bombe.«

Walther Flaig

Die verschiedenen Arten der Auslösung

Wir unterscheiden zwischen spontaner und provozierter Auslösung:

Spontan

Auslösung durch natürliche Ursachen, ohne Einwirkung des Menschen, Selbstauslösung, objektive Gefahr.

Provoziert

a) **vorsätzlich:** künstliche Auslösung, zum Beispiel Sprengladung zur Sicherung von Skipisten, vom Menschen gewollt und planmäßig inszeniert zur Abwendung einer drohenden Gefahr

b) **unbeabsichtigt:** Auslösung infolge Überlastung der Schneedecke durch das Gewicht des Menschen, das eine Zusatzspannung erzeugt. Überbeanspruchung der Schneedecke. Überraschungsmoment: unerwartet, urplötzlich, wie ein Blitz aus heiterem Himmel.

Weitere Unterscheidungen

Fernauslösung

Der Auslösepunkt befindet sich weit außerhalb der Lawinenfläche. Typisches Merkmal für »große Schneebrettgefahr«. Die Distanz zwischen Auslösepunkt und Lawinenabgang kann mehrere hundert Meter betragen.

Nahauslösung

Auslösepunkt knapp außerhalb der Lawine. Verhängnisvoll, wenn sich der Auslösepunkt am Hangfuß befindet (siehe Abb. 88 und 101).

Verzögerte Auslösung

Es können mehrere Minuten verstreichen vom Bruchbeginn (zum Beispiel Wumm-Geräusch) bis zur eigentlichen Schneebrettauslösung, vergleichbar dem Glimmen einer Zündschnur.

Als Hauptursachen der Schneebrettauslösung gelten:

- stetige Gewichtszunahme: zum Beispiel Schneefall
- plötzliche Erschütterung: Sturz eines Skifahrers, Wächtenbruch, Lockerschneerutsch, Sprengung, Steinschlag
- Gewichtskonzentration auf kleiner Fläche: größere Gruppe ohne Abstände
- Aufschaukeln einer Schwingung: zum Beispiel im Schritt marschieren, rasantes Kurzschwingen, orkanartige Böen, zackiges und rhythmisches Absteigen ohne Ski
- Festigkeitsabnahme des Schnees durch Erwärmung
- Spannungszunahme durch Bewegungen der (trockenen) Schneedecke

Alle Schneebretter, ob trocken oder feucht, hart oder weich, haben einen linienförmigen Anriss, der Hunderte von Metern breit sein kann (das Schneebrett am Ruchstock vom 18.2.1990 war rund 1,5 km breit, der Lawinenlagebericht warnte an diesem Tag übrigens vor einer MÄSSIGEN Gefahr). Bei

96

97

96/97 oben: Auslösung durch rassigen Abfahrtsschwung

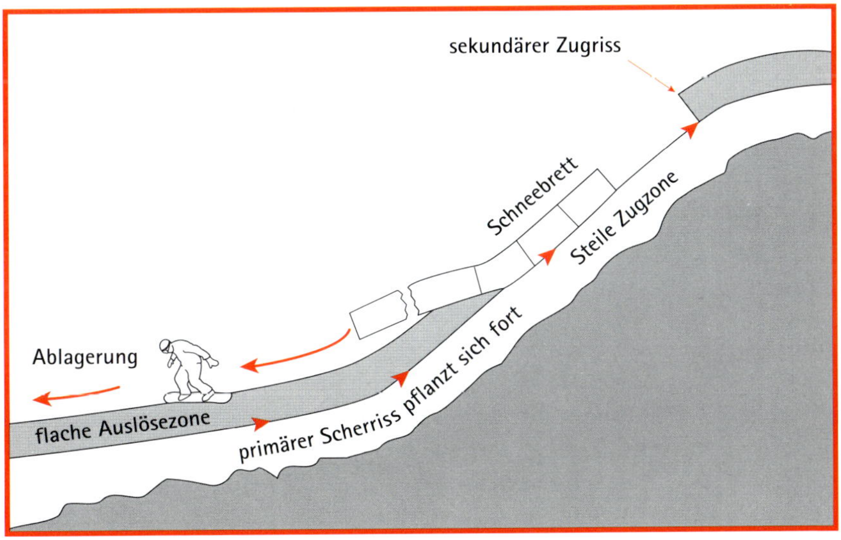

98 Auslösung am Hangfuss – die verhängnisvollste Fernauslösung. Ab ERHEBLICH möglich, ab GROSS wahrscheinlich

örtlicher Überlastung oder Festigkeitsabnahme bricht die gespannte Schneedecke (spontan oder provoziert) wie eine Windschutzscheibe, mosaikartig in Schollen zerbrechend. Die gesamte Schicht gleitet schlagartig ab (kein lawinenartiges Anschwellen). Die abgleitenden Schneemassen erreichen bereits kurz nach dem Start hohe Geschwindigkeiten (als flächenförmige Fließlawine bis 90 km/h). Das Schneebrett ist die typische Skifahrerlawine. Die Lockerschneelawine ist dagegen eher harmloser Natur und verschüttet nur sehr selten Skifahrer. Labile Schneedecken sind für den Skifahrer unter Umständen weniger problematisch als bereits etwas verfestigte, weil die Gefahr anhand der Lawinenaktivität leicht erkennbar ist: Wenn ich beispielsweise eine Fernauslösung provoziere, bin ich gewarnt (siehe Abb. 2).
Eine bereits etwas verfestigte Schneedecke ist in der Regel viel schwieriger einzuschätzen: Trägt sie einen, mehrere, viele Skifahrer? Es gibt keine Spontanlawinen und keine Fernauslösungen mehr, die uns aus sicherer Distanz warnen, und es braucht eine viel größere Zusatzbelastung, um das Brett auszulösen, und zwar direkt auf der Lawinenfläche. Vielleicht hat der Leiter den Hang allein mit einer »Testfahrt« geprüft oder eine kleine Gruppe hat den Hang kurz vorher begangen ohne Auslösung. Diese unterschwelligen Belastungsproben täuschen Stabilität vor und geben ein falsches Sicherheitsgefühl. Vielleicht löst sich der Hang erst, wenn sich eine größere Gruppe ohne Abstände mitten im Hang befindet: Dann werden alle mitgerissen und möglicherweise alle verschüttet. Dies dürfte einer der Gründe sein, weshalb in den letzten Jahren viele Gruppen als Ganzes betroffen wurden und niemand überlebte. Gerade bei mittelmäßigen Verhältnissen (MÄSSIG und ERHEBLICH) sind Entlastungsabstände besonders sinnvoll.

Seit vielen Jahren plädiere ich in Kursen dafür, bei hochwinterlichen Verhältnissen in Steilhängen generell Entlastungsabstände einzuhalten. Vergeblich – der Herdentrieb ist stärker!

Die notwendigen Bedingungen einer Auslösung

Die Ursache einer trockenen Schneebrettlawine ist eine gespannte Schneedecke (gespannte Falle), die durch eine Zusatzspannung (z. B. durch das Gewicht eines Skifahrers) oder durch Abnahme der Schneefestigkeit (z. B. durch Erwärmung) zum Bruch gebracht wird.
Die Schneedecke braucht eine beträchtliche Vorspannung, damit bereits durch eine verhältnismäßig kleine Zusatzspannung die Bruchlast erreicht wird:

große Vorspannung
+ kleine Zusatzspannung

= Auslösung

Die Auslösung eines Schneebretts ist an drei Voraussetzungen geknüpft. Ist nur eine dieser Bedingungen nicht erfüllt, ist ein Bruch nicht möglich.
Notwendige Bedingungen sind:

- genügend Steilheit (siehe Kapitel 11)
- gebundener Schnee auf kritischer Gleitfläche
- schwache Basisfestigkeit
(= basale Scherfestigkeit)

Damit sich Kräfte in der Schneedecke fortpflanzen können und damit Spannungen

entstehen, braucht der Schnee einen gewissen inneren Zusammenhang = **Kohäsion.** Der kritische Grenzwert zwischen locker/gebunden liegt innerhalb des Härtegrades »sehr weich« (Faust). Alles, was härter als Faust ist, ist gebunden (gebunden = zusammenhängend = kohärent). Ob die Kohäsion von sehr weichen Schichten für die Bildung von Schneebrettern ausreichend ist, prüfen wir mit dem **Schaufeltest:** Gebunden ist der Schnee dann, wenn ein ausgestochener Schneeblock auf der Schaufel bei leichtem Schütteln nicht zerfällt. Zerfällt er, handelt es sich um Lockerschnee, der die eher harmlosen Lockerschneerutsche entstehen lässt bei Hangneigungen über 35°. Aber aufgepasst: Der Lockerschnee hat möglicherweise bloß eine gespannte Falle zugedeckt und mit dieser Zusatzlast die Spannung vergrößert. Solche **eingeschneiten Schneebretter** sind sehr schwierig zu erkennen, weil sie ausgezeichnet getarnt sind.
Lockerschnee ist ein Ausnahmezustand. Es handelt sich meist um Neuschnee, der bei tiefen Temperaturen und wenig Wind fällt.

Windtransportierter Schnee (Triebschnee) ist immer gebunden. Auch Wumm-Geräusche lassen auf gebundenen Schnee schließen!

Lockerschnee kann sich innerhalb Stunden in gebundenen Schnee umwandeln. Das Phänomen Lockerschnee erklärt, warum man hie und da unmittelbar nach größeren Schneefällen Steilhänge befahren kann, in denen sich kurze Zeit später infolge Setzung Schneebretter bilden: Einer der Gründe, weshalb Skispuren notorisch unzuverlässig sind als Indikatoren für Lawinensicherheit. Hierher gehören auch die erfolglosen Sprengungen, die man zu früh unternimmt, bevor sich der Schnee etwas gesetzt und gebunden hat. Stunden später lösen sich plötzlich Schneebretter.

Bloße Setzung des Neuschnees – ohne gleichzeitige Bindung mit der Unterlage – ist lawinenbildend!

Die dritte Bedingung, die schwache Basisfestigkeit, können wir leider mit den uns zur Verfügung stehenden Mitteln nicht mit der nötigen Zuverlässigkeit eruieren. Kleinere Schwachstellen (Zonen) gibt es in jeder Schneedecke, bei allen Gefahrenstufen. Entscheidend ist jedoch die flächige Ausdehnung dieser Schwachstellen, und darüber sagt ein Schneeprofil (Querschnitt) gar nichts aus, dafür brauchten wir einen Längsschnitt.
Die frühere Lehrmeinung, dass eine in einem »repräsentativen« Profil gefundene Schwachstelle sei flächendeckend an allen »vergleichbaren« Hängen einer Gegend anzutreffen, lässt sich nicht länger aufrechterhalten. Erinnern wir uns daran: Gleiche RSP bzw. gleicher Schneedeckenaufbau können sehr unterschiedliche basale Scherfestigkeiten aufweisen. Entscheidend für die Schneebrettauslösung ist nicht der Schneedeckenaufbau (RSP bzw. Querschnitt), sondern die Verteilung der unterschiedlich stabilen Teilflächen (das Stabilitätsmuster), sowie die Anwesenheit einer Superschwachzone (siehe Kapitel 9).

Schockartige Belastungen als Auslöser

Wissenschaftliche Untersuchungen haben ergeben, dass Schnee bei schockartiger Belastung eine rund zehnmal geringere Festigkeit aufweist als bei langsamer und stetiger Krafteinwirkung (sog. kritische Verformungsgeschwindigkeit, siehe Kapitel 14).

Wir müssen also unterscheiden:

- langsame und stetige Steigerung der Belastung, zum Beispiel Neuschneefall
- schockartige Belastung (Ruck), zum Beispiel Sprengladung, rasanter Schwung oder gar Sturz eines Skifahrers, orkanartige Böen

Die Belastungen des menschlichen Körpers auf die Schneedecke werden von den meisten Skifahrern arg unterschätzt. Deshalb seien hier einige Merkwerte aufgelistet (Größenordnungen):

Aufstieg:	**1–2faches Gewicht**
Spitzkehre:	**2–3faches Gewicht**
rasanter Abfahrtsschwung:	**4–5faches Gewicht**
Sturz:	**6–7faches Gewicht**
Sprung über Wächte:	**10faches Gewicht**

In der Abfahrt belastet der Skifahrer die Schneedecke doppelt so stark wie im Aufstieg. Wenn ein Hang im Aufstieg gehalten hat, heißt das noch lange nicht, daß er auch der Abfahrt standhält!

Ein Sturz belastet die Schneedecke mit einer halben Tonne!

Neben der schockartigen Belastung gilt die **Gewichtskonzentration** als wichtigste auslösende Ursache bei Skifahrerlawinen, zum Beispiel größere Gruppen ohne Abstände. Immer dann, wenn man einer Schneedecke nicht ganz traut – und das ist im Hochwinter ein häufiger Fall –, sollte man zur Schonung der Schneedecke als Mindestmaßnahme **Entlastungsabstände** von mindestens 10 m einhalten (siehe Kapitel 14). Viel zu häufig sieht man auch größere Gruppen eng aufgeschlossen und im Schritt marschierend – wie ein militärischer Verband. Auf diese Weise belastet man die Schneedecke gleich auf zweifache Weise falsch:

- Gewichtskonzentration auf kleiner Fläche. Es ist ohne weiteres möglich, dass die Schneedecke pro Flächeneinheit beispielsweise 100 kg trägt, aber nicht ein Mehrfaches davon.
- Im Schritt marschieren erzeugt eine **Schwingung**, die die Eigenschwingung des Hangs aufschaukeln könnte bis zum Bruch (vergleiche Hängebrücke). Da die Schneedecke ein schwingungsfähiges Gebilde ist, scheint mir diese Spekulation nicht so abwegig. Mir ist jedenfalls nie wohl, wenn größere Gruppen eng aufgeschlossen und im Taktschritt hinter mir marschieren.
- Auch das Kurzschwingen scheint mir diesbezüglich eine ungünstigere Frequenz aufzuweisen als weit ausholende Schwünge. Vor allem wenn mehrere Skifahrer neben- oder übereinander synchron schwingen, können große Kräfte erzeugt werden.

Die Schneedecke ist ein zerbrechliches Gebilde – behandle sie so schonend wie möglich!

Über die Schwingungen in der Schneedecke scheinen einschlägige Untersuchungen zu fehlen. Maßnahmen zur Schonung der Schneedecke siehe Kapitel 14.

»Die nicht auszurottende, frevelhafte Unsitte, zu eng aufgeschlossen oder gar dicht beieinander zu gehen, hat unausbleiblich zur Folge, dass 3, 6, 8 Leute und mehr gleichzeitig verschüttet werden.«

W. PAULCKE

KAPITEL 14

VORSICHTSMASSNAHMEN IM GELÄNDE

»Es ist eine bittere Erfahrung, dass selbst Skitouristen mit großem Wissen und Erfahrungsstand über Wetter, Schnee und Lawinen nicht in jeder Situation eine sichere Route zu wählen imstande waren und selbst Opfer von Lawinen wurden. Der Hauptgrund liegt darin, dass bei Routenwahl und Spuranlage außerdem physische und psychische Faktoren mitwirken (Müdigkeit, aufkommendes Schlechtwetter, falsche Motivation, Gruppe verleitet zu größerem Risiko und Ähnlichem).«

Hannes Wieser

Ausrüstung

Zusätzlich zu einer gebirgstauglichen Berg- und Skiausrüstung braucht der Skifahrer, der sich im freien Skigelände bewegt, auch noch eine spezielle Lawinenausrüstung. Die Standardausrüstung besteht aus:

- **Schneeschaufel:** Nicht alle Modelle auf dem Markt sind lawinentauglich, Kehrichtschaufeln sind ungeeignet.
- **Lawinen-Verschütteten-Suchgerät** (LVS)
- **Lawinensonde** oder Skistocksonde
- **Fernglas**
- **Thermometer:** Ich habe lange nach einem tauglichen Thermometer gesucht. Glasthermometer sind nicht geeignet. Im Moment verwende ich ein Thermometer mit kreisförmiger Anzeige (wie ein Uhrzifferblatt) und Metall-Messsonde der Marke Rüeger mit einem Messbereich von minus 30 bis plus 70 °C (vom Optiker).
- **Maßstab** zur Neigungsmessung auf Landeskarten, z. B. Modell Ortovox
- **Schneesäge,** z. B. Modell Ortovox

Routenwahl und Spuranlage

Das heutige Gebirgsrelief – ein Werk der Erosion – ist reich gegliedert durch Felswände, Rampen, Terrassen, Ebenen, Grate, Rücken, Rippen, Rinnen, Schluchten, Täler, Mulden, Hügel, Trichter, Tröge und freie offene Hänge. In diese »krankhaften Auswüchse und unnatürlichen Geschwülste der Erdoberfläche« (Johnson's Dictionary 1755) eine eigene Spur hineinzulegen, die nebst Zielstrebigkeit auch Sicherheits-

99 Abgeblasene Rücken und triebschneegefüllte Rinnen. Bei solchen Situationen stur bleiben und Rücken und Kämme nicht verlassen

aspekte und ästhetische Gesichtspunkte berücksichtigt, gehört für mich zum Beglückendsten im Alpinismus – mindestens so schön wie die Abfahrt.

Der **Zeitaufwand** einer Skitour hängt stark von den Schneeverhältnissen, den vorhandenen Spuren und der Kondition der Teilnehmer ab und ist naturgemäß großen Schwankungen unterworfen. Als Faustregel mögen folgende Angaben von Nutzen sein: 1000 m Aufstieg 3 Stunden, Abfahrt 1 Stunde, Horizontaldistanz 4 km 1 Stunde. Beide Zeiten werden addiert. In diesen Zeiten sind die kurzen stündlichen Pausen eingeschlossen. Auf langen Touren sind zusätzliche längere Halte einzuplanen, zum Beispiel ausgiebige Gipfelrast. Vor allem an den kürzesten Wintertagen empfiehlt es sich dringend, genügend Zeitreserven für Unvorhergesehenes zur Verfügung zu haben, die Dunkelheit überrascht uns sehr schnell (siehe dazu auch Tabelle Seite 205).

Unter Routenwahl verstehen wir die großräumige Route vom Start zum Ziel, hier sind fast immer zahlreiche Varianten möglich, die man sich schon bei der Planung überlegen sollte, um bei unerwarteten Verhältnissen flexibel und rasch reagieren zu können. Die Spuranlage ist das kleinräumige Legen einer Spur innerhalb eines Hangs oder einer Geländeformation, hier sind Varianten nur sehr beschränkt oder unter Umständen gar nicht vorhanden. Immerhin ist es oft möglich, durch geschickte Spuranlage wenigstens der steilsten Hangpartie aus dem Weg zu gehen oder den Hangfuß nicht anzuschneiden, um die Schneedecke wirksam zu schonen (siehe Seite 162 ff.).

Bei Lawinengefahr kann es bei der Spuranlage auf den Meter ankommen. Falsche Spuranlage hat schon zu zahlreichen Lawinenunfällen geführt, die sich durch geringfügige Verlegung der Spur hätten vermeiden lassen!

Dieses **Geländegefühl**, das geschickte Ausnutzen des Terrains zu unseren Gunsten, geht leider zunehmend verloren. Optimal dem Gelände angepasste Spuren mit regelmäßiger Steigung und geschickt ausgewählten Wendepunkten sieht man nur noch selten (ist halt letztlich eine Intelligenzfrage). Man sieht es sofort (mit ein wenig Neid): »Der kann's, der ist eins mit dem Berg, für den ist der Berg ein Partner und kein Gegner«.

Ökonomisch und ästhetisch angelegte Spuren sind in der Regel auch lawinensicherer als die übertrieben sportlichen.

Bei der Routenwahl und Spuranlage sind folgende Prinzipien nach Möglichkeit zu beachten:

- benutze vorhandene Spuren nur, wenn sie optimal dem Gelände und den Lawinenverhältnissen angepasst sind
- die kürzeste Linie ist selten die beste
- Umwege nicht scheuen, zum Beispiel lieber in eine Ebene abfahren und jenseits wieder ein paar Meter aufsteigen als ohne Not einen schattigen Steilhang anschneiden
- Rippen und Rücken sind sicherer als Rinnen und Mulden
- angerissene Hänge mit »Fischmäulern« bevorzugen (siehe Abb. 30)
- Wächten krönen die Windschattenseite, das heißt sie hängen auf die ungünstige Seite über. Der Sprung von der Wächte in den Hang kann die Lawine auslösen!
- bei windverblasenen Hängen mit wenig Schnee nicht in die triebschneegefüllten Mulden und Rinnen ausweichen (siehe Abb. 99)
- lichter Wald und herausragende Felsblöcke schützen nicht vor Schneebrettgefahr; Hänge mit Sträuchern (Erlen, Birken, Latschen) meiden

Elementare Vorsichtsmaßnahmen

Da im Gebirge die Gefahr Null nicht existiert, wir also normalerweise von Gefahren umgeben sind, gehört diese normale Gefahr ohne Zweifel zum »erlaubten Risiko« im juristischen Sinne, vorausgesetzt, die elementaren Gebote des Gebirges werden eingehalten. Wer diese elementaren Spielregeln verletzt, kann auch bei günstigen oder normalen Verhältnissen Lawinen auslösen. Die zahlreichen Unfälle bei »mäßiger Gefahr« sind meist auf völlige Ahnungslosigkeit und Sorglosigkeit oder auf einen falschen Lawinenlagebericht zurückzuführen.

Der Zeitraum von geringer und mäßiger Gefahr umfasst ca. $^2/_3$ des Winters. In dieser Periode ist »alles erlaubt«, sofern

- keine Alarmzeichen vorhanden sind,
- die kritische Neuschneemenge nicht erreicht ist,
- die elementaren Vorsichtsmaßnahmen eingehalten werden.
- die Limits eingehalten werden

Folgende Maßnahmen sind grundsätzlich zu berücksichtigen:

1. LVS immer auf »senden«
2. Umgehen frischer Triebschneeansammlungen
3. Einplanung der tageszeitlichen Temperaturschwankungen im Frühjahr (gilt auch für Hüttenwege)
4. Laufende Überprüfung der Verhältnisse unterwegs

Da zahlreiche Faktoren, die man der Planung zugrunde gelegt hat, nicht statisch sind, sondern sich fortwährend verändern, ist unterwegs eine laufende Überprüfung nötig. Um den Risikostandard 1 einzuhalten, sind bei GERING **im extrem steilen und unverspurten Steilgelände** im Sektor Nord Entlastungsabstände zu machen, mindestens bei großen Gruppen.

Bei Beachtung der Alarmzeichen und Einhaltung der elementaren Vorsichtsmaßnahmen ist eine Lawinenauslösung bei geringer Gefahr sehr unwahrscheinlich. Die seltenen Ausnahmefälle ließen sich nur vermeiden, wenn man die gängige Praxis rigoros einschränken würde.

Maßnahmen zur Schonung der Schneedecke

Übersteigt die Gefahr offensichtlich das normale Ausmaß, sind konkrete Verdachtsmomente vorhanden, oder traut man einfach der Sache nicht ganz (vage Zweifel), werden zusätzlich zu den elementaren, von Hang zu Hang besondere, der jeweiligen Situation angepasste Vorsichtsmaßnahmen angeordnet.

Auch bei »mittlerer« Schneedeckenstabilität – vor allem bei unregelmäßiger Schneedecke – werden zusätzliche Maßnahmen zur Schonung der Schneedecke empfohlen. Die wirksamsten sind:

1. **Entlastungsabstände** einhalten (im Aufstieg mindestens 10 m, in der Abfahrt entsprechend der höheren Belastung mehr).
2. Die steilsten Hänge bzw. die steilsten Hangpartien umgehen.
3. Schockartige Belastungen meiden (Sturz, Umsprung). Der Stemmschwung belastet die Schneedecke weniger als Kurzschwingen. Bei Bruchharsch wird Spitzkehre empfohlen. Ein Sturz belastet die Schneedecke mit einer halben Tonne (siehe Kapitel 13).

Wir unterscheiden zwischen Entlastungs- und Sicherheitsabständen (auch Lawinenabstände genannt).

- **Entlastungsabstände** sollen die Auslösung der Lawine verhindern (Schadenverhütung). Sie können praktisch ohne Zeitverlust eingehalten werden, sie »kosten nichts« und sollten deshalb so oft wie möglich eingehalten werden, vor allem im Hochwinter in schattigen Steilhängen, die selten über alle Zweifel erhaben sind.
- **Sicherheitsabstände** sollen dafür sorgen, daß im Fall der Fälle nur eine Person betroffen wird, weil sich nur eine Person in der gefährdeten Zone aufhält Schadenverminderung). Aus Zeitgründen kommen Sicherheitsabstände im Aufstieg kaum in Frage, obwohl sie natürlich wirksamer sind als Entlastungsabstände. Eine kleine Rechnung: 100 m hoher Steilhang, Aufstieg rund 15 Minuten pro Person, macht für vier Personen eine Stunde. Aber zur Querung einer gefährdeten Rinne gehört die Maßnahme zum gängigen Repertoire, und auch in der Abfahrt wird sie häufig angewendet (einzelsprungweise von »Insel« zu »Insel«).

Oft ist die Anordnung eines **Abfahrtskorridors** mit klaren seitlichen Begrenzungen empfehlenswert. Disziplin in der Gruppe ist in unsicheren Situationen ein wesentlicher Sicherheitsfaktor. Straffe Führung (klare und begründete Anordnungen) verhindert Unfälle. Spurfahren ist eine bewährte Maßnahme, um Gruppen zu disziplinieren. Können bei Nebel oder schlechter Sicht Geländerelief und Steilheit nicht mehr richtig eingeschätzt werden, ist im unbekannten Gelände Umkehr angezeigt.

Wird versucht, einen labilen Hang von oben mit »Abtreten« auszulösen (eine heikle und unberechenbare Angelegenheit, vor alllem wenn man bei anfänglichem Misserfolg immer tiefer in den Hang gerät und plötzlich unerwartet Erfolg hat), drängen sich weitere Maßnahmen auf:

- Fangriemen entfernen
- Hände aus den Stockschlaufen
- Halstuch um Mund und Nase

Verhalten in der Lawine

Die oft empfohlene **Fluchtfahrt** aus der Lawine ist nicht nur in den meisten Fällen aussichtslos, sondern ein zusätzliches Risiko. Da sich die Schneedecke bewegt und in Schollen auseinanderbricht , ist ein Sturz sehr wahrscheinlich. In diesem Fall ist es praktisch unmöglich, sich der Stöcke und

100 Entlastungsabstände (mindestens 10 m) sollen die Auslösung der Lawinen verhindern.

Skier zu entledigen. Es dürfte in den meisten Fälle auch gar nicht möglich sein, in Bruchteilen von Sekunden das ganze Ausmaß des Schneebrettes zu erfassen. Unter Umständen fährt man nicht aus, sondern in sie hinein. Zudem erreichen Schneebretter bereits in der Startphase Geschwindigkeiten von mehr als 50 km/h. Nicht einmal Rennläufer schaffen dieses Tempo ohne Piste (und mit Rucksack), schon gar nicht auf einer zerbrechenden Unterlage.

Skistöcke fahren lassen und Skibindungen blitzartig öffnen ist die erfolgversprechendste Methode, um in einem selbstausgelösten Schneebrett an der Oberfläche zu bleiben!

Angeschnallte Skier wirken wie ein Anker, der den Körper während des Abgleitens der Schneemassen unweigerlich in die Tiefe zieht.
Meine persönlichen und hautnahen Erfahrungen in Schneebrettlawinen haben mir gezeigt, dass man ohne Stöcke und Skier eine reelle Chance hat, an der Oberfläche zu bleiben oder weniger tief verschüttet zu werden.
Völlig anders ist die Situation bei Spontanlawinen, die sich irgendwo oberhalb des Skifahrers gelöst haben. Befinde ich mich beispielsweise in einer Rinne und ich bemerke, wie sich von oben eine Lawine auf mich zu bewegt, dann ist ein Fluchtversuch an den Rand die nahe liegendste und erfolgversprechendste Reaktion. Solange man sich noch außerhalb der Lawine befindet, ist ein Fluchtversuch zu unternehmen. Die oft empfohlenen Schwimmbewegungen sind nur in kleinen Schneerutschen möglich – in einem ausgewachsenen Schneebrett mit zentnerschweren Blöcken macht kein Mensch mehr solche Armbewegungen. Die Schwimmbewegung verhindert auch die letzte wichtige Reaktion des Verschütteten: Die Arme vors Gesicht reißen, um sich einen Luftraum zu verschaffen.

Nach der Befreiung von Skiern und Stöcken Arme vors Gesicht reißen und sie mit aller Kraft in dieser Stellung halten: Das schafft uns die zum Überleben notwendige Atemhöhle!

Lawinenschnee ist meist erstaunlich hart, vor allem nasser Lawinenschnee friert kurz nach dem Stillstand zu einer harten Masse, aus der man sich sogar dann nur mit Mühe selbst befreien kann, wenn man nur teilweise verschüttet ist. Es gibt jedoch auch weiche Schneebretter, in denen man kurz nach dem Stillstand bei der LVS-Suche ohne Skier bis zu den Knien versinkt.

»Erst, ganz still und überraschend, der Rutsch, das Abbrechen des Schneebretts, dann die Vibration, der Boden gleitet unter den Füßen weg, danach Aufruhr, Durcheinander-Gewirbelt-Werden, schließlich Ruhe. Blutgefäße platzen unter der Haut, der zunehmende Druck verschont keinen Körperteil. Nase und Ohren sind verstopft. Die Augenlider – es ist unmöglich, sie zu öffnen. Der Mund ist halb mit Schnee gefüllt.
Wie zementiert presst der Schnee den Brustkorb. Kein Heben und Senken, nur die Elastizität der Lungen erlaubt ein wenig Atmen,
die Sparflamme des Lebens. Wo ist oben, wo unten? Überall ist eisiger Druck. Es ist die Stille,
die dich fertigmacht, und du weißt, jetzt musst du sterben.«

Manfred Brandtner

KAPITEL 15

DIE HÄUFIGSTEN FEHLER

»Ich warne an dieser Stelle ganz entschieden, bei Alpinunfällen vorschnell mit Kritik und nachträglicher Besserwisserei zur Hand zu sein. Dem Unglück anderer sollten wir mit Respekt begegnen, daraus zu lernen versuchen und nicht mit Überheblichkeit reagieren.«

Klaus Hoi

Bei vielen Lawinenunfällen wird im nachhinein darauf aufmerksam gemacht, die Verunglückten seien ausdrücklich gewarnt worden. Bei genauerem Zusehen entpuppen sich dann diese »Warnungen« nur allzu oft als bloße Vorbehalte oder als simple Auskünfte ohne eigentliche Gefahreneinschätzung. Es scheint deshalb dringend nötig zu sein, hier mit einer Klassifizierung Ordnung zu schaffen:

1. **Einfache Auskunft** ohne besondere Gefahreneinschätzung, zum Beispiel Orientierung über die Schneeverhältnisse vom skitechnischen Standpunkt aus (Pulverschnee, Bruchharsch, Windharsch, zuwenig Schnee etc.)
2. **Mahnung** zu erhöhter Vorsicht oder Vorbehalte in örtlicher und zeitlicher Hinsicht im Hinblick auf die Lawinengefahr
   - **örtlich:** vorsichtige Routenwahl empfohlen (vgl. Interpretationshilfe der Euro-Skala bei MÄSSIG), das heißt Umwege oder Umkehr unterwegs vorbehalten, falls ungünstige Anzeichen angetroffen werden, andernfalls ist die Tour möglich
   - **zeitlich:** Ratschläge zum Zeitplan, zum Beispiel früh starten, gegen Mittag zurück sein etc.

     Falls diese Vorbehalte befolgt werden, ist gegen die Tour nichts einzuwenden.
3. **Warnung:** Abraten von der Tour ohne Vorbehalte, ohne Wenn und Aber, zum Beispiel die Wendung im Lawinenlagebericht: »Skitouren abseits sicherer Routen sind bis auf weiteres zu unterlassen«. Damit ist ein klarer Verzicht von vornherein gefordert und eine Missachtung solcher Warnungen würde vom Gericht als fahrlässig qualifiziert.

Wenn wir die Unfälle der letzten Jahre analysieren, fällt auf, dass immer wieder dieselben Fehler gemacht werden. Es dürfte deshalb im Sinne der Vorbeugung nützlich sein, diese Fehler in Form einer Checkliste aufzuzählen:

- Unsorgfältige, fehlerhafte oder fehlende Tourenplanung
- Fehlende Informierung der Teilnehmer über die bevorstehenden Risiken (fehlendes Einverständnis der Teilnehmer)
- Mängel in der Ausrüstung (LVS, Schaufel, Sonde)
- Falsches Tourenziel: den herrschenden Wetter- und Schneeverhältnissen wenig angepasst, zu wenig Zeitreserve eingeplant, die Teilnehmer überfordernd
- Lawinenlagebericht nicht befragt oder falsch interpretiert
- Warnungen missachtet (eindeutige Aufforderungen zum Verzicht, nicht bloße Vorbehalte): Absperrungen auf Skipisten und Straßen mißachtet, Warnungen von Lokalexperten (Bergführer, Hüttenwarte und Ähnliche) in den Wind geschlagen
- Falsche Routenwahl: sicherere Route zum selben Ziel aus Bequemlichkeit abgelehnt, mögliche Umgehung eines gefährdeten Hangabschnitts nicht praktiziert, Möglichkeiten des Geländereliefs nicht optimal ausgenutzt bei der Spuranlage: zum Beispiel Mulden und Rinnen statt Rücken und Rippen, zu nahe am Hangfuß bei drohender Fernauslösung, flachere Hangabschnitte (zum Beispiel Terrassen) nicht benutzt etc.
- Alarmzeichen missachtet (Wumm-Geräusche und Risse beim Betreten der Schneedecke, Spontanlawinen, Fernauslösungen)
- Am ersten schönen Tag nach Schneefallperiode trotz kritischer Verhältnisse (mindestens »erhebliche Schneebrettgefahr«) in Steilhänge gewagt ohne Risikoabschätzung
- Falsches Timing, zum Beispiel im Frühjahr (bei Sulzschnee) zu spät gestartet, vor allem wenn Ost- bis Südhänge auf

101 Dieses tödliche Schneebrett wurde im flachen Vorgelände ausgelöst (Skispur rechts). Gefahrenstufe GROSS. Steilste Hangpartie ≈ 35° (Schatten)

dem Programm stehen oder bei Hüttenwegen
- Fehlende Abfahrtsdisziplin: im Weißen Rausch den Anordnungen des Leiters nicht Folge geleistet, zum Beispiel wildes Fahren statt diszipliniert im angewiesenen Korridor, zackiges Kurzschwingen statt weit ausholende Schwünge
- Bei abgeblasenen Rücken und Rippen die triebschneegefüllten Mulden und Rinnen aufgesucht
- Falsche Spuranlage oder Weg verfehlt wegen schlechter Sicht (diffuses Licht, Nebel, Schneefall, Dämmerung)
- Falsches Sicherheitsgefühl im lichten Wald oder in einem Hang mit herausragenden Felsblöcken
- Trotz »erheblicher« Gefahr Abfahrt nicht entlang der Aufstiegsroute; Überschreitungen schaffen Sachzwänge, zudem hat man im Aufstieg mehr Zeit zur Beurteilung
- Fehlende Entlastungsabstände bei knapper oder zweifelhafter Stabilität oder schwachem Schneedeckenaufbau
- Zu große Gruppe (große Gruppen sind bei kritischen Verhältnissen ein erhöhtes Risiko!)
- Erhöhte Risikobereitschaft im Vertrauen auf schnelle Rettung dank Funk und LVS

»Gesagt ist nicht gehört,
gehört ist nicht verstanden,
verstanden ist nicht einverstanden,
einverstanden ist nicht angewendet,
angewendet ist nicht beibehalten.«

Konrad Lorenz

KAPITEL 16

FAKTOR MENSCH – BERGSTEIGEN ALS GEISTIGE LEISTUNG

»Die Hauptgefahr beim Bergsteigen liegt nicht sowohl in den Eigenschaften des ›bösen‹ Berges als vielmehr in denjenigen der schlechten Kameraden. Wer mit unzuverlässigen Gefährten zusammenspannt, bringt die Gefahr mit sich hinauf in die Berge ...«

ANDREAS FISCHER

Da der Mensch seine Touren beliebig plant, seine Spuren im freien Skigelände willkürlich zieht und auch in den meisten Fällen »sein« Schneebrett selbst auslöst, stellt er den ausschlaggebenden Faktor einer Lawinenkunde für Skifahrer dar. Dieses »Humanpotential« hat man in der Prävention sträflich vernachlässigt.
Eine umfassende Schnee- und Lawinenkunde sollte auch **Menschenkunde** einschließen. Allzu lange hat man den **Faktor Mensch** auf diesem Gebiet unterschätzt und die **geistige Leistung**, die das Bergsteigen erfordert, verkannt. Alle drei Eckpfeiler der praktischen Lawinenkunde: Erkennen – Entscheiden – Verhalten sind in hohem Maße von kognitiven, emotionalen und sozialen Faktoren beeinflusst. Wahrnehmung, Informationsverarbeitung, Entscheidungsfindung und Verhalten in kritischen Situationen sind nicht primär physikalische Phänomene, und deshalb ist der Einbezug von psychologischen, soziologischen und erkenntniskritischen Perspektiven unbedingt erforderlich. Hauptaufgabe der praktischen Lawinenkunde ist die **Motivation zum Verzicht**, und das ist ein psychologisches Problem. Diese **interdisziplinäre Gesamtschau** ist vorderhand bloßes Wunschdenken. Hier gilt es, den traditionellen Alleinanspruch der technisch-naturwissenschaftlichen Disziplinen in ihre Schranken zu weisen. Mindestens so wichtig wie die Kenntnis der Metamorphose der Schneekristalle ist die Einsicht in die **Mechanismen unserer wettbewerbsorientierten Gesellschaft:** Der Führer, der mehr riskiert, genießt in der Gruppe höheres Ansehen – erlaubt ist letztlich, was gelingt! In solchen **gruppendynamischen Prozessen** liegt die Ursache zahlreicher Lawinenunfälle begründet, nicht unbedingt in der Fehlbeurteilung der Lawinengefahr. Die Erkennbarkeit der Gefahrenstellen »avec les moyens du bord« ist von zwei Voraussetzungen abhängig:

Faktor Natur

In der Natur müssen äußere Anzeichen vorhanden sein, die auf eine drohende Gefahr hinweisen und die mit unseren normalen Sinnesorganen wahrgenommen werden können.

Faktor Mensch

Wer die der Natur innewohnenden Gefahren selbständig abschätzen will, muss über mannigfache Kenntnisse und Fähigkeiten verfügen:

- langjährige (und verarbeitete) alpine Erfahrung
- nivologisches und meteorologisches Wissen
- selbständiges und eigenverantwortliches Denken
- scharfe Beobachtungsgabe, gute Sinnesorgane
- gutes Gedächtnis (reiche Erfahrung) und schlüssiges Analogiedenken zum Vergleich mit früheren Situationen
- kognitive Fähigkeit, komplexe und dynamische Vorgänge zu durchschauen (ganzheitlich vernetztes Denken)
- Intuition (Fähigkeit, auf Grund von unvollständigen und widersprüchlichen Informationen doch richtig zu entscheiden)
- kritische Selbsteinschätzung und menschliche Reife (man hat es nicht nötig, anderen zu beweisen, was man für ein Kerl ist, man kennt seine Grenzen)
- Entscheidungsfähigkeit in kritischen Situationen unter Zeitdruck und Risiko (»decision making under risk«)
- **Führungsqualitäten:** natürliche Autorität, Überzeugungskraft und Durchsetzungsvermögen, soziale Kompetenz, Kommunikationsfähigkeit, Teamfähigkeit, Rücksicht auf andere, Organisationsgabe und Improvisationstalent

102 Beglückendes Spuren

- **Taktik:** Spuranlage, Timing, rechtzeitige Anordnung von Vorsichtsmaßnahmen, vorausschauende Fähigkeit, Überblick, rechtzeitige Umkehr
- **Orientierungstalent** (Kartenlesen, Routensuche, Geländebeurteilung)
- **gute körperliche Kondition** (Müdigkeit beeinträchtigt die geistigen Fähigkeiten)

Obwohl die Liste keineswegs vollständig ist, zeigt sie doch mit aller Deutlichkeit, dass Bergsteigen den ganzen Menschen fordert und eine breite Palette von körperlichen, geistigen, psychischen, charakterlichen und sozialen Fähigkeiten und Begabungen nötig sind, um die simple Frage: Darf ich mit diesen Leuten bei diesen Verhältnissen diese Tour unternehmen?« mit der nötigen Sicherheit zu beantworten. Vor allem die situationsgerechte Umsetzung einer lawinenkundlichen Erkenntnis in verantwortliches Handeln unter Gruppendruck fällt oft schwer und verlangt vom Führer/Leiter einer Gruppe Überzeugungskraft und Durchsetzungsvermögen. Beim Gruppenbergsteigen muss unbedingt das soziale Umfeld und die **Gruppendynamik** in die Gesamtbeurteilung einbezogen werden:

- Kommunikation Leiter/Gruppe (in beiden Richtungen)
- Gruppendruck, Wettbewerb, Konkurrenz
- Disziplin in der Gruppe beim Einhalten von angeordneten Vorsichtsmaßnahmen
- Mentalität, Temperament (sportliche Draufgänger, Risikobewusste, Unbekümmerte, Ängstliche, Ehrgeizige etc.)
- Verhalten als Gruppe in kritischen Situationen
- **»Risky-shift-effect«,** das heißt die Bereitschaft größerer Gruppen, höhere Risiken einzugehen als Kleingruppen
- Aufklärung aller Beteiligten über die Risiken der geplanten Unternehmung und Einwilligung

Überhöhte Risiken werden am ehesten in folgenden Situationen eingegangen:

- nach früheren Misserfolgen

103 Schneebretter können ganze Bergflanken erfassen, vor allem bei der Gefahrenstufe GROSS.

- bei Wettbewerbssituationen
- unter Spezialisten
- unter autoritärer Führung (kein Mitspracherecht der Beteiligten)

Bei der strafrechtlichen Beurteilung von Lawinenunfällen werden selten körperliche Leistungsfähigkeit oder skitechnisches Können kritisiert, sondern organisatorische Belange, Beurteilungsvermögen, kognitive Fähigkeiten und Führungsqualitäten, das heißt eindeutig geistige Leistungen. Danach haben sich in Zukunft Ausbildungskurse von Alpinkadern vermehrt zu richten. Gefragt sind selbständige und reife Persönlichkeiten mit natürlicher Autorität und überdurchschnittlichen geistigen Fähigkeiten. Wissenschaftliche Untersuchungen haben gezeigt, dass die praktische Alltagsintelligenz am besten geeignet ist, um komplexe geistige Operationen zu bewältigen, d.h. eine Unmenge von Daten und Hinweisen zu erfassen, zu gewichten, zu verknüpfen und die so gewonnene Erkenntnis in situationsgerechtes Handeln umzusetzen. Diese skizzierte Intelligenz ist mit dem IQ nicht erfassbar.

»Bis zu einem gewissen Grade habe ich mich immer von meinen Instinkten treiben lassen. Natürlich hat man die Aufgabe, so viele relevante Fakten und Prognosen zu sammeln wie nur irgend möglich. Aber an einem bestimmten Punkt muss man den Sprung ins Ungewisse wagen. Erstens deshalb, weil die richtige Entscheidung falsch ist, wenn sie zu spät getroffen wird. Und zweitens, weil es in den meisten Fällen so etwas wie Gewissheit gar nicht gibt.«

LEECO IACOCCA,
amerikanischer Manager

Akademiker verhalten sich also im Gebirge nicht notwendigerweise klüger. Die Wirksamkeit dieser praxisorientierten Art des

104 Schneebrett im Hochgebirge. Beachte die Kammlage und das Blankeis als Gleitfläche. Was ist unter mir?

Denkens (analytisch und synthetisch zugleich) wird vor allem beeinflusst durch Selbstkritik, Verständnis im Umgang mit anderen, schlüssiges Denken in Analogien auf Grund reicher (und verarbeiteter) Erfahrung sowie durch die Fähigkeit, unter Stress und Zeitdruck richtige Entscheide zu fällen (»intelligenter werden in kritischen Situationen«). Diese praktische Intelligenz und Klugheit werden durch **Intuition** wirksam ergänzt (siehe auch Kapitel 17).

Ein besonderes Kennzeichen des »Gruppendenkens« (Janis) ist die Illusion der Unfehlbarkeit (Selbstüberschätzung, fehlende Selbstkritik). Ausgerechnet in unsicheren Situationen mit ungewissem Ausgang tendiert die kollektive Denkweise zu falscher Gewissheit (es wird schon gut gehen, uns passiert nichts), zum »Tunnelblick« auf das Phantom »Sicherheit«. Dieser Tunnelblick verstellt die Sicht auf Alternativen und Varianten und blockiert das spielerische Denken in Wahrscheinlichkeiten, weil man nicht gelernt hat, mit Unsicherheiten umzugehen.

»Il nous faut apprendre à vivre et penser avec l'incertitude. Le but n'est pas de baisser le taux d'incertitude comme on ferait baisser le taux de cholésterol, mais d'accroître notre possibilité de l'affronter.«

Edgar Morin, Soziologe

Gerade wir Bergsteiger, die wir gelernt haben, ein Ziel hartnäckig zu verfolgen und nicht bei der kleinsten unerwarteten Schwierigkeit umzukehren, laufen Gefahr, ins andere Extrem zu verfallen und »ballistisch« zu handeln. Ein einmal gefasster Entscheid wird stur durchgezogen bis zum bitteren Ende, auch wenn alle Anzeichen dagegen sprechen und wir unseren Entscheid auf Grund von neuen Beobachtungen längst revidieren müsste. Leo Maduschka berichtet, wie er mit dem Lawinenexperten Willy Welzenbach (der soeben bei Paulcke über das Thema Lawinen doktoriert hat), unterwegs ist zum Gletscher-Duncan: *»Wir rochen förmlich die Gefahr an den Steilhän-*

gen. Sechs Stunden geht alles gut, in der siebten aber, dreißig Meter unter der Spitze, reißt plötzlich, wenige Zentimeter hinter mir, dem ersten der jähe Gipfelhang. Willo, knapp mir auf dem Fuß, kann herausschwimmen, die zwei anderen stecken im Geschiebe der Schollen ...«.

Junger Mensch im Gebirg, Seite 136

Ein schönes Beispiel für das Eingehen überhöhter Risiken unter Spezialisten, die die Gefahr klar erkannt haben.

Heute laufen wir Gefahr, unsere in Hunderttausenden von Jahren programmierten elementaren Fähigkeiten und wundersamen Überlebensinstinkte zu verlieren und sie einzutauschen gegen primitive Instrumente, die uns im Gebirge nicht helfen.

»Mit einer computerangepasten binären Sprache und Denkweise schränken wir gerade die Teile unseres biologischen Gehirns ein, die dem Computer überlegen sind: die Analogieschlüsse, die Erklärung durch Beispiele (statt durch bloße Einordnung nach Klasse und Merkmal), die Kreativität, die Erkennung von Mustern und Konstellationen und die Intuition.«

Frederic Vester

Die RM hat sich diese »Muster und Konstellationen« zunutze gemacht (siehe »Unfallträchtige Muster und Limits«, Seite 128). Muster erkennen (pattern recognition) ermöglicht es uns sogar, **implizites Wissen** wie persönliche Erfahrung, gefühlsmäßige Routinen und privates Know-how (»das weiß man einfach«, »das kann ich nicht erklären, aber es ist so«) in explizites Wissen zu übersetzen und so an Dritte weiterzugeben. Ich fragte mich jahrelang: Warum gehe ich hier, aber dort nicht? Ich versuchte, mein diffuses Gefühl, meine innere Stimme, durch etwas Objektives und Anschauliches zu ersetzen, über das wir uns alle einig werden könnten. Erst meine neuartige **Unfallanalyse mit Rasterfahndung** zeigte auf, dass ich immer bei den gleichen Kombinationen aus Gefahrenstufe + Hangneigung + Hangexposition ein ungutes Gefühl hatte. Diese warnende »Stimme« konnte ich also ersetzen durch ein **explizites Muster**, und es so allen verfügbar machen. Es war somit möglich, Bergerfahrung weitgehend zu **formalisieren** und in Bilder, Begriffe und Zahlen zu fassen. Die Reduktionsmethode war geboren. Die selbst für Experten so schwer fassbare Stabilität der Schneedecke im Hang wird ersetzt durch **unfallträchtige Muster,** die auch von Laien spielend erfasst werden können. Dass ich damit jahrzehntelang angehäuftes Expertenwissen entwertete, möge man mir verzeihen ... Das Resultat ist verblüffend einfach und hat im Prinzip in einer Sprechblase Platz (siehe »Todgeiler Dreier«). Nicht noch mehr und detailliertere Informationen waren nötig, sondern Abspeckung auf das Wissen, das notwendig und hinreichend ist, um gute Entscheide zu fällen. Ich nenne dieses konkrete und handfeste Wissen **Handlungswissen** im Gegensatz zum abstrakten und akademischen Erkenntniswissen der Wissenschaft. In komplexen Situationen und unter Zeitdruck, erst Recht in Lebensgefahr, hat der Mensch die fatale Tendenz, in den Mutterschoß zurückzukriechen (Regression) und aus dem hohlen Bauch heraus zu entscheiden. Gerade in solchen **extremen Stresssituationen** können eingeübte **einfache Handlungsmuster** das Schlimmste verhüten. Die Limits sind auch bei Erschöpfung anwendbar, wenn alle anspruchsvolleren Methoden mit einer Vielzahl von Variablen glatt versagen. Gute Entscheidungsmethoden und praktikable Handlungsanleitungen müssen sich in Extremsituationen bewähren und nicht am Schreibtisch. In solchen Situationen bewährt sich das, was wir im Kopf haben, auswendig gelernt, immer wieder eingeübt, ohne Hilfsmittel und »Spickzettel«.

KAPITEL 17

ENTSCHEIDEN IN RISIKOSITUATIONEN

Grenzen der Erkenntnis

»Merkwürdig:
Der Mensch strebt nach Sicherheit und Geborgenheit,
er strebt aber auch nach Abenteuer und Risiko.
Dabei gilt:
Je sicherer er sich fühlt, desto größere Risiken
geht er ein.«

FELIX VON CUBE

Abenteuer oder Wagnis?

Das authentische Erlebnis Hochgebirge: Bergsteigen als Ausdruck spiritueller Verbundenheit des Menschen mit der Erde, die panische Dimension der ungezähmten Wildnis, die Begegnung mit kosmischen Mächten an Orten der Kraft, die Erregung des Geistes angesichts einer gigantischen Urlandschaft – das alles übt eine unwiderstehliche Anziehungskraft auf Menschen aus, je mehr die Gegend um uns herum zersiedelt, technisiert und reguliert wird. Nur in Wüsten und Urwäldern, auf Hochgebirgen und Ozeanen findet der Mensch noch Erfüllung seiner Sehnsucht nach unberührter Natur. Hier kann er sein Verlangen nach Abenteuer – Quintessenz des Lebens – noch stillen. Schönheit und Erhabenheit des Gebirges sind indes untrennbar mit Gefahren verknüpft.

Bergsteigen und Skitourenlauf gehören deshalb zu Recht zu den Abenteuer- und Risikosportarten wie Wildwasserfahren, Gleitschirmfliegen, Höhlenforschen, Tiefseetauchen und Hochseesegeln.

Abenteuerdurst und Risikolust sind Grunddimensionen unserer Existenz, und ohne Risiko gibt es kaum eine Erfüllung des menschlichen Lebens: »Das Abenteuer ist ein Konzentrat des Lebens« (Ernst Jünger) oder: »Dort oben erlebt man in einem Monat mehr als im Alltag während langer Jahre« (Jerzy Kukuczka). Dieses emotionale Grundbedürfnis nach Abenteuer und Spannung darf jedoch in unserer zivilisierten Gesellschaft nicht grenzenlos ausgelebt werden, jedenfalls nicht, wenn Dritte in Mitleidenschaft gezogen werden könnten. Justiz und Versicherungsgesellschaften unterscheiden zwischen »erlaubtem« und »unerlaubtem« Wagnis. Wer die Schranken zum unerlaubten Wagnis überschreitet und dabei Dritte schädigt, riskiert Strafe und Kürzung der Versicherungsleistungen.

Bergsteigen ist somit eine gefahrengeneigte Tätigkeit, die sich im Spannungsfeld zwischen Risikolust und Sicherheitsbedürfnis bewegt. Wo liegt nun aber diese Schranke und wer legt sie fest? Da die Gefahr Null im Gebirge nicht existiert, braucht es grundsätzlich einen politisch-gesellschaftlichen Konsens, welche erhöhten Risiken man (zugunsten höherer Werte) in Kauf zu nehmen gewillt ist und wo die Grenze zum unerlaubten (sozialinadäquaten) Wagnis anzusetzen ist. Wenn 100%ige Sicherheit nicht zu haben ist, muss die Frage: »Wie sicher ist sicher genug?« beantwortet werden. Diese Grenze zum unerlaubten Wagnis kann im Gebirge nicht genormt und in Prozenten quantifiziert werden, sondern muss der jeweiligen Situation angepasst werden. Als Größenordnung sei genannt, dass das Todesfallrisiko bei einer Matterhornbesteigung bei 1:300 liegt. Diese Risikoquote liegt also noch klar innerhalb des »Erlaubten«.

Beim Abwägen von Risikogrenzen ergibt sich nicht eine klare und starre Grenzlinie zwischen »gefährlich« und »sicher«, sondern eine elastische Grauzone, ein situativer Interpretations- und Ermessensspielraum. Selbst gleich kompetente, gleich qualifizierte und gleich erfahrene Experten können deshalb zu unterschiedlichen Ansichten kommen, ob die kritische Grenze überschritten wurde oder nicht. Die echten Entscheidungsprobleme im Gebirge stellen sich in Situationen, in denen es von vornherein keinen eindeutigen Expertenkonsens gibt. Diese **Unsicherheit** läßt sich folgendermaßen kennzeichnen:

- unvollständige Daten und Informationen
- widersprüchliche Indizien
- dynamisch-komplexe Zusammenhänge

- Unsicherheit, wie die Variablen in speziellen Situationen gewichtet werden sollen
- unregelmäßige Schneedecke
- zeitlich und örtlich überraschend auftretende Gefahrenstellen
- seltene und einmalige Situationen (keine Vergleichsmöglichkeiten)
- intuitive Ergänzung des lückenhaften Puzzles zu einem Gesamtbild nötig (im Nachhinein stellt sich dann vielleicht heraus, dass andere Ergänzungen möglich gewesen wären)

Die Frage der Grenzziehung auf einem so heiklen Gebiet ist von großer Tragweite und darf nur in Zusammenarbeit mit den interessierten Bergsteigerorganisationen und betroffenen Berufsverbänden entschieden werden. Über die Richtigkeit einer solchen Abgrenzung entscheidet weder ein wissenschaftliches Gremium noch ein Experte, sondern einzig und allein die Bewährung in der Praxis. Diese vage Grenze ist bisher vor allem durch die gängige Praxis mehr oder weniger »festgelegt« worden. Diese gängige Praxis wird von der Gesellschaft nicht bloß stillschweigend gebilligt, sondern den Ausübenden riskanter alpinsportlicher Tätigkeiten wird sogar besonderer Prestigegewinn in Aussicht gestellt. Die Grenze ist ferner historisch bedingt, sie wurde im Laufe der Zeit immer wieder stillschweigend dem Fortschritt der Alpintechnik angepasst. Was gestern noch als tollkühn galt, hat heute Clubtouren-Niveau.

Im Zweifel nie

Der scheinbar einleuchtende Grundsatz: »Im Zweifel nie« ist in einer Risikosportart nicht anwendbar, weil praktisch immer zumindest vage Zweifel vorhanden sind. Vor allem bei stiebenden Pulverschneeabfahrten in den steilen Schattenhängen bewegen wir uns mehrheitlich im Grenzbereich. Pulverschnee wird ja gerade deshalb geschätzt, weil er noch nicht verfestigt ist.

Die Frage in einer Risikosportart lautet daher: »Wie groß müssen die Zweifel sein, bis sich ein Verzicht aufdrängt?«. Diese Frage ist nicht eindeutig zu beantworten. Da die gesamte Schneedecke nur an wenigen Tagen des Winters über alle Zweifel erhaben ist, erfreut man sich auf Skitouren stets einer mehr oder weniger großen Unsicherheit.

Wer beim geringsten Zweifel umkehrt, macht keine Bergtouren, und wer trotz massiver Zweifel weitergeht, ist ein Dummkopf!

Angesichts dieses Dilemmas sind abgestufte Maßnahmen sinnvoll, je nach Ausmaß des Zweifels:

- bei vagen Zweifeln sind wenigstens die Maßnahmen zur Schonung der Schneedecke einzuhalten
- bei konkreten Gefahrenzeichen (zum Beispiel frische Triebschneeansammlung) umgeht man die fragliche Stelle
- bei eindeutigen Alarmzeichen kehrt man um oder wählt eine sichere Route (Hänge nicht über 30°)

Oft gilt es im Gelände, auf Grund von unvollständigen Informationen und widersprüchlichen Indizien und unter Zeitdruck Ja/Nein-Entscheidungen zu treffen. Dass es in solchen Situationen hie und da zu Fehlentscheidungen kommen muss, liegt in der Natur der Sache!

Jede alpinistische Tätigkeit im winterlichen Gebirge ist grundsätzlich gekennzeichnet durch **Unsicherheit** und Mehrdeutigkeit, mithin durch Risiko.

- gibt es nur gute Anzeichen oder überwiegen die guten die schlechten, ist die Gefahr gering

- halten sich gute und schlechte Anzeichen die Waage, ist die Gefahr mäßig = durchschnittlich = normal
- überwiegen die schlechten die guten Anzeichen, ist die Gefahr erheblich (kritische Situation)
- gibt es nur schlechte Anzeichen, ist die Gefahr groß bis sehr groß

*»The field of avalanche studies is imperfect and difficult to quantify ...
while quantifying factors
is science, it is truly an art to combine
almost intuitively all the many
variables into a forecast
of snow stability. Even in this
age of computer avalanche-forecast
models and satellite
transmission of weather and
snow data,
there is still an element of art:
wether ... it is the ski patroller
deciding to open slopes to the public ...
(or) the backcountry skier wondering
about the slope to be crossed,
all must make decisions –
occasionally life or death decisions ...«*

*Armstrong & Williams,
The Avalanche Book, Colorado 1986*

Empfindliche Wissenslücken

Obwohl die Lawine ein physikalischer Vorgang ist, der nach Naturgesetzen abläuft, sind die tatsächlichen Spannungsverhältnisse eines gefährlichen Lawinenhangs vor dem Abgang bis heute nicht messbar und der genaue Auslösemechanismus ist bis dato unbekannt. Deshalb ist die Tragfähigkeit bzw. Bruchlast einer Schneedecke im Steilhang (noch) nicht berechenbar.

Solange die Wissenschaft die lokale Schneebrettgefahr nicht mit der nötigen Genauigkeit vorhersagen kann, müssen wir Skifahrer die örtlich und zeitlich oft überraschend auftretende Gefahr selbständig und eigenverantwortlich beurteilen. Dabei sind wir auf unsere eigenen geistigen Fähigkeiten angewiesen. In der Praxis stellt sich somit die Frage, wie wir Bergsteiger unter Zeitdruck und mit primitiven Hilfsmitteln (andere gibt es nicht) die Tragfähigkeit eines Hangs abschätzen können, die die Wissenschaft (noch) nicht berechnen kann. Wir müssen mit Hilfe von Faustregeln die große Zahl von Variablen (veränderlichen Größen) und ihre schier unüberblickbaren Kombinationsmöglichkeiten auf einfache Alternativen reduzieren, die in den weitaus meisten Fällen[1]) richtige **Ja/Nein-Entscheidungen** erlauben.

Die Wissenschaft von der Beurteilung des Einzelhangs und von der Entscheidungsfindung in unsicheren Situationen steckt noch in den Kinderschuhen!

Über den »Stand des Wissens« in diesen Disziplinen fehlt bis zur Stunde eine zusammenhängende kritische Darstellung. Da die Grenzen der technisch-wissenschaftlichen Erkenntnismöglichkeiten auf diesem Gebiet bis jetzt kaum je öffentlich diskutiert wurden, bestehen hier falsche Hoffnungen. Die üblichen ingenieurtechnischen Berechnungen und Sicherheitsfaktoren für Baustoffe (Statik) sind in der Nivologie nicht anwendbar, weil das Ausmaß der Inhomogenität des »Baustoffs Schnee« umstritten ist. Hier sind dem rationalen Verstand und der sinnlichen

---

[1]) «in the avalanche game... there are rules that are right far more often than wrong, but in this game, exeption kills...
(Armstrong & Williams)

Wahrnehmung klare Grenzen gesetzt. Wir müssen wohl oder übel einsehen, dass wir die Natur auf diesem Gebiet nicht im Griff haben. Wer etwas anderes behauptet, ist ein Bluffer oder ein Scharlatan.
Bei Anwendung der in der Technik üblichen Sicherheitsnormen dürften wir bei »mäßiger Schneebrettgefahr« gar keine Skitouren machen.

Skifahren abseits der gesicherten Pisten gehört deshalb zu den Risikosportarten, weil die im Alltag geltenden Sicherheitsnormen im freien Skigelände nicht eingehalten werden können. Dieses erhöhte Risiko nimmt der Skitouren- und Variantenfahrer bewusst und freiwillig in Kauf, andernfalls muss er im Hochwinter auf stiebende Pulverschneeabfahrten in Steilhängen verzichten und seine sportlichen Aktivitäten auf Bruchharsch beschränken!

Sicherheitsoptimierung und unvermeidbares Restrisiko

Da der Bergsteiger bewusst und freiwillig ein mehr oder weniger großes Risiko in Kauf nimmt, kann es sich bei der Festlegung des »erlaubten« Risikos nicht um eine Maximierung der Sicherheit handeln, denn maximale Sicherheit anstreben hieße auf Bergtouren verzichten.
Die Grenzziehung stößt beim Bergsteiger nur dann auf breite Akzeptanz, wenn dabei nicht bloß statistische Gesichtspunkte im Sinne einer Sicherheitsmaximierung, sondern auch touristische im Sinne eines akzeptablen Spielraums berücksichtigt werden. Es gilt also, ein Gleichgewicht zu finden zwischen den sich widersprechenden Forderungen nach »möglichst großer Sicherheit« und »möglichst großem Spielraum«. Dieses Abwägen eines Kompromisses zwischen gegensätzlichen Forderungen nennt man **Optimierung** (siehe Abb. 107).

»Vergessen wir den Leitgedanken beim Bergsteigen, das Risiko auf ein Minimum zu reduzieren. Bekennen wir uns dazu, das Risiko zu optimieren. Wer maximales Risiko sucht, ist dumm und bald tot. Wer maximale Sicherheit sucht, ist scheintot. Denn Risiko gehört zum Leben. Leben ist Risiko.«

Luis Töchterle

Diese Optimierung geschah in der gängigen Praxis durch »Versuch und Irrtum« im Verlaufe der Jahrzehnte. Es ist ferner einsichtig, dass die Grenze nicht für alle Bergsteiger am gleichen Ort liegt. Wer große alpine Erfahrung hat und über ein kompetentes lawinenkundliches Wissen verfügt, darf Touren »riskieren«, die für Anfänger oder wenig Erfahrene längst »jenseits des Erlaubten« lägen. Auch durch geschicktes Verhalten im Gelände kann man die kritische Grenze verschieben bzw. die **Auslösewahrscheinlichkeit** wirksam reduzieren, beispielsweise durch Anpassung der Gruppengröße, optimale Routenwahl und Schonung der Schneedecke.
Aber auch nach sorgfältigster Beurteilung der Situation nach den Regeln der Kunst (Formel 3 x 3) und bei geschicktestem Verhalten im Gelände bleibt ein unvermeidbares Restrisiko übrig:

»Das nach allen Vorsichtsmaßnahmen verbleibende Risiko heißt Restrisiko. Durch bessere Kenntnis und Erfahrungen kann es wohl kleiner, aber nicht zu Null gemacht werden. Wenn also von »sicher« die Rede ist, so kann dies nur eine Situation charakterisieren, welche ein vernachlässigbares, aber trotzdem bestehendes Risiko in sich

birgt. Man hat also ein Sicherheitsmaß bzw. ein Restrisiko festzulegen, das man gewillt ist zu akzeptieren.«

BRUNO SALM, EISLF

Die Reduktionsmethode ist der erste Versuch, das akzeptierte Restrisiko zu quantifizieren (siehe Kap. 18). Dass sich auch vernachlässigbare« Restrisiken zum 100 %igen Unfall realisieren können, wird im folgenden Kapitel gezeigt.

Das Gesetz von Murphy

Das Gesetz von Murphy gilt für alle Lebensbereiche, also auch für Bergsteiger. Es sagt lapidar, dass alles, was schief gehen kann, früher oder später garantiert schief geht, vielleicht schon das nächste Mal. Man kann es auch formaler ausdrücken: minimales Restrisiko x große Anzahl = Katastrophe.
Ein noch so kleiner Irrtum oder Fehler wird sich also, wenn er nur genügend oft wiederholt wird, früher oder später zur Katastrophe summieren. Das einzig sichere am Restrisiko ist sein Eintreffen.
Je öfter man das minimale Risiko eingeht, umso wahrscheinlicher wird die Katastrophe. Dies erklärt das Rätsel, weshalb auch sehr erfahrene Bergführer hie und da von Lawinenunfällen betroffen werden. Sie sind immer und immer wieder (ein ganzes Leben lang) gezwungen, kleine Risiken einzugehen, weil es 100 %ige Sicherheit im Gebirge nicht gibt. Diese an sich sehr kleinen (»vernachlässigbaren«) Risiken summieren sich im Laufe der Zeit zum Unfall, beim einen früher, beim anderen später. Keiner ist dagegen gefeit! Das Gesetz von MURPHY erlaubt die Voraussage, daß das ungewisse Ereignis früher oder später mit Sicherheit eintreffen wird, aber nicht wann und wo. Das Schicksal ist unerforschlich, es im Voraus zu kennen, wäre unserem Leben abträglich. Dass das Leben an sich lebensgefährlich ist (in den Bergen vielleicht noch ein bißchen gefährlicher als im täglichen Leben), macht es erst spannend und abenteuerlich und damit lebenswert. Die tragische Möglichkeit, »unschuldig schuldig« zu werden, ist das Pfand, das wir für unsere Willensfreiheit hinterlegen müssen. Dieses Pfand werden einige von uns – stellvertretend für alle übrigen – früher oder später einlösen müssen.
Das Restrisiko scheint jener winzige Freiheitsgrad zu sein, der es dem Schicksal erlaubt, den Naturgesetzen zum Trotz überall und jederzeit voll ins Räderwerk des Homo faber einzugreifen.

Die Unberechenbarkeit der elementaren Naturgewalten

Lawinen sind **Naturkatastrophen** wie Stürme, Überschwemmungen, Bergstürze, Erdrutsche und Erdbeben. Ort und Zeitpunkt solcher Ereignisse sind von der Wissenschaft nicht vorhersehbar. Es ist immer noch leichter, eine Sonnenfinsternis Tausende von Jahren auf die Minute genau vorherzusagen als einen schneebedeckten Steilhang auf seine Tragfähigkeit bzw. Bruchlast zu prüfen. Die Wissenschaft ist nur imstande, Wahrscheinlichkeiten für den Eintritt eines katastrophalen Ereignisses zu berechnen, ob und wann es aber eintritt, bleibt offen. Wie wertvoll solche Wahrscheinlichkeitsprognosen sind, mag jeder selbst entscheiden. Hier zwei typische Beispiele:

- »Die Wahrscheinlichkeit, dass sich der Nebel auflöst, beträgt 40 %« (aus einer Wetterprognose).

- »Im Santa-Cruz-Abschnitt wird es innerhalb der nächsten dreißig Jahre mit 30%iger Wahrscheinlichkeit zu einem großen Erdbeben kommen« (aus einer Erdbebenprognose).

Da solche Vorhersagen nur im nachhinein überprüfbar sind (retrospektive Antizipation), ist ihr Wert für die Entscheidungsfindung ein relativer; zudem ist die Aussage, dass sich der Nebel mit einer 40%igen Wahrscheinlichkeit auflöst, so nahe am Zufallsergebnis (löst sich auf/löst sich nicht auf: fifty/fifty), dass man damit kaum etwas anfangen kann.
Bei der Einschätzung der Lawinengefahr sind dem menschlichen Geist klare Grenzen gesetzt. Wetter und Lawinen sind den Launen der Natur unterworfen. Diese teilweise chaotischen Zustände entziehen sich vorderhand den Methoden der exakten Naturwissenschaft. Vielleicht bringt uns die moderne Chaosforschung auch auf unserem Gebiet neue Erkenntnisse. Zur Abschätzung der Lawinengefahr sind Dutzende von Größen zu ermitteln, zu gewichten und ihre Wechselwirkungen zu berücksichtigen. Die Gewichtung der Faktoren ist in jeder Situation anders, weil es keine identischen, sondern bloß ähnliche Fälle gibt. Die Beurteilung der Lawinengefahr gleicht in gewisser Hinsicht dem Indizienbeweis in der Justiz, dem immer eine mehr oder weniger große Unsicherheit anhaftet, was hie und da zu Justizirrtümern führt. Sie ist auch mit einer medizinischen Diagnose vergleichbar. Auch hier kommen infolge der Komplexität der Materie unrichtige Diagnosen vor, auch wenn der Arzt die Regeln der Kunst beachtet und alle nach den Umständen gebotenen Untersuchungen nach bestem Wissen und Gewissen und auf dem neuesten Stand der Forschung vorgenommen hat. Da es auch auf diesem Gebiet keine identischen Fälle (Patienten) gibt, sind Gewichten und In-Beziehung-Setzen der einzelnen Parameter immer anders und Irrtümer auch im Zeitalter der Computer und Expertensysteme nicht auszuschließen. Wir befinden uns hier im Reich der Kasuistik, wo Statistiken und Normen den Einzelfall nur ungenügend erhellen und wo Gespür und Intuition nach wie vor unersetzbar bleiben. Dieses »stille Wissen« (Polanyi), die Erkenntnis, die wir der Erfahrung und Intuition zu verdanken haben, sind nur schwer an Dritte zu vermitteln, außer wenn es uns gelingt, sie in Muster zu übersetzen (siehe Seite 174).
In diesem Spannungsfeld zwischen Wissenschaft (Statistik) und Erfahrung (Kasuistik) arbeitet die praktische Lawinenkunde. Es ist verständlich, dass mit einer solchen stark auf Empirie ausgerichteten Lawinenkunde hie und da Fehleinschätzungen unvermeidbar sind. Vor allem dort, wo mikroklimatische Witterungseinflüsse zu kleinräumigen Unregelmäßigkeiten in der Schneedecke führen, die äußerlich nicht sichtbar sind und nur mit Dutzenden von aufwendigen und riskanten Schneedeckenuntersuchungen zu erkennen wären.

»*Das zentrale Problem bei der Lawinengefahr ist das ihrer Erkennbarkeit. Die wissenschaftlichen Experten geben zu, dass es unmöglich ist, exakte Prognosen zu erstellen. Die kaum faßbaren Eigenschaften ›Gespür‹ und ›Erfahrung‹ scheinen nach wie vor die wichtigsten Qualitäten für das Erkennen der Lawinengefahr zu sein, wobei das ›Gespür‹ oder der ›Lawineninstinkt‹ nicht angeborene individuelle Eigenschaft, sondern letztlich das Ergebnis von Erfahrung ist. Die großen Unsicherheitsfaktoren und Unwägbarkeiten bei der Beurteilung der Lawinengefahr machen die Lawine zur tückischsten Gefahr im alpinen Skilauf. Und so werden immer wieder handfeste Prognosen verantwortungsbewusster Experten von Lawinen hinweggefegt. Lawinen kümmern sich nicht um Prog-*

nosen, auch nicht um solche von Kapazitäten. Die Menschen sind zwar in der Lage, Flüge in den Weltraum genau zu berechnen und zu steuern, sie sind aber nicht in der Lage, täglich abrollende komplexe Vorgänge in der Natur in physikalisch-mathematische Formeln zu zwängen und vorauszuberechnen. Das Losbrechen einer Lawine hängt von einer Vielzahl von Faktoren ab, die zum Großteil weder messbar noch berechenbar sind und deren Zusammenwirken nicht exakt einschätzbar ist.«

JOSEF PICHLER, Oberrichter in Graz

Einem Lawinenunfall geht immer eine **Fehleinschätzung** voraus, die man im nachhinein (ex post) meist meteorologisch-nivologisch-topographisch begründen kann. Aber diese Erklärbarkeit ex post darf nicht mit Vorhersehbarkeit ex ante gleichgesetzt werden. Im Nachhinein ist man immer klüger.

Es ist mir in 25 Jahren intensivster Beschäftigung mit der Materie Schnee nicht gelungen, einen x-beliebigen Steilhang völlig zuverlässig (das heißt ohne beträchtliches Restrisiko) zu beurteilen und ich habe auch niemanden kennen gelernt, der dies leistete. Im Gelände draußen schmelzen Wissenschaft und Gelehrsamkeit wie Schnee an der Märzensonne und alle kochen bloß mit Wasser, auch wenn es einige H_2O nennen mögen. Alle Personen, die im Nachhinein und vom vollklimatisierten Büro aus einen Lawinenunfall beurteilen, sollten sich die Unberechenbarkeit der **elementaren Naturgewalten** stets vor Augen halten, denen wir in den Bergen ausgeliefert sind.

Angesichts

- der Fülle der Erscheinungen,
- der oft widersprüchlichen oder gar fehlenden Indizien,
- der meist lückenhaften Informationen,
- der kaum überschaubaren Wechselwirkungen der Parameter,
- der Variabilität der Schneedeckenstabilität (oft auf kleinstem Raum),
- des bescheidenen Standes der Forschung in Bezug auf die Abschätzung der Tragfähigkeit eines Einzelhangs,
- des Eingeständnisses, dass jede Einschätzung der Lawinengefahr bloß den Rang einer Prognose hat mit der entsprechenden Irrtumswahrscheinlichkeit
- und der Tatsache, dass sich auch ausgewiesene Experten in dieser Materie immer wieder irren,

wäre es angezeigt, bei der Beurteilung der Vorhersehbarkeit der Lawinengefahr angemessene Zurückhaltung zu üben. Die Kapazität des menschlichen Gehirns ist angesichts der Komplexität der Natur ganz einfach hie und da überfordert.

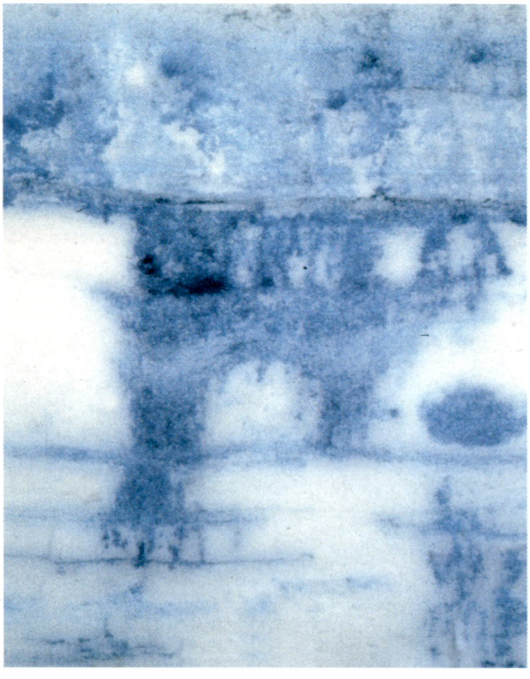

105 Einsickern von gefärbtem Wasser in die Schneedecke. Die Aufnahme zeigt die Unregelmäßigkeit der Schneedecke auf kleinstem Raum.

KAPITEL 18

RECHTLICHE ASPEKTE EINES LAWINENUNFALLS

Ansätze zu einer forensischen Nivologie

»Eine lebensnahe Rechtspraxis muss berücksichtigen, dass Bergsteigen und Skifahren im freien Gelände von der Gesellschaft gebilligte, besonders gefahrengeneigte Tätigkeiten sind, wo nicht jeder Unfall seinen Täter hat.«

Josef Pichler

Vorhersehbarkeit und Fahrlässigkeit

»Wer fahrlässig den Tod eines Menschen verursacht, wird mit Gefängnis oder Buße bestraft«. Auf diesen lapidaren Satz des StGB stützt sich das Strafrecht bei der Beurteilung von schweren Bergunfällen.

UNFALL	
Strafrecht	Zivilrecht
Strafgesetzbuch StGB	Obligationenrecht OR
Schuld und Strafe	Haftpflicht, Schadenersatz
Gefängnis oder Buße	»es geht um Geld«

Tötung und schwere Körperverletzung eines Mitmenschen sind nicht Antrags-, sondern Offizialdelikte, das heisst die Staatsanwaltschaft ist von Gesetzes und von Amts wegen verpflichtet, eine Untersuchung anzuordnen. Diese Voruntersuchung wird von einem Untersuchungsrichter (UR) durchgeführt. In dieser Phase wird nötigenfalls auch ein Gutachten bestellt. Auf Grund dieser Abklärungen wird das Verfahren entweder eingestellt (mangels genügender Hinweise für Fahrlässigkeit) oder es wird von der Staatsanwaltschaft Anklage erhoben und damit ein strafrechtliches Verfahren eingeleitet. Ein Bezirks-, Amts- oder Kreisgericht wird nun den Fall in erster Instanz beurteilen. Das Urteil kann sowohl vom Verurteilten als auch von der Staatsanwaltschaft angefochten und an die nächsthöhere Instanz gezogen werden, ans Kantons- oder Obergericht. Die dritte und oberste Instanz ist das Bundesgericht. Mit diesem Strafprozess darf das zivilrechtliche Verfahren nicht verwechselt werden. Hier geht es um Haftpflichtansprüche und um Schadenersatz, also um Geld.

Die Beweislast liegt bei beiden Verfahren beim Kläger, beim Strafrechtsprozess und somit beim Staat bzw. der Staatsanwaltschaft (siehe Seite 186 f.).

Die Staatsanwaltschaft tritt als Kläger auf, ist also Partei. Ihr gegenüber steht der Angeklagte mit dem Verteidiger. Über diesen beiden Parteien steht der unparteiische Richter. Für eine Verurteilung sowohl im straf- als auch im zivilrechtlichen Verfahren muss ein Verschulden vorliegen (bei Lawinenunfällen meist eine Verletzung von Sorgfaltspflichten) und der Kläger muß den Verschuldensnachweis erbringen. Es geht hauptsächlich um die Frage, ob der Angeklagte fahrlässig gehandelt hat. Bei einem Lawinenunfall sind Vorhersehbarkeit und Fahrlässigkeit besonders eng verknüpft, d. h. die Vorhersehbarkeit ist die conditio sine qua non (unerlässliche Voraussetzungen):

Fahrlässigkeit ist dann – und nur dann – gegeben, wenn die Gefahr vorhersehbar und damit vermeidbar gewesen wäre. Irrtümer und Fehleinschätzungen innerhalb des üblichen Ermessens- und Interpretationsspielraums sind demzufolge nicht strafbar!

Diese Vorhersehbarkeit muss von der Staatsanwaltschaft bewiesen werden. Ob dieser Vorhersehbarkeitsbeweis mit einer für eine strafrechtliche Verurteilung genügenden Sicherheit erbracht wurde, entscheidet der Richter. Im Zweifelsfalle müsste er zugun-

sten des Angeklagten entscheiden (in dubio pro reo).

»Die Frage der Vorhersehbarkeit spielt die Rolle einer Haftungslimitierung: Hat man die Gefahr, die den verpönten Erfolg bewirkte, im voraus überhaupt nicht erkennen können, trifft den Schädiger für sein Verhalten keine Verantwortung.«

JÜRG NEF, Haftpflicht und Versicherungsschutz des Bergsteigers, Zürich 1987

Die Fahrlässigkeit wird von der Justiz wie folgt definiert:
»Ist die Tat darauf zurückzuführen, dass der Täter die Folge seines Verhaltens aus pflichtwidriger Unvorsichtigkeit nicht bedacht oder darauf keine Rücksicht genommen hat, so begeht er das Verbrechen oder Vergehen fahrlässig. Pflichtwidrig ist die Unvorsichtigkeit, wenn der Täter die Vorsicht nicht beachtet, zu der er nach den Umständen und nach seinen persönlichen Verhältnissen verpflichtet ist.«

Jeder, der Menschen im Gebirge führt, ob gegen Entgelt oder unentgeltlich, ist für das Leben der ihm Anvertrauten verantwortlich. Bergführer, Tourenleiter, Jugend+Sport-Leiter, Lagerleiter etc. haben zudem eine **Garantenstellung** inne. Diese besondere Vertrauensstellung bedingt eine sorgfältigere und bedachtere Tourenvorbereitung, als wenn man mit gleichwertigen Bergkameraden eine Bergtour unternimmt.

Mit Jugendlichen darf man nicht dieselben Risiken eingehen wie mit Erwachsenen!

Die juristische Fahrlässigkeitsdogmatik wurde vor allem anhand von Straßenverkehrsunfällen entwickelt, und es ist unzulässig, diese Begriffe und Vorstellungen, die aus einer weitgehend technisch beherrschten, gesetzlich geregelten, rationalisierten und normierten Zivilisation stammen, auf ungezähmte Naturereignisse zu übertragen, deren Gesetzmäßigkeiten noch zu wenig erforscht sind, um zuverlässige Prognosen erstellen zu können. Da Lawinenunfälle selten sind, hat sich noch keine spezifische Fahrlässigkeitsdogmatik und keine forensische Nivologie entwickeln können.

Irrtum ist nicht strafbar

Für eine nicht erkennbare Gefahr kann niemand strafrechtlich belangt werden – das wäre **Kausalhaftung**, die dem Schweizerischen Strafrecht fremd ist. Verschiedene Bundesgerichtsurteile in Sachen ärztliche Kunstfehler sind auch für lawinenkundliche Belange wegleitend, weil die Beurteilung eines meteorologisch-nivologisch-topographischen Komplexes mit einer ärztlichen Diagnose durchaus vergleichbar ist. Auch hier kommen infolge mannigfacher Wechselwirkungen unrichtige Diagnosen vor, selbst wenn der Arzt keine Sorgfaltspflichten verletzt und alle nach den Umständen gebotenen Untersuchungen nach den Regeln der Kunst vorgenommen hat (siehe Kapitel 17). Das Bundesgericht hat bisher immer wieder betont, daß die falsche Diagnose an sich keine Sorgfaltspflichtverletzung darstellt, sofern der Arzt alle nach den Umständen gebotenen Untersuchungen durchgeführt hat, um nach menschlichem Ermessen eine sichere Diagnose zu stellen. Eine nach bestem Wissen und Gewissen und auf dem Stand der Forschung vorgenommene Bewertung aller für die Diagnosestellung maßgebenden Daten stellt somit keine Sorgfaltspflichtverletzung dar, auch wenn sich die Diagnose nachträglich als falsch herausstellen sollte.

Nicht der Irrtum innerhalb des Interpretations- und Ermessensspielraums ist strafbar, sondern die Unterlassung von Untersuchungen und Analysen!

Diese Richtlinien des Bundesgerichts können sinngemäß auf die Beurteilung einer Wetter- und Lawinensituation angewendet werden. Richtschnur ist das Merkblatt »3 x 3 zur Beurteilung der Lawinengefahr«, das heute von sämtlichen maßgebenden alpinen Ausbildungsorganisationen für die Kaderausbildung verwendet wird und somit die in der Schweiz vorherrschende »Sicherheitsphilosophie« darstellt. Das Merkblatt ist im Prinzip eine Kurzfassung des vorliegenden Lehrbuches. Bei Befolgung der darin enthaltenen Grundsätze und Empfehlungen lässt sich die Zahl der Unfälle deutlich reduzieren,

aber leider nicht gänzlich eliminieren, es sei denn, wir würden auf die Ausübung unseres geliebten Bergsports gänzlich verzichten. Wer sich aber bei der Planung und Durchführung von Skitouren vom Merkblatt bzw. von den Lehrsätzen dieses Buches leiten lässt, kann im Falle eines Irrtums kaum der Fahrlässigkeit bezichtigt werden. Die hier vertretene »Sicherheitsphilosophie« orientiert sich am Grundsatz: »Ein bisschen vorsichtiger als die gängige Praxis«.
Wer die in diesem Buch dargestellten Grundsätze und Regeln erfüllt, wird also hie und da umkehren müssen, auch wenn die anderen weitergehen. Die »Sicherheitsdistanz«, die ich für notwendig halte, ist im Schnee eben unsichtbar.

»Nicht der Irrtum über die Ungefährlichkeit, sondern die Nachlässigkeit, infolge deren es vom Täter unterlassen wurde, die Vorstellung von der Ungefährlichkeit auf ihre Richtigkeit zu überprüfen, begründet die strafrechtliche Verantwortung.«

Lawinenschutz und Recht, Seite 271

Der Vorhersehbarkeits-beweis

Je schwieriger die Situation am Berg für einen Bergführer/Leiter vor dem Unfall zu beurteilen war, umso schwieriger wird auch der Beweis der Vorhersehbarkeit sein, den hier die Staatsanwaltschaft zu erbringen hat.
Hier werden in Zukunft höhere Anforderungen gestellt werden. Bergführer und Tourenleiter müssen sich juristisch und Richter nivologisch besser auskennen. Sätze in einer Anklageschrift wie »Bergführer dürfen keine Risiken eingehen« und, aus einem Bundesgerichtsurteil, »nicht erkennbare Gefahren sind zu vermeiden«, werden in Zukunft als das entlarvt werden, was sie sind: wirklichkeitsfremd und unsinnig. Die Gerichte werden in Zukunft die **Grenzen der Vorhersehbarkeit** respektieren und den **Ermessensspielraum** nach folgenden Grundsätzen berücksichtigen müssen:

1. Anwendung des Lawinenlageberichts auf einen bestimmten Geländeabschnitt (Lokalisierung) lässt einen weiten Interpretationsspielraum. Zudem betragen die normalen lokalen Abweichungen vom regionalen Durchschnitt plus/minus eine Gefahrenstufe, was den Wert des Lawinenlageberichts stark relativiert.
2. Der Lawinenlagebericht muss nach dem Unfall auf seine Richtigkeit überprüft werden. Auch bei einer Trefferquote von 85 % ist immer noch ein Bulletin pro Woche falsch. Entscheidend ist die tatsächliche Schneedeckenstabilität hier und jetzt und nicht die Prognose.
3. Die ganzheitliche Beurteilung der Lawinengefahr nach der Formel 3 x 3 kann zu einem lückenhaften Puzzle führen, das wohl oder übel intuitiv zu einem Gesamtbild ergänzt werden muss. Hier sind oft mehrere sich widersprechende Varianten möglich, die im Moment des Entscheids gleichwertig sind. Fehlende Intuition kann niemandem zum Vorwurf gemacht werden (das Manko ist nicht justitiabel).
4. Unsichere Situationen sind im winterlichen Gebirge der Normalfall (siehe Kapitel 17).
5. Die Möglichkeit der falschen Extrapolation einer stichprobenartigen Punktmessung bei örtlich variabler Schneedecke muss in Betracht gezogen werden.

6. Bei latenter Gefahr ist die Vorhersehbarkeit zu verneinen.
7. Die gängige Praxis muss berücksichtigt werden: Was ist bei solchen Verhältnissen üblich? Welche Touren wurden im Unfallgebiet am Unfalltag unternommen?
8. Die Abgrenzung zwischen »gefährlich« und »sicher« ist fließend und abhängig von den besonderen Umständen und von der alpinen Erfahrung des Entscheidungsträgers. Auch das Verhalten der Teilnehmer spielt eine entscheidende Rolle: Gruppengröße, Disziplin sowie eine geschickte Spuranlage unter optimaler Ausnutzung des Geländereliefs und Schonung der Schneedecke.
9. Unterscheidung zwischen Gefahrenanalyse ex post (nach dem Unfall) und Gefahrenbeurteilung ex ante (vor dem Unfall). Gegen diesen juristischen Grundsatz wurde leider in den letzten Jahren öfter verstoßen, vor allem von Seiten der Gutachter. Dies ging so weit, dass einzelne Gutachter den Lawinenabgang als Beweis für die Gefährlichkeit eines Hangs aufführten – vom Gericht unwidersprochen.
10. Auskünfte sind nach dem Schema zu klassifizieren: Einfache Auskünfte, Vorbehalte, Warnungen (siehe Kapitel 15).

Ein Gutachter muss sich in die Haut desjenigen versetzen, der den fraglichen Hang vor dem Lawinenabgang (ex ante) »avec les moyens du bord« und unter Zeitdruck zu beurteilen hatte. Er muß vor allem die Frage beantworten: War die Auslösung an diesem Ort und zu diesem Zeitpunkt für einen gewissenhaften Bergsteiger/Skifahrer vorhersehbar?
Einwandfreie Beweise für die Vorhersehbarkeit wird man bei Würdigung der Punkte 1 bis 10 wohl nur bei großer und sehr großer Gefahr erbringen können. Dies entspricht auch der offiziellen Interpretation zur Euro-Skala, die die Auslösewahrscheinlichkeit erst ab GROSS als »wahrscheinlich« bezeichnet. Ist die Auslösung »wahrscheinlich«, ist die adäquate Kausalität erfüllt, bei »möglich« nicht.
Sind die angewandten Methoden zur Einschätzung der Lawinengefahr auch unter Fachleuten umstritten, ist von einem Mindest-Standard (=kleinster gemeinsamer Nenner) auszugehen:

»Diesem Umstand muss man bei der Definition des objektiven Sorgfaltsstandards dadurch gerecht werden, indem man eine Toleranzgrenze des Vertretbaren zieht: Solange jemand in seiner Eigenschaft als Berg- und Skiführer Methoden anwendet, die im Rahmen des Vertretbaren liegen, die also nicht eindeutig als falsch angesehen werden können, solange muss man ihm objektiv sorgfaltsgemäßes Verhalten zubilligen.«

Lawinenschutz und Recht, Seite 149

Unterwegs zur Kausalhaftung

Verschiedene Verurteilungen der letzten Jahre sind nur dadurch zustande gekommen, weil man den Lawinenlagebericht ungeprüft als richtig übernommen und zudem mit unzulässigen ex-post-Beweisen gearbeitet hat. Wenn ein Richter zum Beispiel von der Verteidigung in die Enge getrieben wird mit dem Argument, der Angeklagte habe unterwegs nicht die geringsten Anzeichen für eine besondere Gefährdung wahrgenommen und auch der Gutachter habe keine namhaft gemacht, und er dann antwortet, der Angeklagte hätte halt schon gar nicht gehen

106 Eisabbruch

dürfen (notabene bei »mäßiger Gefahr« laut Lawinenlagebericht), dann ist das Prinzip der **Verschuldenshaftung** klar verlassen und der Weg zur Kausalhaftung beschritten. Der Angeklagte wird verurteilt, weil er den Unfall verursacht hat.

Der »Beweis« in einer Urteilsbegründung: »Der Lawinenlagebericht warnte ausdrücklich vor mäßiger Gefahr« lautet, sinngemäß übertragen, der Straßenzustandsbericht habe ausdrücklich vor normalen Straßenverhältnissen gewarnt!

Da Unsicherheit im Gebirge die Regel ist und eindeutige Beweise für die Vorhersehbarkeit nur bei akuter Gefahr vorliegen, wird dem Lawinenlagebericht im Beweisverfahren ein Stellenwert zugeschrieben, den er unmöglich haben kann.

Dass diese Überbewertung des Lawinenlageberichts eine unselige Tradition hat, sei mit folgendem Beispiel illustriert:

Lawinenunfall Safier-Skiberg, 2704 m, vom 27. Februar 1969. Unfallstelle: Gipfelhang, ostexponiert. Betroffen ist eine Schulklasse. Zu beklagen sind zwei Todesopfer. Die Erkundigung des verantwortlichen Leiters bei Einheimischen ergibt, dass die vorgesehene Route absolut lawinensicher ist. Unter diesen Umständen verzichtet der Leiter auf eine Konsultation des Lawinenlageberichts.

Der Leiter wird angeklagt und wegen fahrlässiger Tötung verurteilt mit der Begründung, er habe mit der Nicht-Konsultation des Lawinenlageberichts seine Sorgfaltspflicht verletzt. Offenbar hat sich das Gericht der Mühe nicht unterzogen, den am Unfalltag gültigen Lawinenlagebericht vom 21. Februar zu studieren und den Informationsgehalt zu analysieren. Er lautet wie folgt:

»Auf der Alpennordseite einschließlich Wallis, Nord- und Mittelbünden beschränkt sich die lokale Schneebrettgefahr auf Steilhänge allgemein nördlicher bis östlicher Exposition oberhalb rund 2000 m.«

Abgesehen davon, dass der Lawinenlagebericht eine Woche alt war, lautete die Gefahrenstufe (nach heutigen Begriffen) »geringe Schneebrettgefahr«, also die unterstmögliche Stufe. Anzumerken ist ferner, dass es im Jahre 1969 noch gar keine standardisierte Gefahrenskala gab und auch keine Interpretationshilfe, beides wurde erst 1985 eingeführt:

»Anstelle von 30 bis 40 Gefahrenbegriffen, wie sie bis vor wenigen Jahren noch verbreitet waren, treten nun sieben definierte Gefahrenstufen auf.«

Paul Föhn, EISLF, 1985

Der verantwortliche Leiter hätte sich also ohne Gefahrenskala und ohne Interpretationshilfe (Schlüssel) unter »lokaler Schneebrettgefahr« selbst etwas vorstellen müssen. Es ist sehr wahrscheinlich, dass das Gericht keine Ahnung vom Durcheinander von Dutzenden von Gefahrenbegriffen hatte und vom Gutachter auch nicht darauf aufmerksam gemacht wurde. Es scheint auch niemandem in den Sinn gekommen zu sein, den Lawinenlagebericht einen Tag nach dem Unfall zu konsultieren. Plötzlich war nämlich von »heimtückischer Schneebrettgefahr« die Rede. Hier wurde offensichtlich ein juristischer Grundsatz krass verletzt, der da lautet:

Wenn sich ex post herausstellt, dass eine Sorgfaltspflicht, hätte man sie befolgt, nichts gebracht hätte, kann von einer Verletzung nicht die Rede sein. Fazit:

1. Die Auskunft der Einheimischen war falsch.
2. Der Lawinenlagebericht war falsch und wurde auf Grund des Unfalls korrigiert.
3. Der Angeklagte wurde trotzdem verurteilt.

Ich erwähne dieses fragwürdige Urteil deshalb, weil es heutige Urteile gibt, die diesem aufs Haar gleichen.
Solche Urteile offenbaren eine erschreckende Hilflosigkeit der Justiz gegenüber den Lawinenunfällen, bei denen das Mitwirken des Zufalls beträchtlich und unser Verstand schlicht überfordert ist. Einige dieser fragwürdigen Urteile sind auf mangelhafte Gutachten zurückzuführen. Es ist an der Zeit, diese Gutachten zu begutachten und wissenschaftlich aufzuarbeiten. Hier liegt ein interessanter Stoff für mehrere Dissertationen bereit. Ferner ginge es darum, eine forensische Nivologie zu begründen: Es fehlt an Standards, Kategorien, Kriterien und Maßstäben. Einmal wird trotz akuter Gefahr ein Verfahren eingestellt und ein anderes Mal wird bei geringer Gefahr und fehlenden Anzeichen wegen fahrlässiger Tötung verurteilt. Solch massive Ungleichheiten führen zu einer Rechtsunsicherheit.
Der Gutachter hat die verantwortungsvolle Aufgabe, aufzuzeigen, auf Grund welcher zuverlässiger und richtiger Informationen und konkreter Anzeichen im Gelände die besondere Gefährdung im Voraus erkennbar und damit vermeidbar gewesen wäre. Er hat die Gerichte aber auch auf die naturwissenschaftlichen Grenzen der Vorhersehbarkeit der Lawinengefahr aufmerksam zu machen und nötigenfalls darauf hinzuweisen, dass auch der Lawinenlagebericht nicht unfehlbar ist. Obwohl die Zahl der Varianten- und Tourenfahrer in den 80er Jahren lawinenartig anstieg, ging die absolute Zahl der Lawinenopfer sogar zurück (siehe Abb. 10). Aufklärung und intensive Ausbildung beginnen Früchte zu tragen. Zu einer Verschärfung der strafrechtlichen Prävention besteht zum jetzigen Zeitpunkt kein Anlass, im Gegenteil: Mit großer Sorge stelle ich fest, dass statuierte Exempel auf Grund von Gutachten, die die Vorhersehbarkeit naiv voraussetzen, in dieser Phase der Ausbildung kontraproduktiv wirken und ausgerechnet diejenigen Kader verunsichern, die sich um ständige Weiterbildung bemühen.
Diese exemplarischen Strafen sind erstens immer ungerecht (weil sie auf einen Zweck abzielen, der vom »Täter« unabhängig ist) und erwecken zweitens gegenüber einem unerfahrenen Publikum das illusorische und gefährliche Gefühl einer »Sicherheit«, die in Wirklichkeit nicht vorhanden und auch nicht erreichbar ist.

Wie oft hat wohl die Nivologie mit ihren nur scheinbar exakten »Fakten« und kaum überprüfbaren Prognosen schon Schicksale entschieden in Strafprozessen? Ich stelle diese Frage mit der Erfahrung dessen, der immerhin 30 Jahre seines Lebens mit der Suche nach Erkenntnissen und ihren Grenzen verbracht hat. Diese Jahre intensiven Nachdenkens über die komplexe Materie Schnee haben mich zum Skeptiker gemacht. Ich hege grundsätzlich Zweifel, ob wir die Sache je völlig in den Griff bekommen werden und habe gute erkenntnistheoretische Gründe dafür.

Gefahrengemeinschaft statt Garantenstellung

Zur Förderung der **Eigenverantwortung** ist es u. U. besser, die Leitung einer führerlosen Gruppe nicht einfach dem Schneidigsten zu überlassen, sondern kollektiv wahrzunehmen: gemeinsam beurteilen und entscheiden, abwechselnd die Spurarbeit übernehmen, wobei jeder ein Veto-Recht hat. Auf diese Weise werden die Vorteile einer Gruppe genutzt und die Nachteile (Gruppendenken, Leithammel-Mentalität, selektive Wahrnehmung) weitgehend vermieden. Die Entscheide werden besser, wenn sich jeder persönlich entscheiden muss und die daraus wachsenden Risiken ganz bewusst auf sich nimmt. Dieses Vorgehen hat nicht nur führungstechnische Vorteile, sondern auch juristische: Sogar bei Unfällen mit Todesfolge wird in einer solchen »freiwilligen Gefahrengemeinschaft mit Bereitschaft zu erhöhtem Risiko« den einzelnen Mitgliedern keine Fahrlässigkeit angelastet werden können, jeder ist für sich selbst verantwortlich, keiner ist Garant für die Sicherheit aller.

»Schließen sich in Erfahrung und Technik ungefähr gleichwertige und gleichstarke Skifahrer zu einem gemeinsamen Tun zusammen und übt keiner von ihnen eine eigentliche Führungsrolle aus, so hat jeder in eigener Verantwortung die Gefahren abzuschätzen, und bei einem Unfall wird grundsätzlich keine strafrechtliche Verantwortlichkeit angenommen.«

Staatsanwaltschaft Graubünden in:
Die Alpen, Monatsbulletin des SAC,
Oktober 1988

Wichtig ist aber, dass diese Gefahrengemeinschaft vor Antritt der Tour abgemacht wird und alle einverstanden sind (mündliche Abmachung genügt). Auf diese Weise kann im Falle eines Unfalls (auch juristisch) die unbefriedigende ex-post-Konstruktion eines »faktischen Führers« vermieden werden. Es versteht sich von selbst, dass diese kollektive Führung und Teilung der Verantwortung für Bergführer im Vertragsverhältnis und für Jugend+Sport-Leiter und ähnliche Garanten nicht in Frage kommt.

Die Schuldgefühle der Überlebenden

Da niemand gerne Spielball des blinden Zufalls ist, kommt es nach Lawinenunfällen bei den befragten unbeteiligten Augenzeugen und Ortskundigen häufig zu **Schutzbehauptungen**. Man versucht, sich ex post einzureden, man hätte die Sache im Griff gehabt und man wäre in der gleichen Situation Herr der Lage gewesen. Die **Beschwörungsformeln** lauten dann etwa so: man hat es kommen sehen, man will gewarnt haben (aus Vorbehalten werden Warnungen), man hätte diese Tour bei diesen Verhältnissen nie gemacht etc. Nur weil wir nicht zugeben wollen, dass es uns

107 Legende

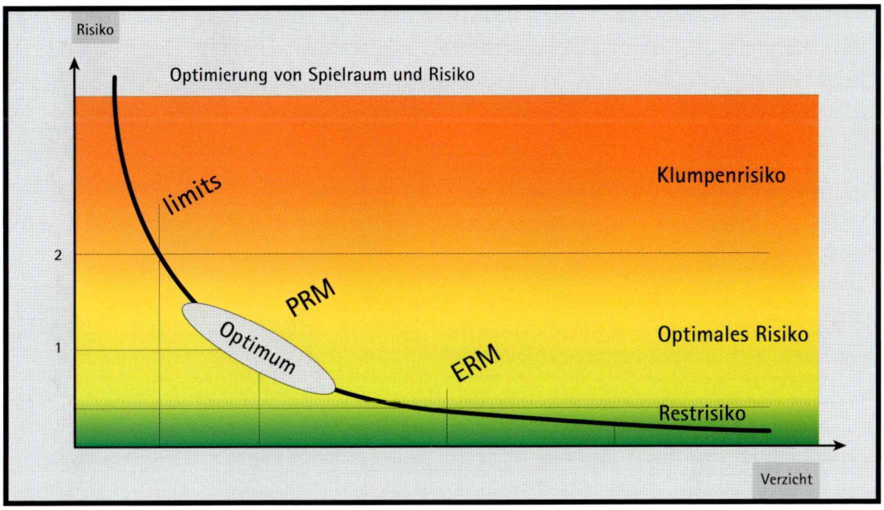

genauso hätte treffen können. Diese Schutzbehauptungen erschweren oft die Rechtsfindung, weil man sich an unechten Normen orientiert. In der Psychologie heißt diese seelische Verfassung »survivor's guilt«. Der beste Schutz gegen diesen gefährlichen **Selbstbetrug** und diese heuchlerische Schuldzuweisung ist Denken in Wahrscheinlichkeiten, Risikobewußtsein und Einsicht in die Unberechenbarkeit der elementaren Naturgewalten. Geben wir doch hie und da ehrlich zu: Das hätte mir auch passieren können, ich habe schon oft in ähnlichen Situationen Glück gehabt.

Wie gefährlich ist Skitourenfahren heute?

Risikostandard contra Recht auf Risiko

In diesem Kapitel versuche ich, die durchschnittliche Wahrscheinlichkeit, auf einer Skitour in einer Lawine tödlich zu verunglücken (case fatality rate), abzuschätzen und mit anderen Risikosportarten zu vergleichen. Wir treffen folgende plausible Annahmen: Ca. 170 000 Skitourenfahrer (inkl. Ausländer) in der Schweiz machen pro Winter rund 5 Skitouren, auf diesen insgesamt 850 000 Touren verursachen sie 17 Lawinentote. Das ergibt ein **durchschnittliches Todesfallrisiko von** 17:850 000 oder 1:50 000 (entspricht Risiko 2 gemäß RM). Da die RM die Zahl der Opfer schon bei der Tourenplanung mindestens halbiert, ergibt sich ein durchschnittliches Todesfallrisiko von maximal 1:1 000 000 pro Tour (1×10^5) oder **1 Lawinentoter auf 100 000 Skitouren.**

Das entspricht etwa dem Risiko von anspruchsvollen Bergwanderungen oder von leichten Hochtouren. Es ist auch vergleichbar mit Autofahren. Die Risikosportarten Hochtouren, Gleitschirmfliegen, Tauchen und Fallschirmspringen (vor allem Base Jumping) sind wesentlich riskanter (siehe FRITZSCHE, Literaturverzeichnis). Am gefährlichsten ist Bergsteigen im Himalaya. Das Todesfallrisiko auf »echten Expeditionen« (Neutouren und schwierige Wiederholungen) liegt bei 1:25. 50 bis 80 % der Himalaya-Profis kommen im Laufe der Jahre infolge des kumulierten Risikos um (Angaben nach OELZ, siehe Literaturverzeichnis). Diese Vergleiche belegen, dass wir uns mit unserem frei gewählten Risiko am unteren Ende der Risikosportarten bewegen. Der Risikostandard 1 (Risiko 1 gemäß RM) ist damit ohne Frage gesellschaftlich akzeptiert. Es ist der **erste Risikostandard** in der Geschichte der Lawinenkunde. Er wurde 1997 von allen wichtigen Alpinorganisationen der Schweiz gebilligt (SBV, SAC, J+S, SSV, NFS, SVB, SLF – um nur die wichtigsten zu nennen) und stellt damit ohne Zweifel eine **juristische Verkehrsnorm** dar. Wer in Garantenstellung diesen Risikostandard respektiert, kann sich im »Fall der Fälle« mit Recht auf ein gesellschaftlich akzeptiertes Restrisiko berufen, das sich unglücklicherweise realisiert hat. Wer als Privatperson darüber hinaus geht, tut dies auf eigenes Risiko und auf eigene Verantwortung. Dagegen ist nichts einzuwenden, nimmt er doch nur sein **Recht auf Risiko** wahr. Mit der RM kann sich jeder seinen Risikopegel (resp. Adrenalinspiegel) selbst wählen, z. B. Risiko 1,5 statt 1. Das durchschnittliche Risiko der tödlichen Lawinenunfälle liegt übrigens bei Risiko 2 gemäß RM.

Warum die sicherste Methode nicht die beste ist

Optimaler Risikobereich

Eine weitere Überlegung zeigt, dass man das Risiko in Hängen über 30° nicht beliebig reduzieren kann. Eine wesentlich größere Risikoreduktion als bei der ERM ist nämlich gar nicht möglich, weil sich zwei Parameter diametral gegenüberstehen: Risiko und Verzicht sind umgekehrt proportional. Ist das Risiko klein, ist der Verzicht groß. An einem **einfachen Denkmodell** (Abb. 107) lässt sich das anschaulich demonstrieren. Die beste Methode ist diejenige, bei der Risiko und Verzicht am besten ausgewogen (optimiert) sind – und das dürfte bei der PRM der Fall sein. Die ERM liegt am unteren und die Limits begrenzen das obere Ende des optimalen Bereichs (Kurvenmitte). Die Kurve (Hyperbel) zeigt drei charakteristische Abschnitte:

1. Steil abfallender Abschnitt. Wir müssen auf sehr wenig verzichten, um das Risiko drastisch zu senken (Limit-Modell). Verzicht lohnt sich. Die Fehlertoleranz ist aber praktisch null.
2. Flach auslaufender Abschnitt. Hier können wir auf noch so viel verzichten, das Risiko bleibt praktisch gleich.Verzicht lohnt sich nicht mehr. Bereich des unvermeidbaren Restrisikos.
3. Dazwischen liegt der optimale Bereich, in dem alle guten Entscheidungsmodelle liegen sollten. Hier ist auch eine genügende Fehlertoleranz gegeben. Die Frage nach der sichersten Methode ist somit falsch gestellt. Wem die ERM zu riskant ist, sollte ehrlicherweise auch aufs Autofahren verzichten. Risiko Null ist in den Bergen nun einmal nicht zu haben (übrigens auch im Alltag nicht).

Ein Beispiel für eine »zu sichere« Methode sind die drei Grundsätze meines Vaters, der in den 30er und 40er Jahren seine Spuren zog, als es noch keinen LLB und keine genauen Karten gab:

1. Meide den Pulverschnee wie der Teufel das Weihwasser.
2. Geh nur im Frühjahrsschnee (Sulz), wenn die Oberfläche am Morgen gefroren ist und trägt. Am Mittag bist du wieder zurück.
3. Von zwei möglichen Hängen wähle stets den flacheren.

Man kann heute zeigen, dass mein Vater auf zu viel verzichtete und nicht wesentlich »sicherer« unterwegs war als ein Anhänger der ERM, der sich den ganzen Winter über im weißen Element tummelt und wesentlich steilere Hänge befährt.

Aversion und Akzeptanz

Ich habe Mühe zu verstehen, weshalb ausgerechnet die schwer vorhersehbaren Lawinenunfälle juristisch strenger geahndet werden als Verkehrsunfälle, wo es oft nur auf das richtige Ablesen des Tachometers ankommt. Es scheint damit zusammenzuhängen, dass Lawinenunfälle einen großen Aversionsfaktor haben – im Gegensatz zu den Verkehrsunfällen, die im Volk eher als Kavaliersdelikte betrachtet werden. Die Strenge der Urteile scheint proportional zum Aversionsfaktor auszufallen. Gilt eine Gefahr als vertraut und beherrschbar, dann ist der Aversionsfaktor (man könnte auch »Empörungspotenzial« sagen) niedrig und das zugebilligte Risiko hoch. Umgekehrt empört sich das Volk, wenn wir uns der chaotischen, wilden und ungezähmten Natur aussetzen und dabei einen Unfall verursachen. Diese »verkehrte« Einstellung hängt wohl zusammen mit der Entfremdung von der Natur und dem Nicht-Anerkennen-Wollen der dem Menschen gesetzten Schranken. Man sucht dann nach menschlichen Fehlern auch dort, wo keine vorhanden sind, um diese Grenzen des menschlichen Geistes zu vertuschen. Wir tun, als ob wir die Sache im Griff hätten. Die Empörung gilt letztlich der Natur selbst. Es ist ein versteckter Protest gegen die unbeherrschbaren, schicksalshaften Qualitäten der Natur und gegen die tragischen Dimensionen des Lebens.

»Darüber hinaus steht aber die grundsätzliche Frage weiterhin im Raum, wie weit so genannte »Restrisiken«, die beim Bergsteigen – trotz aller Fortschritte in Ausbildung und Technik – immer vorhanden sein werden, bei organisierten Touren vertretbar sind. Abschließend beantworten lässt sich diese Frage kaum. Wichtig wäre aber ein vernünftiges Maß an Akzeptanz, dass naturnahes Erleben der Gebirgswelt letztlich untrennbar mit Gefahren verbunden bleibt. Eine Tatsache, die in unserer rationalen Gesellschaft schwierig zu verstehen ist.«

Ueli Mosimann in: Die Alpen, Monatsbulletin, Juni 1991

Zum Schluss möchte ich an alle Bergführer appellieren: Vermitteln wir unseren Gästen weiterhin die Schönheiten des winterlichen Gebirges und lehren wir sie den nötigen Respekt vor den Naturgewalten. Alpine Gefahrenkunde wirkt am überzeugendsten als Bestandteil einer umfassenden Naturkunde und in Form eines vorbildlichen Verhaltens des Führers, der im entscheidenden Moment auch einmal nein sagt und damit defensives Verhalten exemplarisch vorlebt, statt sportliches Draufgängertum, das doch oft nur Ausdruck von Unwissenheit und Unsicherheit ist. Dies sei unser sinnvoller Beitrag zur Unfallverhütung. Wir dürfen vor lauter Nivologie nicht vergessen, dass unser Denken und Handeln in weit höherem Maße von Vorbildern, Zielen, Wünschen und Motiven geleitet wird als von Logik und Tatsachen.

»Ein Bergsteigertod ist immer ein bedauerlicher Unfall, der ein Leben aus der Welt nimmt, welches nicht den Tod, sondern tieferes Lebensgefühl gesucht hat.«

Ruedi Schatz

ANHANG

MISTA

Ein numerisches Modell zur quantitativen Beschreibung der Schneedeckenstabilität

Im Kapitel 9 haben wir gesehen, dass **ein** Rutschkeil **nichts** aussagen kann über die Stabilität einer Schneedecke insgesamt. Hingegen ist es möglich, mit einer **Vielzahl** von Rutschkeilresultaten (mindestens 12), die wir **systematisch** erheben, die **lokale Gefahrenstufe** bzw. das Gefahrenpotenzial direkt zu ermitteln, ohne Umweg über Wetter und Schneedeckenaufbau.

Das Wesen der Schneedecke ist ihre Unregelmäßigkeit. Sie setzt sich aus Teilflächen unterschiedlicher Stabilität zusammen (»Flickteppich«-Modell). Das Mischungsverhältnis der drei Stabilitätsklassen schwach«, »mittel« und »fest« definiert **Gefahrenstufe** (GERING bis SEHR GROSS) und **Gefahrentyp** A, B und C (siehe Kapitel 9).

Ein Rutschkeil (RK) ist eine **Zufallsvariable aus einer normalverteilten Grundgesamtheit** (siehe Abb. 69 f.) mit unbekannten Parametern μ (arith. Mittel) und σ (Streuung = Standardabweichung). Er kann höchstens eine Stabilitätsklasse repräsentieren und nicht ein Mischungsverhältnis dreier Klassen. Infolgedessen gibt es keine Einzel-RK, die die Schneedecke (den »Flickteppich«) repräsentieren können. Um die unbekannten Parameter der Grundgesamtheit abschätzen zu können, brauchen wir eine größere Zahl von **zufälligen Stichproben**, aus denen wir die Schätzer $\bar{x}$ (arith. Mittel) und s (Standardabweichung) **stellvertretend** für die Parameter der Grundgesamtheit ermitteln können, mit einem mehr oder weniger großen Schätzfehler, der abhängig ist von

108 Vier Arbeitsschritte von MISTA zur Ermittlung der Gefahrenstufe

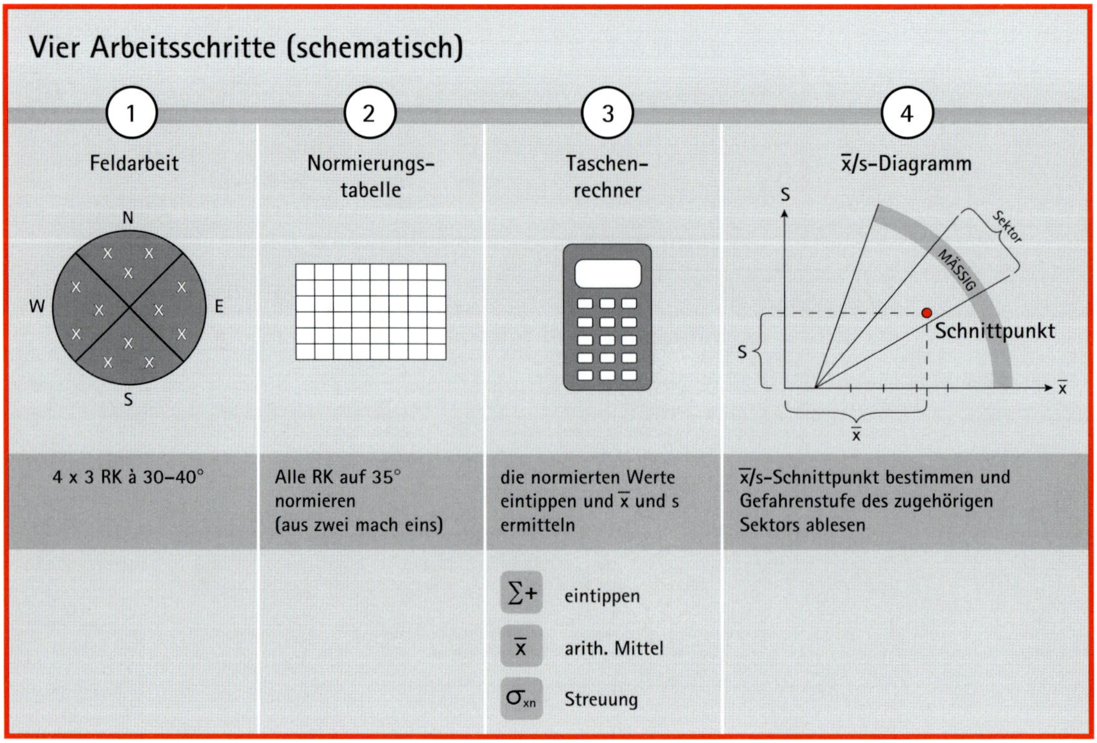

109 Lawinenverbauungen verhindern das Losbrechen der Lawinen.

der Güte der Stichprobe. Nach meiner Erfahrung sind 12 RK, gleichmäßig verteilt auf die Expositionen, knapp ausreichend, um einen lokalen Lagebericht (Größenordnung einige km^2) mit einer Trefferquote von rund 90 % zu erstellen. Wir machen also in drei **verschiedenen** Hängen in den vier Sektoren Nord, Ost, Süd und West 4 x 3 RK zwischen 30 und 40° Hangneigung. Die RK sollen nicht im gleichen Hang und womöglich noch nebeneinander gemacht werden. Die ausgewählten Hänge sollten **typisch** sein für die topographischen Verhältnisse (Höhenlage, Exposition, Steilheit, Kammlage), aber **zufällig** in Bezug auf Stabilität. Wir wählen also **normale** offene Hänge und vermeiden ausgefallene und extreme Geländeformen. Falls genügend Leute zur Verfügung stehen, machen wir besser 4 x 4 oder gar 4 x 5 RK (je mehr, desto zuverlässiger). Von jedem RK brauchen wir Exposition, Steilheit und Belastungsstufe. Das Schneeprofil können wir uns sparen. Alle RK werden mit der Tabelle normiert (siehe Beispiele auf Seite 200). Diese normierten $\bar{x}$-Werte werden in einen **Taschenrechner** getippt (Statistikfunktionen $\sum+$ / $\bar{x}$ / σ_{xn}) und Mittelwert $\bar{x}$ und Streuung s ermittelt. Mit diesen beiden Zahlen gehen wir ins $\bar{x}$/s-Diagramm. Die Lage des Schnittpunktes (Kreissektor) bestimmt die Gefahrenstufe.

Im Diagramm sind rund 50 Tage mit 650 RK gespeichert (Datenbank in grafischer Form). Es ist also möglich, die Vielgestaltigkeit der saisonalen alpinen Schneedecke mit nur zwei Kenngrößen (Mittelwert und Streuung) zu beschreiben. Zum Vergleich dient uns die Standard-Schneedecke. Sie stellt das langjährige **zeitliche** Mittel in den Schweizer Alpen dar.

Das Verfahren ist sehr aufwändig und selbstverständlich nicht gedacht für Bergführer unterwegs. Hingegen ist es geeignet, an Lawinenkursen die Lawinengefahrenstufe **objektiv** zu ermitteln. Für die **Verifikation** des Lawinenlageberichts ist es zur Zeit das einzige zuverlässige Verfahren, weil auch die Stufen GERING und MÄSSIG überprüft werden können, auch wenn keine Lawinenaktivität vorhanden ist.

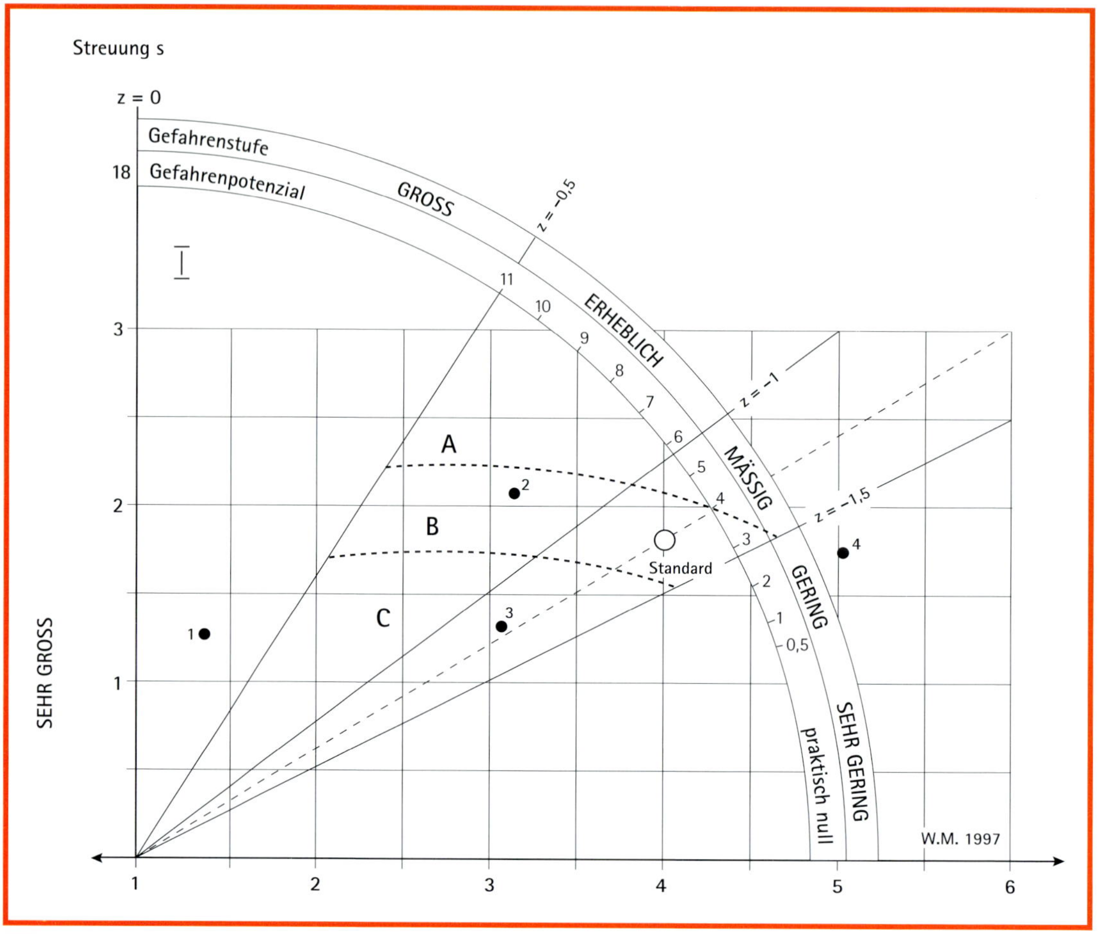

110 Für die Bestimmung der Gefahrenstufe bzw. des Gefahrenpotenzials und des Gefahrentyps. Der $\bar{x}$/s-Schnittpunkt markiert den Sektor mit der zugehörigen Gefahrenstufe. Für die Bestimmung des Gefahrenpotenzials ziehen wir eine Linie vom Punkt $\bar{x} = 1$ zum $\bar{x}$/s-Schnittpunkt und verlängern sie bis auf den Kreisbogen, wo wir ablesen können. Die Standard-Schneedecke weist ein Potenzial von knapp 4 auf und ergibt ungefähr MÄSSIG ±. Die Bandbreite des Typs B ist gestrichelt eingezeichnet für ERHEBLICH und MÄSSIG, für die Stufen GERING und GROSS ist die Einteilung nicht sinnvoll (GROSS tendiert naturgemäß zu C und GERING zu A). Beispiele 1 bis 4 auf Seite 200.

111 Rechts unten: Für die Bestimmung der %-Anteile der Stabilitätsklasse »fest« und »schwach« sind zwei symmetrische Skalen auf den beiden Kreisbogen angebracht. Für die Bestimmung des Anteils »fest« ziehen wir vom Punkt 5 der $\bar{x}$-Achse (= Grenze zwischen mittel und fest) eine Verbindungslinie zum $\bar{x}$/s-Schnittpunkt und verlängern sie bis zum Kreisbogen, wo wir die Prozente ablesen können. Die entsprechende Verbindungslinie für »schwach« geht vom Punkt 1 der $\bar{x}$-Achse aus (= Grenze zwischen schwach und mittel). Für die Standard-Schneedecke sind die beiden Verbindungslinien gestrichelt eingezeichnet: Wir lesen 10 bis 11 % für »schwach« und 33 bis 34 % für »fest« ab, die Ergänzung zu 100 % ergibt 56 % für »mittel«.

Größenordnung der Zusatzlast. Die Deformationsenergie soll von Stufe zu Stufe möglichst gleichmäßig gesteigert werden!

Teillast		0-1fache Zusatzlast	statisch
Volllast		1fache Zusatzlast	
Wippen (4x steigern)		1-3fache Zusatzlast[1]	dynamisch
Aufspringen an Ort (4x steigern)		3-5fache Zusatzlast[1]	
Sprung von oben	(1. Sprung 1 Person)	5-8fache Zusatzlast[1]	von außerhalb
ohne Ski	(2. Sprung 2 Personen)		

1) Auf einer Bandwaage gemessen, ohne Berücksichtigung der Schneebeschaffenheit. Bei Messungen ohne Ski muß die Kraft mit dem Absatz und nicht mit der Fußspitze auf die Waage übertragen werden (ergibt wesentlich höhere Werte).

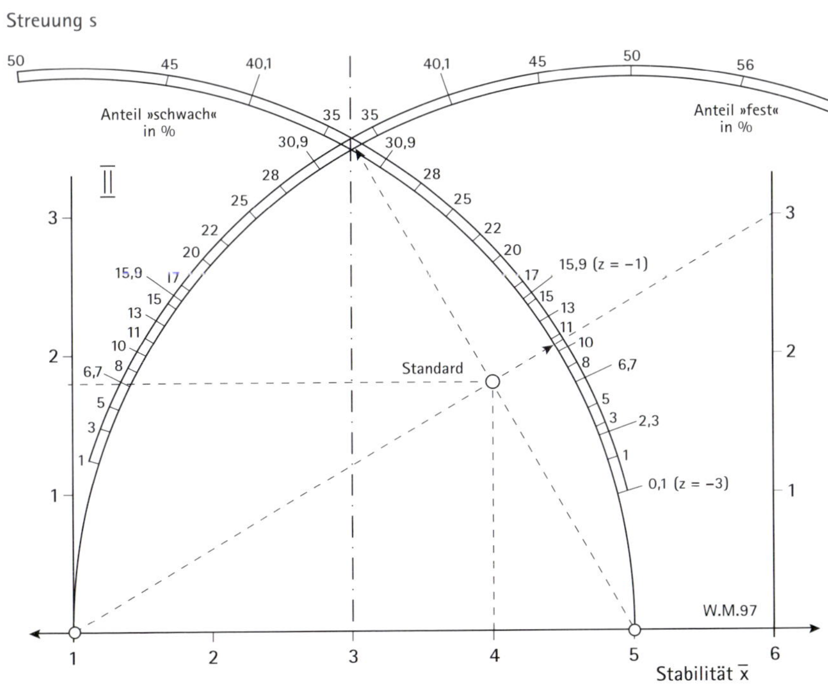

Anteil »schwach«:

$$Z_S = \frac{1 - \overline{x}}{1{,}33 \cdot s}$$

Anteil »fest«:

$$Z_F = \frac{5 - \overline{x}}{1{,}33 \cdot s}$$

1,33 = Korrekturfaktor

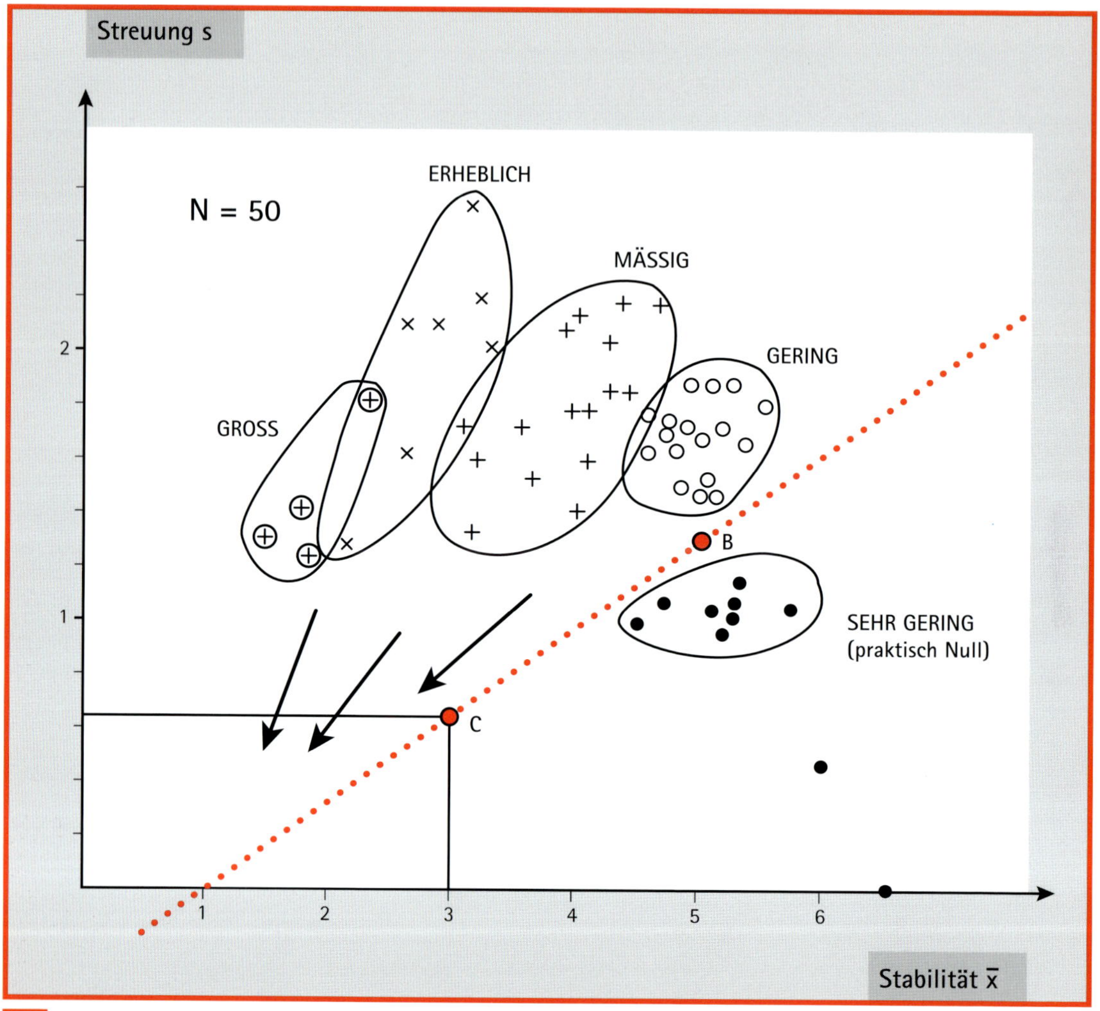

112 50 Schneedecken im Vergleich. Kenngrößen Durchschnittsstabilität $\bar{x}$ und s. Empirisches Material für die Ausarbeitung des $\bar{x}$/s-Diagramms.

Erste Idee: Versuch einer Abgrenzung der subjektiv geschätzten Gefahrenstufen (Zusammenfassung der gleichen Gefahrenstufen in »Wolken«).

Zweite Idee: Kleine Durchschnittsstabilität kombiniert mit kleiner Streuung ergibt dieselbe Gefahrenstufe wie hohe Durchschnittsstabilität kombiniert mit großer Streuung.

Dritte Idee: Die Wolken »zielen« auf den Punkt $\bar{x} = 1$, das ist die Grenze zwischen den Stabilitätsklassen »schwach« und »mittel«.

Vierte Idee: Alle $\bar{x}$/s-Schnittpunkte, die auf einer (Regressions-)Geraden liegen, die durch $\bar{x} = 1$ geht, z. B. C und B, haben denselben Anteil an der Stabilitätsklasse »schwach«.

Fünfte Idee und Synthese: Dies ist eine Folge der Normalverteilung, denn der Anteil »schwach« berechnet sich mit der standardisierten Normalverteilung wie folgt: $z = (1-\bar{x})/s$, was eine Gerade ergibt, die durch $\bar{x} = 1$ läuft (alle $\bar{x}$/s-Kombinationen, die z ergeben, liegen auf einer Geraden).

SUUNTO
REPLACING LUCK.
X-SPORTS
X6 hr
Ausstattung:
PC-Schnittstelle/PC Software/Mineralkristallglas/
Inkl. Brustgurt/Sender/Zutritt zu Suuntosports.com
Funktionen:
Herzfrequenzmesser/PC Auswertung/Einfachste
Bedienung wie Handymenü/Höhenmesser/
Messbereich bis 9000 m/Auflösung 1m/
Auf – Abstiegsalarm/Logbuchfunktion/
Neigungswinkelmesser/Barometer/Temperatur/
Kompass/Tastensperre
X6
Ausstattung:
PC-Schnittstelle/PC Software/Mineralkristallglas/
Zutritt zu Suuntosports.com
Funktionen:
PC Auswertung/Einfachste Bedienung wie
Handymenü/Höhenmesser/ Messbereich bis
9000 m/Auflösung 1m/Auf-Abstiegsalarm/
Logbuchfunktion/Neigungswinkelmesser/
Barometer/Temperatur/Kompass/Tastensperre
www.suunto.com

Professionelles Risikomanagement / Tägliche Standards

A. Klassisch beurteilen mit 3 x 3

1. **Lawinenlagebericht einholen**
   (mit Interpretationshilfe vergleichen, siehe nebenstehende Seite)

2. **Eigene Beurteilung vor Ort**
   - Kritische Neuschneemenge
   - Alarmzeichen
   - Schneeoberfläche (Triebschnee, Wächten, Dünen, Zastrugis)
   - Temperaturverlauf der letzten Tage/ letzten Nacht, voraussichtliche Entwicklung im Verlauf des Tages

3. **Vergleich mit Lagebericht**
   Wenn nötig lokale Anpassung der Gefahrenstufe: Bei Zurückstufung maximal halbe Stufe falls Erstanpassung und eine Stufe bei Bestätigung. Höhereinstufung beliebig. Beim Gefahrenpotenzial sind Zwischenstufen möglich und sinnvoll, z. B. mehr als MÄSSIG, aber weniger als ERHEBLICH = Potenzial 6.

4. **Sichtverhältnisse**

B. Probabilistisch entscheiden mit Reduktionsmethode

5. **Entscheidungsstrategie**
   Reduktionsmethode = maximal 1 (Normalfall) Reduktionsmethode für Profis: ausnahmsweise mehr als 1, aber weniger als 2

Voraussetzungen:
- Gefahrenstufe sorgfältig überprüft
- Kleinere Hänge
- Entsprechender Auslauf
- Nur eine Person im Hang<Keines>
- Gruppe in Sicherheit

6. **Limits (verbindliche Obergrenzen)**

<u>Stufe 2 MÄSSIG:</u>
weniger als 40° in selten begangenen Hängen im Sektor Nord (NW-NE)

<u>Stufe 3 ERHEBLICH:</u>
weniger als 40° in allen Expositioneen (gilt nicht für ständig befahrene Varianten in Pistennähe)

<u>Stufe 4 GROSS:</u>
weniger als 30° in allen Expositionen (Achtung: Die Lawinen können sehr weit in die Ebene vorstoßen)

Risikomanagement bei Veranstaltern und alpinen Verbänden

Nach den schweren Lawinenunfällen mit Bergführerbeteiligung im Winter 1999/2000 (Jamtal/A: 9 Tote, Kitzsteinhorn/A: 12 Tote, Portlesspitze/Südtirol: 4 Tote) initiierte der vom Jamtal-Unfall betroffene DAV Summit Club im Sommer 2002 eine international besetzte Expertenkommission, um nach neuen Wegen zur Unfallreduzierung zu suchen.
Die Kommission mit Vertretern aus Deutschland, Österreich, Schweiz und Südtirol tagte im September 2000 auf der Jamtalhütte. Wichtigstes Ergebnis war die Empfehlung eines neuen Risikomanagements mit klar definierten Standards und Obergrenzen (Limits).
Der DAV Summit Club führte im Winter 2000/2001 als erster Veranstalter die Empfehlungen der Expertenkommission als verbindliche Richtlinie für seine Bergführer ein. Eine begleitende Studie über die gesammelten Erfahrungen im Winter 2000/2001 zeigte auf, dass nur bei etwa einem Prozent aller Winteraktivitäten ein Verzicht aufgrund der neuen Limits erforderlich war.
Der Deutsche Bergführerverband hat die Empfehlungen der Expertenkommission erstmals im Winter 2001/2002 in der deutschen Bergführerausbildung eingesetzt.
In anderen alpinausbildenden Institutionen werden die Limits allerdings noch kontrovers diskutiert. So sind zum Beispiel die Limits bis heute (Stand Oktober 2002) weder beim Österreichischen Bergführerverband noch beim Deutschen Alpenverein als klare Handlungsanweisung in die Bergführer- bzw. Fachübungsleiterausbildung eingeflossen.

Erläuterung zur europäischen Gefahrenskala

GERING

Allgemein günstige Verhältnisse

Ca. $^{1}/_{3}$ des Winters. Die Schneedecke ist im allgemeinen gut verfestigt. Spontane Lawinen kleineren Ausmaßes (=Rutsche) sind möglich, vor allem bei nassem Schnee. Schneebrettauslösungen durch Skifahrer sind bei großer Zusatzbelastung (z. B. große Gruppe ohne Abstände) **im extremen Steilgelände** möglich, besonders in Kammlagen mit frischen Triebschneeansammlungen und im Hochgebirge.

MÄSSIG

Mehrheitlich günstige Verhältnisse (Normalfall)

Ca. $^{1}/_{3}$ des Winters. Die Schneedecke ist an einigen Steilhängen der im Lawinenlagebericht angegebenen Expositionen und Höhenlage nur mäßig verfestigt. Hier ist **vorsichtige Routenwahl** angebracht. Auslösungen durch Skifahrer sind **bei großer Zusatzbelastung** möglich. An Steilhängen mit besonders ungünstigem Schneedeckenaufbau ist auch Auslösung durch Einzelgänger nicht auszuschließen. Hier können auch vereinzelt spontane Lawinen auftreten. Diese spontanen Lawinen nehmen jedoch selten größere Ausmaße an (Ausnahmen vor allem bei Frühjahrsverhältnissen).

ERHEBLICH

Teilweise ungünstige Verhältnisse (kritische Situation)

Ca. $^{1}/_{4}$ des Winters. Die Schneedecke ist an vielen Steilhängen der im Lawinenlagebericht angegebenen Expositionen und Höhenlage nur mäßig bis schwach verfestigt. Hier sind **Auslösungen durch Einzelgänger** möglich. **Spontanlawinen** aus extrem steilen (häufig felsdurchsetzten) Hängen sind häufig. Sie können hie und da größere Ausmaße annehmen und auch flacheres Gelände überspülen. Vereinzelte Fernauslösungen vom Hangfuß aus sind möglich. Wiederholte **Wumm-Geräusche** sind ein charakteristisches Merkmal dieser Gefahrenstufe. Es existiert jedoch auch eine heimtückische Form ohne Alarmzeichen! Skitouren im alpinen Gelände verlangen die **Erfahrung** und das **lawinenkundliche Wissen** zur **optimalen Spuranlage unter Ausnutzung aller Geländevorteile.** Bei Überschreitungen sollte die Abfahrt nicht steiler sein als der Aufstieg, am besten fährt man vorsichtig entlang der Aufstiegsspur ab und verzichtet auf steilere (auch kurze) Abfahrtsvarianten.

GROSS

Ungünstige Verhältnisse (akute Gefahr)

In der Regel nur ein paar Tage pro Winter. Schwach verfestigte Schneedecke mit gefährlichen Steilhängen **in allen Expositionen.** Die spontanen Lawinen können **große Ausmaße** annehmen und Geländeformen überfluten, die uns bei ERHEBLICH noch schützen und weit in das flache Vorgelände vorstoßen. **Fernauslösungen,** auch über große Distanzen, sind das typische Merkmal dieser Gefahrenstufe. Ein kalkuliertes Risiko ist aus diesen Gründen nicht mehr möglich, weshalb wir uns auf mäßig steiles Gelände (unter 30°) beschränken sollten.

SEHR GROSS

Sehr ungünstige Verhältnisse (Katastrophensituation)

Sehr selten. Mit großen **Tallawinen** muß gerechnet werden. Sichere Unterkunft nicht verlassen und abwarten. Die Gefahr klingt meist rasch ab. Auch Waldwege in Schutzwäldern nicht mehr sicher.

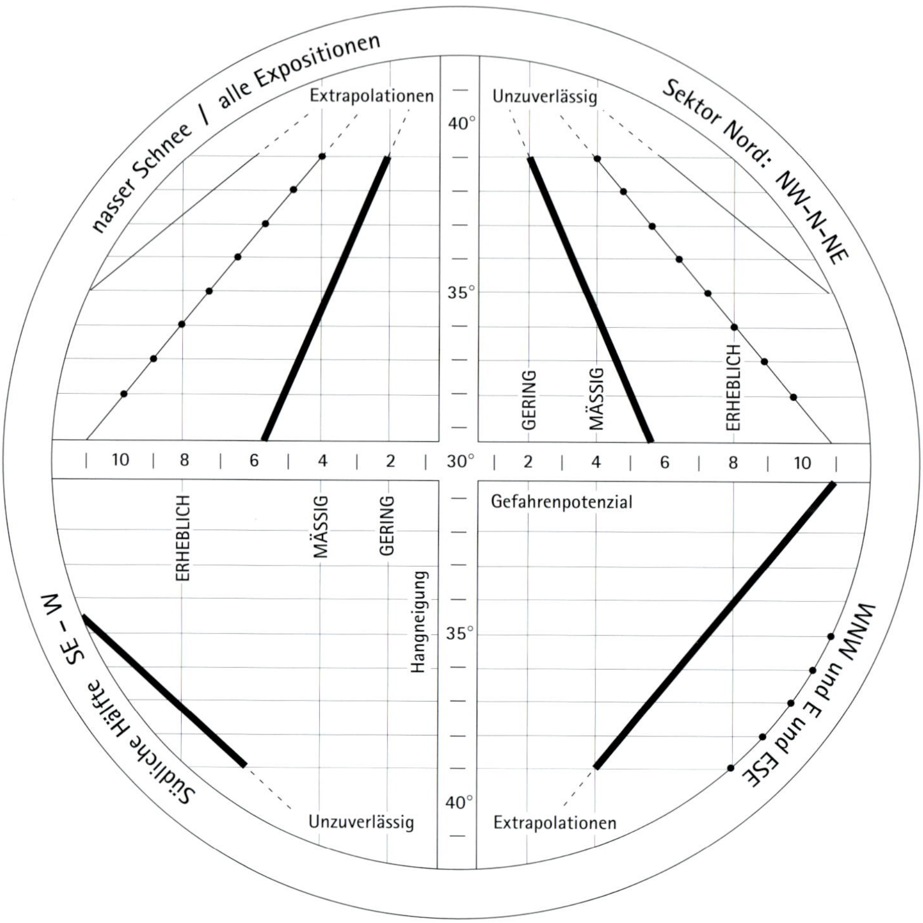

Empfohlene Obergrenzen:

- (dicke Linie) für große Gruppen (mehr als 4 Personen) ohne Abstände
- (punktierte Linie) für große Gruppen (mehr als 4 Personen) mit Entlastungsabständen oder kleine Gruppen (max. 4 Personen) ohne Abstände
- (dünne Linie) kleine Gruppen (max. 4 Personen) mit Entlastungsabständen

- In ständig befahrenen Hängen kann entweder auf Abstände verzichtet werden oder es gilt der nächst größere Spielraum (gilt nicht für nassen Schnee).
- Der innere Kreisbogen begrenzt den Bereich des kalkulierbaren Risikos.
- Schnittpunkte (Hangneigung mal Gefahrenpotenzial) mit Risiko 1 liegen auf dieser Geraden (beachte die Symmetrien). Die RF sind linear interpoliert (um 36° RF 3 und um 31° RF 5). Extrapolationen jenseits von 39° sind unzuverlässig.

113 RISK CHART für unverspurtes Gelände. Grafische Darstellung der PRM, Angabe der empfohlenen maximalen Hangneigung bei gegebener Gefahrenstufe und Gruppengröße. Beispiel: Sektor Nord / ERHEBLICH / 36° / kleine Gruppe mit Abständen liegt innerhalb der empfohlenen Grenzen, ohne Abstände aber ausserhalb.

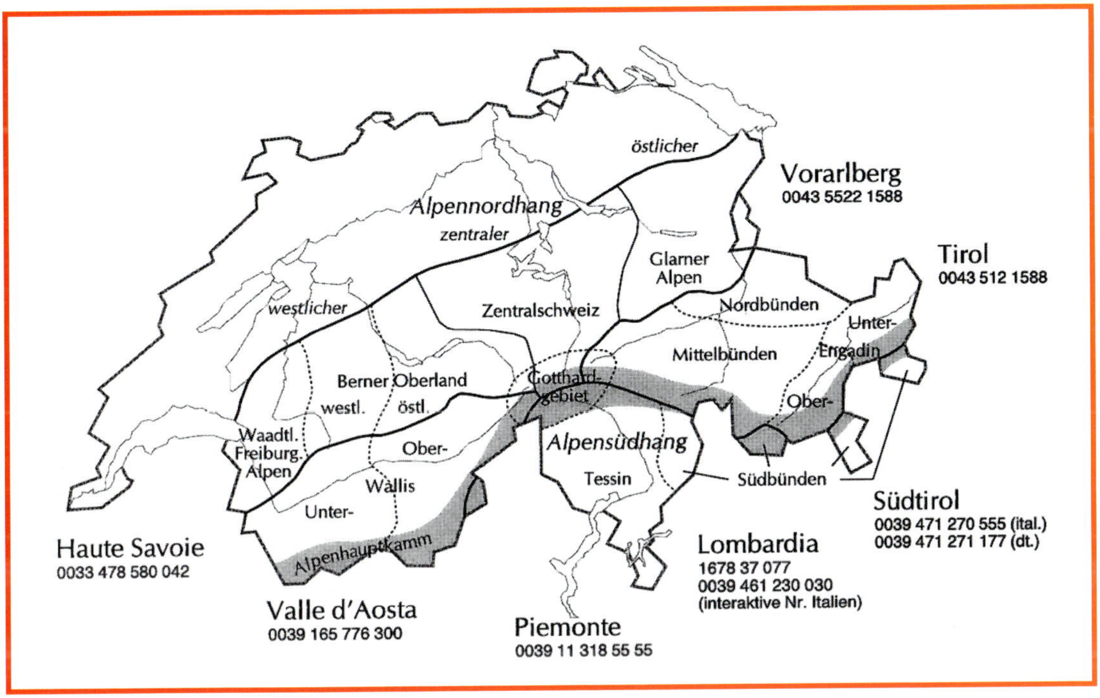

114 Gebietseinteilung Schweizer Alpen. Ausland siehe www.slf.ch

115 Hangneigungskarte. Digitale Daten aus der Landeskarte der Schweiz, Gelände aus DHM25.
© Bundesamt für Landestopographie

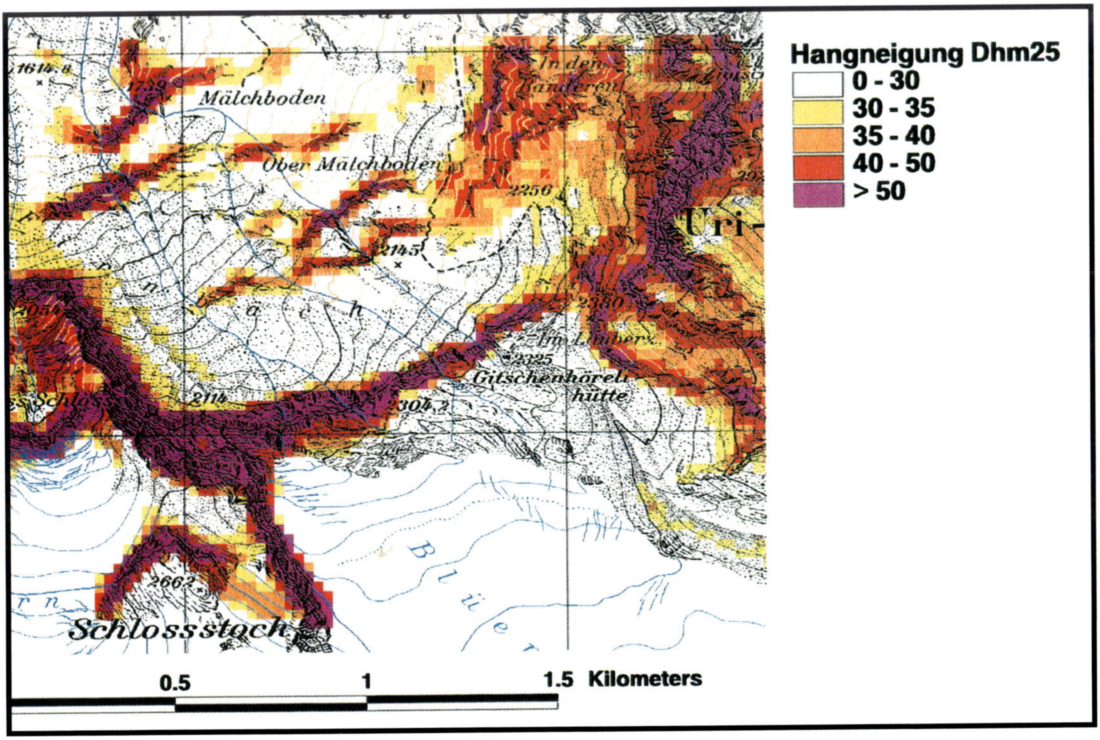

Nationales Lawinenbulletin Nr. 107

vom Montag, 26. Februar 2001, 17.00 Uhr

Weiterhin verbreitet erhebliche Lawinengefahr

Allgemeines

Von Sonntag auf Montag erhielten der Alpennordhang und das Unterwallis nochmals 5 bis 15 cm Schnee. Die übrigen Gebiete blieben mehrheitlich niederschlagsfrei. Tagsüber war es in den Bergen vorwiegend sonnig. Die Nordwinde waren mäßig. In Kammlagen entstanden neue kleinere Schneeverfrachtungen. Die Temperatur betrug um die Mittagszeit auf 2000 m minus 13°. Der Neu- und Triebschnee von letzter Woche hat sich vor allem in den neuschneereichen Gebieten des zentralen und östlichen Alpenhauptkammes, in Nordbünden und im Unterengadin durch das Eigengewicht, den Wind und die Strahlung leicht weiter verfestigt. Darunter liegt am nördlichen Alpenkamm und in Graubünden vielerorts eine lockere Altschneedecke. Vor allem in den Gebieten mit weniger als rund 50 cm Neuschnee in den letzten Tagen ist dieser Aufbau kritisch.

Kurzfristige Entwicklung

Am Dienstag ist es nur noch in den östlichen Gebieten unter Föhneinfluss zeitweise sonnig. Die Winde drehen auf Südwest und werden stärker. Dadurch entstehen in Kammlagen neue Triebschneeansammlungen. Im Norden wird es um rund 8° wärmer. Dies begünstigt den Setzungsprozess, führt aber kurzfristig zu einem Anstieg der Lawinengefahr. Gegen Abend setzen im Süden Schneefälle ein.

Vorhersage der Lawinengefahr für Dienstag

Östliches Berner Oberland, Zentraler und östlicher Alpennordhang, Nord- und Mittelbünden, Unterengadin, nördliches Oberwallis und zentraler Alpenhauptkamm:

Erhebliche Lawinengefahr

Die Gefahrenstellen befinden sich vor allem an Steilhängen der Expositionen West über Nord bis Südost oberhalb der Waldgrenze. Besonders in den angegebenen Hangexpositionen können durch geringe Zusatzlast wie z. B. einzelne Personen Lawinen ausgelöst werden. Besonders gefährlich sind Übergänge von Stellen mit wenig Schnee in Steilhänge mit viel Schnee. Solche Bereiche sollten weiterhin gemieden werden.

Waadtländer und Freiburger Alpen, westliches Berner Oberland, übrige Gebiete des Wallis und des Alpensüdhanges sowie Oberengadin:

Mäßige Lawinengefahr

Die Gefahrenstellen befinden sich vorwiegend an mit Triebschnee beladenen Steilhängen, Rinnen und Mulden in den Expositionen Nordwest über Nord bis Südost oberhalb von rund 2000 m. Auch in diesen Gebieten sind vor allem die Übergänge von abgeblasenen Kuppen in Steilhänge mit Triebschnee möglichst zu umgehen.

Vor allem in den Föhngebieten steigt mit der markanten Erwärmung die Auslösebereitschaft von Lawinen.

Tendenz für Mittwoch und Donnerstag

Am Mittwoch ist in den Alpen mit Schneefällen zu rechnen, mit Schwerpunkt im Süden. Am Donnerstag wird es wieder kälter und es bleibt veränderlich. Die Lawinengefahr wird im Süden zunehmen.

Eidgenössisches Institut für Schnee- und Lawinenforschung, Flüelastraße 11,
CH-7260 Davos Dorf
Fax: +41-81-417 01 10, Tel.: +41-81-417 01 11, Internet: www.slf.ch

Überprüfung der statistischen Grundlagen der Reduktionsmethode

Jürg Schweizer (SLF) hat in den »Alpen« (Januar 2000) folgende Zahlen publiziert: 59 % aller Skifahrerlawinen im Sektor Nord (NW-N-NE) und Hangneigung (steilste Hangpartie auf der Karte gemessen) arith. Mittel 38,7° und Median 38°. Hier ist zu berücksichtigen, dass ich bei allen Hangneigungsmessungen auf der Karte grundsätzlich plus 1° addiere (das Gelände ist immer steiler als auf der Karte gemessen), d. h., wir erhalten arith. Mittel 39,7° und Median 39°, was volle **Übereinstimmung mit meiner Statistik** ergibt, die ich anfangs der 90er Jahre erstellte als Grundlage der RM. Chatrigna Signorell hat in ihrer Diplomarbeit am SLF (»Skifahrerlawinen in den Schweizer Alpen ...« 2001) diese Resultate bestätigt und zusätzlich das Verhältnis von verspurten und unverspurten Hängen untersucht (1:2), womit auch dieser RF statistisch untermauert ist.

Am besten überprüft man jedoch die Methode direkt und global, indem man 20 bis 30 Skifahrerlawinen mit tödlichem Ausgang nimmt, die fünf Schlüsselvariablen ermittelt und das Risiko kalkuliert. Dann bestimmen wir den Anteil der Unfälle mit Risiko größer 1: sollte mindestens 50 % ergeben, wenn die Methode stimmt. Auf diese Weise werden alle RF und ihre Vernetzung überprüft. Rudi Mair vom Tiroler Lawinenwarndienst (siehe Literaturverzeichnis) hat das gemacht und herausgefunden, dass sich bei Anwendung der PRM mehr als zwei Drittel der untersuchten Unfälle hätten vermeiden lassen, und zwar **schon bei der Tourenplanung.** Bei dieser Überprüfung sind die Fehler beim Kartenlesen und die Trefferquote des LLB bereits berücksichtigt. Wenn wir unterwegs im Gelände den Risikocheck anwenden (siehe »Der Risikocheck im Gelände – Rasterfahndung nach Klumpenrisiken«, Seite 130), können wir nach meiner Schätzung drei Viertel der tödlichen Unfälle vermeiden.

Die Zielsetzung der RM (Halbierung der Zahl der Lawinentoten) wird also in der Praxis deutlich übertroffen. Die RM ist dank der Formalisierung und Standardisierung die erste Methode in der Geschichte der Lawinenkunde mit **Wirksamkeitsnachweis:** Die Resultate sind **wissenschaftlich überprüf- und nachvollziehbar.** Das größte Problem ist im Moment noch die Einschätzung der Hangneigung (obwohl um Größenordnungen einfacher als die Einschätzung der Schneedeckenstabilität im Einzelhang), doch das ist eine **Konstante,** die man ein für alle Mal messen und katalogisieren kann. In Zukunft werden wir genauere Karten mit eingefärbter Hangneigung erhalten (Auflösung heute 25 m x 25 m im Gelände resp. 1 mm^2 auf der Karte 1:25000), siehe Beispiel Seite 209. Solche Karten könnten in Alpenvereinshütten als Wandschmuck dienen. Auch in Führerwerken könnte man in Zukunft die Hangneigung angeben. Profis können die Hänge ihres Repertoires bei guten Verhältnissen im Gelände messen (mit optischem Neigungsmesser der Marke »Suunto« beispielsweise) und eine Datenbank anlegen. Wir werden in naher Zukunft auch GPS mit eingebautem Neigungsmesser erhalten. Die Zukunft der Lawinenprävention hat eben erst begonnen ...

Umgang mit komplexen Problemen

Beim Umgang mit einem komplexen Problem kann man die Behandlung der verschiedenen Situationen gewöhnlich nicht »über einen Kamm scheren«.

Manchmal ist es notwendig, genau zu analysieren, manchmal sollte man nur grob hingucken. Manchmal sollte man sich also ein umfassendes, aber nur »holzschnittartiges« Bild von der jeweiligen Situation machen, manchmal hingegen sollte man den Details viel Aufmerksamkeit widmen.
Manchmal sollte man viel Zeit und Energie in die Planung stecken, manchmal sollte man genau dies bleiben lassen.
Manchmal sollte man sich seine Ziele ganz klar machen und erst genau analysieren, was man eigentlich erreichen will, bevor man handelt. Manchmal aber sollte man einfach »loswursteln«. Manchmal sollte man mehr »ganzheitlich«, mehr in Bildern denken, manchmal mehr »analytisch«. Manchmal sollte man abwarten und beobachten, was sich so tut; manchmal ist es vernünftig, sehr schnell etwas zu tun.
Es geht darum, die richtigen Dinge im richtigen Moment und in der richtigen Weise zu tun. Es gibt nicht die eine, allgemeine, immer anwendbare Regel, den Zauberstab, um mit allen Situationen fertig zu werden. Es gibt nur Regeln lokaler Art, also in hohem Maße an die jeweiligen Bedingungen gebunden. Handlungsexperten wenden diese Regeln an der richtigen Stelle an und verzichten auf ihre Anwendung an der falschen Stelle, und der Unterschied, der beispielsweise zwischen dem intelligenten und dem klugen Menschen besteht, scheint mir in der Fähigkeit zu liegen, die jeweiligen Probleme in der angemessenen Art zu behandeln. Es ist ein Bündel von Fähigkeiten, und im wesentlichen ist es die Fähigkeit, sein ganz normales Denken auf die Umstände der jeweiligen Situation einzustellen. Die Umstände sind immer verschieden!
Untersuchungen zeigten, daß »schlechte« Problemlöser eher solche Ausdrücke in ihrem »lauten Denken« aufweisen wie »beständig«, »immer«, »jederzeit«, »alle«, »ausnahmslos«, »absolut«, »gänzlich«, »restlos«, »total«, »eindeutig«, »einwandfrei«, »fraglos«, »gewiß«, »allein«, »nichts«, »nichts weiter«, »nur«, »weder noch«, »müssen«, »haben zu«.

Bei »guten« Problemlösern finden sich im lauten Denken an den korrespondierenden Stellen eher Begriffe wie
»ab und zu«, »im allgemeinen«, »gelegentlich«, »gewöhnlich«, »häufig«, »ein bißchen«, »einzelne«, »etwas«, »gewisse«, »besonders«, »einigermaßen«, »allenfalls«, »denkbar«, »fraglich«, »unter anderem«, »andererseits«, »auch«, »darüber hinaus«, »dürfen«, »können«, »in der Lage sein« etc.
Betrachtet man diese Gegenüberstellung, so wird deutlich, daß die »guten« Problemlöser eher Ausdrücke verwenden, die auf Bedingungen und Sonderfälle hinweisen, Hauptrichtungen betonen - Nebenrichtungen aber noch zulassen, Möglichkeiten angeben, wohingegen die »schlechten« Problemlöser eher »absolute« Begriffe verwenden, die keinen Raum lassen für andere Möglichkeiten und Bedingungen.
Es besteht kein nennenswerter Zusammenhang zwischen den Intelligenztestwerten und den Leistungen in einem komplizierten Problemlösungsexperiment, hingegen schneiden ältere, planungs- und entscheidungserfahrene Probanden (»Entscheidungspraktiker«) im Durchschnitt erheblich besser ab.«

Aus: Dietrich Dörner, Die Logik des Mißlingens

Vom Sicherheitsdenken zum Risikomanagement

Der Paradigmenwechsel in der praktischen Lawinenkunde

Publiziert in der »Neuen Zürcher Zeitung« am 13.12.2001 (»Alpinimm«-Beilage)

»Gute Heuristiken arbeiten mit wenig Information. Sie sind schnell und auf das Wesentliche konzentriert. Bei komplexen Entscheidungen können nicht alle Informationen berücksichtigt werden. Die Kunst besteht darin, die richtigen Informationen zu ignorieren. Und das ist das Geheimnis der intelligenten Strategien.« GERD GIGERENZER

Als ich 1992 den ketzerischen Gedanken äußerte, das **Einzelhangrisiko** ließe sich in Minutenschnelle mit dem kleinen Einmaleins abschätzen ohne in die Schneedecke zu sehen, löste das eine Revolution in der Lawinenkunde aus. Es war die **Einführung des Risikomanagements ins Skitourenwesen,** das damals noch voll vom **Sicherheitsdenken** geprägt war (»jeder Lawinentote ist ein Toter zu viel«). In diesem Umfeld war mein Vorschlag, uns mit einer Halbierung der Lawinentoten zu begnügen, ein Skandal. Inzwischen ist die Einsicht gereift, dass **Sicherheitsdenken** (»ich habe die Sache im Griff«) Unfälle provoziert und **Risikobewusstsein** (»es kann auch mir jederzeit passieren«) sie reduziert. Das Resultat dieses **Paradigmenwechsels** lässt sich sehen: In der Schweiz hat sich die Zahl der Lawinentoten unter den Bergsteigern und Skitourenfahrern seit Mitte der 90er Jahre fast halbiert.
Null Risiko = Sicherheit ist in **Risikosportarten** eine Illusion. Wenn wir aber **bewusst höhere Risiken eingehen,** sollten wir sie klugerweise nach oben **begrenzen.** In jeder Abenteuersportart gibt es Regeln und Limits, die man auf Dauer nicht ungestraft übertritt. Die Reduktionsmethode – ein professionelles Risk-Management-Instrument – erlaubt es uns, das Risiko einzuschätzen und es mit einem **Risikostandard** (»Messlatte«) zu vergleichen. Es bleibt dem Einzelnen überlassen, ob er diesen empfohlenen Standard respektiert oder übertritt. Aber er ist sich bewusst, dass er übertritt.

1. Mission impossible

Anfangs der 90er Jahre stellte ich mir ernsthaft die Frage, warum ausgerechnet gut ausgebildete, erfahrene und ortskundige Bergführer, Tourenleiter und J+S-Leiter die schwersten Lawinenunfälle verursachen. An internationalen Symposien wurden Psychologie, Gruppendynamik und Führungsprobleme zur Erklärung herangezogen. Auf die nahe liegende Idee, dass diese Leute während Jahrzehnten **falsch ausgebildet** wurden, dass man ihnen falsche Kriterien zur Beurteilung der Lawinengefahr und **falsche Vorstellungen von der Schneedecke** vermittelt hat, bin offensichtlich nur ich gekommen.
Ich mache seit 1975 professionelle Lawinenausbildung und ich habe in dieser Zeit Tausende von Menschen ausgebildet, von denen leider einige mit kapitalen Fehleinschätzungen in die Unfallstatistik eingegangen sind. Dafür fühle ich mich moralisch mitverantwortlich. Meine **Skepsis gegen die klassische Lawinenkunde** teilte ich 1994 in meinem Buch »Neue Lawinenkunde« einem größeren Publikum mit.
In der gleichen Zeit machte ein junger Franzose, ALAIN DUCLOS, interessante wissenschaftliche Untersuchungen. Er beobachtete täglich mehrere Winter lang typische Lawinenhänge, machte Schneeprofile, maß Fes-

tigkeiten, untersuchte Schneeproben im Labor etc. Trotzdem war er nicht in der Lage, die Lawinenabgänge vorherzusagen. »Prévision des avalanches de plaques: mission impossible« lautete das Fazit, ohne Fragezeichen. Wenn aber ein Nivologe, der den Hang täglich mit wissenschaftlichen Methoden beobachtet und untersucht, nicht in der Lage ist, die Stabilität einzuschätzen, wie soll dann ein Bergführer die gleiche Aufgabe bewältigen, der vielleicht den Hang zum ersten Mal sieht?

2. Auch der Profi braucht Limits

Falls es noch eines Beweises bedurft hätte: Die drei schrecklichen Unfälle des Winters 1999/2000 (Jamtal, Matschertal und Kitzsteinhorn) mit insgesamt 25 Toten haben brutal gezeigt, dass die klassisch-situative Beurteilung auch von erfahrenen Profi-Bergführern nicht beherrscht wird. Wie viel Tote braucht es eigentlich noch, bis wir endlich einsehen, dass die klassische Beurteilung der Schneedeckenstabilität vor Ort **auch die Experten überfordert?** Hören wir mit dem Unsinn auf, wir können es einfach nicht. Dazu kommt, dass Erfahrung, Gefühl, Vertrautheit mit dem Gelände und Schnee- und Lawinenkenntnisse nicht automatisch zu risikobewusstem Verhalten führen, im Gegenteil, wer mehr weiß, riskiert mehr ... Wir brauchen ein **probabilistisches (auf Wahrscheinlichkeit basierendes) Entscheidungsmodell.** Der Ermessensspielraum muss durch einen Risikostandard (»Messlatte«) begrenzt werden.

Das Risiko kann in der Lawinenkunde nur reduziert werden durch VERZICHT, und wir wissen heute ziemlich genau, **wo und wann wir ohne Wenn und Aber verzichten sollten.** Wenn wir weniger Unfälle wollen, müssen wir auf weiche Kriterien (z. B. Schneedeckenuntersuchungen) verzichten und sie durch **harte Kriterien** (z. B. Hangneigung und Hangexposition) ersetzen. Meine neuartigen Unfallanalysen haben gezeigt, dass es bei den immer gleichen **Kombinationen von Gefahrenstufe + Hangneigung + Hangexposition** gehäuft zu Unfällen kommt. Die unfallträchtigsten Kombinationen = Klumpenrisiken lassen sich mit **Rasterfahndung** leicht herausfiltern. Es sind:

bei MÄSSIG:	Hänge 40° oder steiler (steilste Hangpartie) im Sektor Nord (NW-N-NE), selten befahren
bei ERHEBLICH:	Hänge 40° oder steiler (steilste Hangpartie) in allen Expositionen (Ausnahme häufig befahrene Varianten in Pistennähe)
bei GROSS:	Hänge 30° oder steiler in allen Expositionen

Wer auf diese **unfallträchtigen Muster** (pattern) verzichtet, vermeidet rund ein Drittel der tödlichen Unfälle (mit rund 40 % der Lawinentoten). Praktisch alle sehr schweren Unfälle der letzten 20 Jahre inklusive Jamtal, Matschertal und Kitzsteinhorn, liegen jenseits dieser Limits (mit Klumpenrisiken zwischen 2 bis 8 gemäß Reduktionsmethode). Diese Limits sollten unbedingt auch von erfahrenen und ortskundigen Bergführern respektiert werden, **auch wenn die klassische-örtliche Beurteilung ein günstiges Bild ergibt.** Diese Limits stellen einen absoluten Mindeststandard dar, wer ihn überschreitet, kann sich in Zukunft nicht mehr auf ein Restrisiko berufen.

3. Lösung des Einzelhangproblems auf einer Metaebene

Da wir offensichtlich die Stabilität einer Schneedecke im Steilhang nicht zuverlässig beurteilen können, müssen wir das Problem indirekt – auf einer Metaebene – lösen. Wir brauchen **Strategien im Umgang mit unsicherem Wissen,** d. h. ein Risiko-Management. Wir müssen die **Unsicherheit akzeptieren** und lernen, damit umzugehen. Wir dürfen den **Zufall** nicht ausschalten, wir müssen ihn vielmehr in allen unseren Entscheiden **einkalkulieren.** Dazu müssen wir aber zuerst unsere **Mentalität ändern.** Wir müssen selbstkritisch werden und eingestehen, dass wir Fehler gemacht haben. Erst dann sind wir **offen für neue Lösungsansätze.** So lange wir die Schneedeckenstabilität im Einzelhang zu wenig genau beurteilen können, müssen wir uns darauf beschränken, mit Größen zu arbeiten, die zum einen in **direktem Zusammenhang mit der Auslösewahrscheinlichkeit** stehen und zum anderen vom Tourengeher relativ genau eingeschätzt werden können. Gefahrenstufe des Lawinenbulletins, Hangneigung (steilste Hangpartie, sofern 20 m hoch), Hangexposition, Häufigkeit der Befahrung und Gruppengröße und Abstände sind meine fünf **Schlüsselvariablen.**

Diese Methode macht unfallträchtige Muster **auch für den interessierten Laien** erkennbar. Wenn wir z. B. generell auf extrem steile Hänge (steilste Hangpartie 40° oder mehr) bei ERHEBLICH verzichten, vermeiden wir rund ein Viertel der tödlichen Unfälle mit rund ein Drittel der Todesopfer. Um dieses Drittel zu vermeiden, genügt die Kombination aus **Gefahrenstufe und topographischen Konstanten** (Hangneigung und Exposition), die man einer guten Karte mit genügender Genauigkeit entnehmen kann.

4. Warum die Formel so treffsicher ist

Glaubten wir noch in den 80er Jahren, **ganzheitliches Denken** bestünde in einer möglichst **vollständigen** Aufzählung aller Einflussfaktoren (Verhältnisse + Gelände + Mensch) und in einem gegenseitigen Abwägen von pro und contra (= Franklin`s rule), müssen wir heute einsehen, dass diese **additiven** Verfahren völlig ungeeignet sind, um in komplexen Situationen gute Entscheide zu fällen.

Wenn wir anstelle eines Sammelsuriums von Einzelelementen ein **vernetztes System** setzen und statt Einzeldaten **Kombinationen von Daten = Muster** (pattern) suchen, kommen wir plötzlich mit viel weniger Information aus. Diese **kybernetische Sicht der Dinge** führt zu einem völlig neuen Verständnis der Wirklichkeit. »Es kann nicht oft genug betont werden, dass es, um die Wirklichkeit richtig zu erfassen, eben vielfach nicht die größere Genauigkeit und Dichte der Datenerfassung ist, die zum Erfolg führt, sondern die Erfassung der richtigen Vernetzung.« (Vester, Neuland des Denkens)

Gute Entscheidungsmodelle funktionieren wie gelungene **Karikaturen,** sie reduzieren die komplexe Wirklichkeit auf prägnante Aussagen. Wer zu viel weiß, kann nicht richtig entscheiden. Je mehr Variablen wir berücksichtigen und je feiner wir sie abstufen, umso öfter heben sich pro und contra auf, umso mehr nähern wir uns dem Unentschieden (50:50).

Meine Reduktionsmethode ist auf diesen kybernetischen Prinzipien aufgebaut:

Einzelhangrisiko = Gefahrenpotenzial : Reduktionsfaktoren = maximal 1

Der Risikostandard 1 ist so gewählt, dass die Vorsichtsmaßnahmen (=Reduktionsfaktoren) das Gefahrenpotenzial aufwiegen, d. h., sie sind der Gefahr angemessen.

5. Vorteile eines formalisierten Entscheidungsprozesses

Ein entscheidender Vorteil eines formalisierten Entscheidungsprozesses ist die Möglichkeit, ein (unsterbliches) **kollektives Gedächtnis** aufzubauen. Die Reduktionsformel stellt jetzt schon eine **Datenbank** dar, in der Hunderte von Skifahrerlawinen gespeichert sind. Wer mit der Formel arbeitet, profitiert von der Erfahrung von Tausenden von Skifahrern, die hier und da einen Unfall hatten. Die fünf Schlüsselvariablen sind auch nach einem Unfall meist leicht zu eruieren. Die Formel kann auf diese Weise alle paar Jahre überprüft und revidiert werden. So entsteht über Generationen ein einmaliger Erfahrungsschatz, auf den alle zugreifen können – im Gegensatz zur persönlichen Erfahrung, die nur schwierig an Dritte vermittelt werden kann und mit unserem Tod spurlos verschwindet.

Die Vermittlung der **formalisierten Bergerfahrung** beim Unterricht ist sehr einfach. Anfänger können heute mit einem Erfahrungsschatz beginnen, den ich mir in 45 Jahren mit trial and error mühselig und gefahrvoll erworben habe. Das **optimale Wissen**, um gute Entscheide zu treffen, ist weitgehend formalisierbar. Informationen, die sich nicht quantifizieren und vernetzen lassen, sind bloßer Ballast, der die Entscheidungsfindung unnötig erschwert und vor allem verlangsamt. Mit einer Ausnahme: Wenn wir ein **ungutes Gefühl** haben (»Klumpen im Bauch«), dann sollten wir verzichten, auch wenn die gewählte Kombination kein Klumpenrisiko darstellt.

Da wir ohnehin mit Näherungen arbeiten, können wir auf exakte Zahlen verzichten und uns mit **Größenordnungen, Bandbreiten und Schätzwerten** begnügen. Ganze Zahlen und das kleine Einmaleins sind ausreichend, um spielerisch in **kombinierten Wahrscheinlichkeiten und exponentiellen Verläufen** (Gefahrenpotenzial verdoppelt sich von Gefahrenstufe zu Gefahrenstufe) zu denken, was ohne Zahlen nur schwer denkbar ist.

Einer der Hauptvorteile einer **standardisierten Entscheidungsmethode** ist jedoch, dass praktisch alle Benutzer zum selben Entscheid kommen (ein Novum in der Lawinenkunde).

Musterbeispiel Jamtal: Keiner der beteiligten Bergführer zweifelte an der Gefahrenstufe ERHEBLICH und für alle stand fest, dass der fragliche Hang mindestens 40° steil war, d. h., die Kombination lag eindeutig jenseits der Limits. Schließlich ermöglicht die Formalisierung erstmals in der Lawinenkunde einen **Wirksamkeitsnachweis.** Man nimmt die Unfälle der Vergangenheit, eruiert die fünf Schlüsselvariablen und zählt die Unfälle mit Risiko größer 1 (= Risikostandard): Diese Klasse umfasst mehr als 70 % aller Lawinenopfer. Die angestrebte Halbierung der Lawinentoten ist bei Einhaltung des Risikostandards garantiert. Tourenplanung zu Hause mit Lawinenbulletin und Karte genügt. Wie man im Gelände draußen die verbleibenden 30 % nochmals reduzieren kann, z. B. durch Beachtung der Alarmzeichen, ist nicht Gegenstand dieses Beitrags.

6. Von der Eingeweideschau zum synthetischen Blick

Erinnern wir uns daran: Der schreckliche Unfall am Kitzsteinhorn mit 12 Toten ereignete sich anlässlich eines Lawinenkurses für Skilehrer. Vor der Abfahrt wurden nach den Regeln der klassischen Kunst mehrere Schneeprofile gemacht und von den Experten für gut befunden. Die Kombination der Schlüsselvariablen (Gefahrenstufe MÄSSIG,

über 40°, Nordhang, selten befahren) hätte das **Klumpenrisiko** sofort aufgezeigt.
Besinnen wir uns auf unsere **Überlebensinstinkte** (»survival skills«) und vertrauen wir der **rechten Hirnhälfte,** die zuständig ist für pattern recognition. Schärfen wir unseren Blick für Kombinationen und Muster. Unser Hirn hat sich entwickelt, um das Überleben zu sichern, nicht um wissenschaftliche Erkenntnisse zu produzieren. Diese primären Fähigkeiten unseres Hirns müssen wir nutzen. Unsere Entscheidungsstrategien müssen sich dem Hirn anpassen und nicht umgekehrt.
Pattern recognition ist eine kybernetische Form der Informationsverarbeitung, die **bei unsicherem Wissen besonders erfolgreich** ist, weil sie nicht analytisch vorgeht, sondern ganzheitlich vernetzt (synthetisch) arbeitet und **mit wenigen Ordnungsparametern das Ganze blitzschnell erfasst** – zwar unscharf, aber richtig. Bei dieser Denkweise geht es nicht um wissenschaftliche Wahrheit (Erkenntniswissen), sondern ums Überleben (Handlungswissen).
Wir treffen in den Bergen immer wieder **Minutenentscheide,** von denen Menschenleben abhängen. Wer gelernt hat, in Kombinationen und Mustern zu denken, wem diese neue Art zu denken in Fleisch und Blut übergegangen ist, entwickelt den »synthetischen Blick« (E. G. LAMMER) und kann auch in schwierigen Situationen blitzartig und richtig entscheiden.

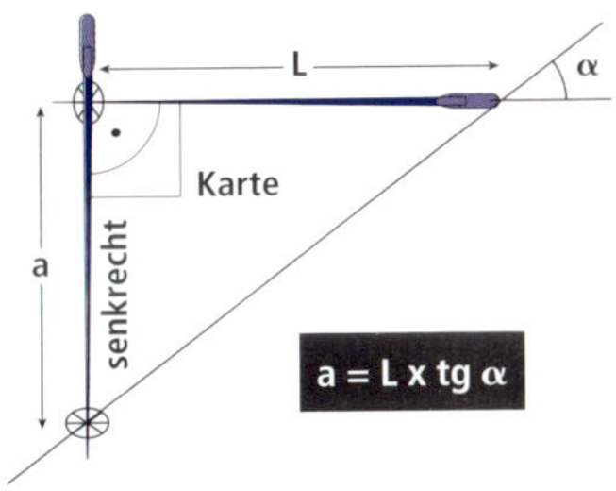

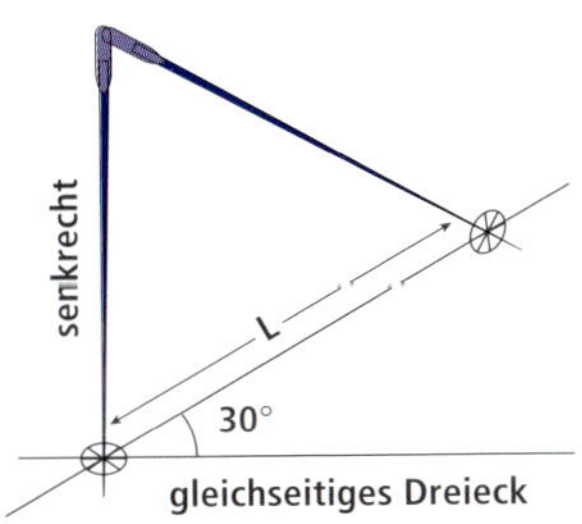

gleichseitiges Dreieck

Messen und Schätzen von Hangneigungen

Zur Punktmessung im Gelände markiert man die Skistöcke mit einem Klebeband (Achtung bei verstellbaren Stöcken). Mit Hilfe der Karte kann man den rechten Winkel genau bestimmen

L = Stocklänge Griff-Teller
α = Hangneigung
tg = Tangens

Merke: halbe Stocklänge ≈ 27°

tg 30° = 0,58 / 58%
tg 35° = 0,7 / 70%
tg 40° = 0,84 / 84%

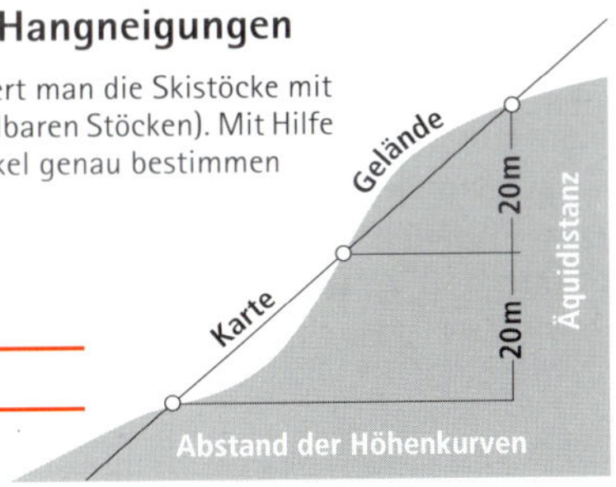

Einteilung: mäßig steil (weniger als 30°), steil (30 bis 34°), sehr steil (35 bis 39°), extrem steil (über 39°). Zum Vergleich: blaue Pisten bis 15° und rote bis 22°

Faustregel: Wer bequem und ohne übermäßigen Stockeinsatz aufsteigen will, stellt bei ungefähr 28 bis 30° auf Spitzkehren (V-Kehre, Kickkehre etc.) um.

Vom Skifahrer ausgelöste **trockene** Schneebrettlawinen brauchen eine Mindestneigung von rund 30°. **Ausschlaggebend ist die steilste Hangpartie und nicht die Durchschnittsneigung oder der Standort des Skifahrers bei der Auslösung!** Möglichkeit der Fernauslösung von flacherem Terrain aus beachten. Die steilste Hangpartie kann auch unterhalb des Skifahrers sein.
Diese kritische Hangneigung kann auf der Karte **abgeschätzt** werden, indem man den kleinsten Abstand zwischen den Höhenkurven mißt. Diese Distanz muß **rechtwinklig** zu den Höhenkurven gemessen werden (= Fallinie). Am genauesten ist der **Spezialmaßstab** der Solothurner Handelsbank (Werbegeschenk): Es empfiehlt sich, mit der **Lupe** zu messen. Nur im Maßstab 1:25 000 genügend genau. Maßstab vom feineren zum gröberen Raster verschieben bis die zwei fraglichen Höhenkurven mit der Skala übereinstimmen. Nun die **größere Zahl** ablesen und zum abgelesenen Wert ein Grad hinzuzählen. Das Resultat ist ein **grober Schätzwert,** der im Gelände **überprüft** werden muß (= 3. Filter).

Achtung: Bei S-förmigen Geländeprofilen ist die effektive Geländeneigung oft viel größer als die auf der Karte gemessene Durchschnittsneigung (circa 30–50 m hoch und oben und unten flach, siehe Skizze).

Fremdwörter und Fachausdrücke

Akzeptanz Bereitschaft, etwas anzunehmen, zu billigen
Aversion Abneigung, Widerwille, Ablehnung
basal die Basis bildend (Gegensatz lateral)
Böen Heftige Windstöße. Können schwingungsfähige Gebilde in Schwingungen versetzen und damit die Wirkung vervielfachen. Wenn wir bedenken, dass Böen die doppelte (durchschnittliche) Windgeschwindigkeit erreichen und der Winddruck mit dem Quadrat der Geschwindigkeit wächst, erzeugen Böen den vierfachen Druck der Durchschnittsgeschwindigkeit. Bei stürmischem Wind (um 70 km/Std) erreichen die Böen Orkanstärke und können Bäume entwurzeln, Dächer abdecken und Lawinen auslösen
Bulletin amtliche Bekanntmachung, Bericht. Das Lawinenbulletin wird in Deutschland und Österreich Lawinenlagebericht genannt. Wie der WB ist auch der LLB eine Prognose
checken überprüfen, kontrollieren, **decision making under risk,** Entscheidung treffen in einer Risikosituation
ex ante im Vorhinein, im Voraus (vor dem Unfall)
ex post im Nachhinein, hinterher (nach dem Unfall)
Exposition hier Lage eines Berghangs in Bezug auf die Himmelsrichtung; ein nordexponierter Hang fällt nach Norden ab.
Extrapolation in der Nivologie Übertragung eines Stabilitätswertes auf eine Zone, die man als ähnlich einschätzt wie diejenige, wo man die Stichprobe entnommen hat; Extrapolationen sind naturgemäß mit großen Unsicherheiten behaftet, besonders bei ERHEBLICH.
falsifizieren eine Meinung, eine Einschätzung oder ein Urteil durch Beobachtungen oder durch Tun widerlegen (Nagelprobe); Gegensatz: verifizieren (bestätigen)
forensisch gerichtlich. Die forensische Nivologie ist das Teilgebiet der Nivologie, das sich mit gerichtlichen Gutachten befasst, z. B. mit der Abklärung, ob die Gefahr im Voraus (ex ante) erkennbar war und wenn ja, auf Grund welcher zuverlässiger Anzeichen und Informationen. Diese Wissenschaft steckt noch nicht einmal in den Kinderschuhen, sondern in den Windeln. Es fehlen anerkannte Standards, Maßstäbe und Kriterien. Hierher gehörten auch Trefferquote des Lawinenlageberichts und Grenzen der Vorhersehbarkeit.
Fraktale Geometrie (lat. fractus = gebrochen) Die fraktale Geometrie ist ein Zweig der Nichteuklidischen Geometrie, die sich mit nichtganzzahligen (gebrochenen) Dimensionen beschäftigt. Höhenlinien und Falllinien eines Berges (horizontale bzw. vertikale Schnitte durch ein Gebirgsmassiv) haben eine Dimension zwischen 1 und 2 und die Relieffläche zwischen 2 und 3. Höhen- und Falllinien sind nicht rektifizierbar, das heißt nicht durch eine Gerade darstellbar (auch nicht durch Polygone). Je kleiner die Auflösung, umso länger die Linie (bis ∞).
fuzzy logic (engl. fuzzy = fusselig, kraus, vage, verschwommen) Eine Denkweise, die uns den Umgang mit unscharfen Mengen (fuzzy sets) erleichtert oder überhaupt erst ermöglicht. Nicht die Logik ist unscharf, sondern die Gegenstände, die sie behandelt. Unscharfe Mengen sind in der Natur allgegenwärtig. (»Die einzigen Teilmengen im Universum, die nicht grundsätzlich fuzzy sind, sind die Konstrukte der klassischen Mathematik«, Bart Kosko.) Sie sind charakterisiert durch unscharfe Grenzen, Abstufungen, Vagheiten, Grautöne, Verläufe, Schattierungen, kurz durch gleitende Skalen, z. B. eine Wolke. Das bekannteste fuzzy set ist die menschliche Sprache. In der Nivologie haben wir es fast ausschließlich mit unscharfen Mengen zu tun: Altschneehöhe, Neuschneemenge, Windstärke, Windrichtung, Temperatur, basale Scherfestigkeit (Stabilitätsmuster), Sicht, Hangneigung, Exposition, lichter Wald (Wo ist die Grenze zwischen licht und dicht?), meteorologisch-hydrologische Grenzen beim Lawinenlagebericht, Feuchtigkeit des Schnees, Härte des Schnees etc.
Gradient Gefälle, Steigungsmaß, z. B. Temperaturdifferenz pro Längeneinheit in der Schneedecke oder in der Lufthülle. Der Temperaturgradient in der Normatmosphäre beträgt beispielsweise 0,65 °C pro 100 Höhenmeter und der kritische Gradient in der Schneedecke für Schwimmschneebildung 1 °C pro 4 cm Schnee.
homogen gleichmäßig, einheitlich, aus Gleichartigem zusammengesetzt. Eine homogene Schneedecke ist innerhalb einer begrenzten Zone (vor allem gleiche Exposition und Höhenlage) gleichmäßig aufgebaut und weist überall dieselbe Stabilität auf.
hot spots Schichtfugen, superschwache Zonen, stratigraphische Fallen, Stellen mit minimaler Basisfestigkeit. Auslöser der »Falle«, Defizitzone, Störzone
Intuition Begabung, auf Grund von unvollständigen und widersprüchlichen Informationen richtig zu entscheiden

Kasuistik die Wissenschaft vom Einzelfall. Erfahrungswissenschaft, die sich am Einzelfall orientiert und mit Hilfe der Analogie auf ähnliche Fälle schließt. Analogieschlüsse sind grundsätzlich mit Unsicherheit behaftet.
kognitiv die Erkenntnis betreffend, erfahrungsmäßig
Kohäsion Zusammenhalt. In der Nivologie versteht man unter Kohäsion den Zusammenhalt der Schneekristalle innerhalb einer homogenen Schicht, also die Festigkeit des Kristallverbandes. Kohärent = zusammenhängend, verbunden (Gegensatz: locker)
lateral seitlich (Gegensatz basal)
Lee windabgewandte Seite eines Schiffes oder eines Geländehindernisses. Gegensatz: Luv
Metamorphose Umwandlung, Umgestaltung, Entwicklung. Umwandlung, die ein Eiskristall durch Windtransport, Druck, Feuchtigkeit und Temperatur erleidet.
MISTA Erste wissenschaftliche Definition der Gefahrenstufen
Nivologie die Wissenschaft vom Schnee abgeleitet vom Lateinischen nives f.pl. = Schneemassen)
numerisch zahlenmäßig
Paradigma (griech.) Musterbeispiel, Denkmuster. Hier: herrschende Lehrmeinung, Summe der unumstrittenen Lehrsätze in einem Fachgebiet
Parameter Die normalverteilte Grundgesamtheit wird durch zwei (meist unbekannte) Parameter m (Mittelwert, sprich mü) und s (Streuung, sprich sigma) bestimmt. Sie werden auf Grund einer Stichprobe geschätzt. Die Schätzer nennen wir (sprich $\bar{x}$ quer) und s, stellvertretend für μ und σ.
pars pro toto der Teil, stellvertretend für das Ganze
potenziell der Möglichkeit nach
probabilistisch wahrscheinlichkeitsorientiert, die Wahrscheinlichkeit betreffend
Risiko Gefahr ist das, was uns die Natur gibt, z.B. in Form einer Gefahrenstufe, sie ist unabhängig vom Menschen. Risiko kann vom Menschen gewählt werden, wir können das Risiko mit unserem Verhalten beeinflussen (vergrößern oder verkleinern). In der RM ist Risiko Natur/Mensch oder Verhältnisse/Verhalten oder Gefahrenpotenzial/Reduktionspotenzial. Der Risikostandard 1 ist so gewählt, dass die beiden dimensionslosen Größen im Gleichgewicht sind
spontan hier Lawinenauslösung ohne menschliche Einwirkung
Standard Schneedecke hier zeitliches Mittel der Schneedeckenstabilität, ausgedrückt durch $\bar{x} = 4$ und s = 1.8. Entspricht MÄSSIG / Typ B
Streuung durchschnittliche Abweichung vom Durchschnitt
Variabilität Veränderlichkeit, Verschiedenartigkeit, Unterschiedlichkeit
Variable veränderliche Größe, z.B. Temperatur. Gegensatz: Konstante, z. B. Geländeneigung
Zastrugis (Eskimosprache) Windgangeln, winderodierte Schneeoberfläche
Zone kleinste stratigraphische Einheit, beispielsweise Teilfläche eines Hangs, zonal = zur Zone gehörend

Abkürzungen

C	Celsius
EISLF	Eidgenössisches Institut für Schnee- und Lawinenforschung Davos
LLB	Lawinenlagebericht
ERM	Elementare Reduktionsmethode
LK	Landeskarte des Bundesamtes für Landestopographie
LVS	Lawinen-Verschütteten-Suchgerät
MISTA	Mittlere Schneedeckenstabilität, Name meines Forschungsprojekts (siehe S. 198 ff.)
PRM	Professionelle Reduktionsmethode
RK	Rutschkeil oder Rutschblock
RM	Reduktionsmethode
RSP	Ramm-/Schichtprofil
E	Ost
N	Nord
S	Süd
W	West
RF	Reduktionsfaktor
GP	Gefahrenpotential
SMF	Stabilitätsklassen schwach, mittel und fest
KNM	Kritische Neuschneemenge
GE	GERING
MA	MÄSSIG
ER	ERHEBLICH
GR	GROSS
SGR	SEHR GROSS

(GE, MA, ER, GR, SGR: Gefahrenstufen des LLB)

Literaturverzeichnis (Auswahl)

M. ZDARSKY, Beiträge zur Lawinenkunde, Wien 1929

G. SELIGMAN, Snow Structure and Ski Fields, Edinburgh 1936 (reprint, 1962)

W. PAULCKE, Praktische Schnee- und Lawinenkunde, Berlin, 1938

W. PAULCKE, Gefahrenbuch des Bergsteigers und Skiläufers, Berlin, 1941

W. FLAIG, Lawinen, 2. Auflage, Wiesbaden, 1955 (1. Auflage 1935)

C. FRASER, Lawinen – Geißel der Alpen, Zürich, 1968

A. GAYL, Lawinen, 5. Auflage, München, 1982

M. SCHILD, Lawinen, 2. Auflage, Zürich, 1982

B. SALM, Lawinenkunde für den Praktiker, SAC-Verlag, 1982

PERLA & MARTINELLI, Avalanche Handbook, US Departement of Agriculture, Forest Service, Washington, 1975 (US Government Printing Office)

ED LA CHAPELLE, The ABC of Avalanche Safety, Vancouver, 1982 (USA)

ARMSTRONG & WILLIAMS, The Avalanche Book, Colorado, 1986 (USA), (erstes Lawinenlehrbuch von einer Frau)

TONY DAFFERN, Avalanche Safety for Skiers and Climbers, Rocky Mountain Books, Calgary, 1992

AUTORENTEAM, Wetter und Lawinen, Alpin-Lehrplan 9 des Deutschen Alpenvereins, 2. Auflage, München, 1989

ÖSTERREICHISCHES AUTORENTEAM, Lawinenhandbuch, Innsbruck und Wien, 1996

Schnee und Lawinen in den Schweizer Alpen. Jährliche Winterberichte des EISLF Weißfluhjoch-Davos

JILL A. FREDSTON & DOUG FESLER, Snow Sense, Alaska Mountain Safety Center, Anchorage, 1994

R. MEISTER, Interpretationshilfe zum Lawinenbulletin des Eidgenössischen Instituts für Schnee- und Lawinenforschung Weißfluhjoch-Davos, 1999 (deutsch, französisch und italienisch)

P. ALBISSER, Kleine Wetterkunde für Bergsteiger, SAC-Verlag, 1982

A. SCHNEIDER, Wetter und Bergsteigen, 3. Auflage, München, 1977

MEYERS Kleines Lexikon Meteorologie, Mannheim, 1987

Wie funktioniert das? Wetter und Klima, Meyers Lexikonverlag, Mannheim, 1989

Autorenkollektiv, Gebirgsrettung Winter, SAC-Verlag, 1992

F. BERGHOLD, Bergmedizin heute, München, 1987

J. NEF, Haftpflichtrecht und Versicherungsschutz des Bergsteigers, Zürich, 1986

Lawinenschutz und Recht, Schriftenreihe des Bundesministeriums für Justiz, Band 11, Wien, 1983

Gerichtliche Gutachten bei alpinen Unfällen. Sicherheit im Bergland, Jahrbuch 1984 des österreichischen Kuratoriums für alpine Sicherheit, Wien, 1984

STIFFLER, Schweizerisches Skirecht, 2. Auflage, Habegger, Derendingen, 1991

CONWAY/ABRAHAMSON, Snow stability index, in: Journal of Glaciology, Vol. 30, Nr. 106, 1984

B. SALM, Möglichkeiten und Grenzen der Einschätzung des Lawinenrisikos, in: Sicherheit im Bergland, Jahrbuch, 1986 (siehe oben)

DAVID MCCLUNG UND PETER SCHAERER, The Avalanche Handbook, The Mountaineers, Seattle, 1993

B. SALM, Der Anbruchmechanismus von Schneebrettlawinen und die Gefahrenbeurteilung eines Einzelhangs, in: Sicherheit im Bergland, Jb., 1991 (siehe oben)

G. KAPPENBERGER, Riesenkristalle: Anzeichen des zunehmenden Treibhauseffektes? in: Die Alpen, Quartalsheft, 1991/3

Guide neige et avalanches. Connaissances, pratiques, sécurité, Edisud, 1996 (ouvrage collectif sous le patronage de l'ANENA)

FREDERIC VESTER, Neuland des Denkens. Vom technokratischen zum kybernetischen Zeitalter. DVA, 1980

DIETRICH DÖRNER, Die Logik des Mißlingens, Strategisches Denken in komplexen Situationen, Rowohlt, 1989

FELIX VON CUBE, Gefährliche Sicherheit. Die Verhaltensbiologie des Risikos. Piper, 1990

BART KOSKO, fuzzy logisch. Eine neue Art des Denkens, Carlsen, 1993 (aus dem Englischen übersetzt)

KUHN THOMAS S., Die Struktur wissenschaftlicher Revolutionen (Suhrkamp Taschenbuch Wissenschaft Bd. 25), zahlreiche Auflagen

FREDERIC VESTER, Die Kunst vernetzt zu denken, Ideen und Werkzeuge für einen neuen Umgang mit Komplexität DVA, Stuttgart, 1999

W. AMMANN, O. BUSER, U. VOLLENWYDER, Lawinen, Birkhäuser, Basel, 1997

TOBIAS KURZEDER ET AL, Powderguide, Risikocheck für Freerider, Tyrolia, Innsbruck, 2. Auflage, 2002

A. F. FRITZSCHE, Wie gefährlich leben wir? Der Risikokatalog, Verlag TÜV Rheinland, Köln, 1992

M.LARCHER, Lawinenkunde in der Ausbildung. Defizite, Strategien und Perspektiven, in: Jahrbuch 98 der österr. Gesellschaft für Alpin- und Höhenmedizin, Innsbruck o. J

O.OELZ, Überlebenskalkül versus Risikoabschätzung beim Expeditionsbergsteigen, in: Jahrbuch 98 der österr. Gesellschaft für Alpin- und Höhenmedizin, a. a. O.

ALAIN DUCLOS, Prévision des avalanches de plaques: mission impossible, in: Neige et Avalanches N° 84, ANENA Dezember, 1998

JÜRG SCHWEIZER, Was ist eine Skifahrerlawine?, in: Die Alpen, Januar 2000, Monatsbulletin des Schweizer Alpenclubs

CHATRIGNA SIGNORELL, Skifahrerlawinen in den Schweizer Alpen – Eine Auswertung der letzten 30 Jahre, Diplomarbeit am SLF, September, 2001

RUDI MAIR, Schnee und Lawinen, Winter, 1999/00 (Überprüfung der Reduktionsmethode Seite 110/111), Tiroler Lawinenwarndienst Innsbruck

GERD GIGERENZER ET AL, Simple Heuristics, that make us smart, Oxford University Press, 1999

GERD GIGERENZER, Das Einmaleins der Skepsis. Über den richtigen Umgang mit Zahlen und Risiken, Berlin-Verlag, Berlin, 2002

W. Munter

- Kleine Schnee- und Lawinenkunde, in: Alpinismus, Januar 1973 (erste Publikation des Rutschkeils)
- Lawinenkunde für Skifahrer und Bergsteiger, 2. Auflage, Bern 1984
- Zur Grundlegung einer modernen Lawinenkunde für Skifahrer und Bergsteiger, in: Skilehrer und Bergführer Nr. 51, Januar 1985. Übersetzung ins Französische in:
  Skilehrer und Bergführer Nr. 55
- Die erste Halbe Stunde entscheidet!
  Bilanz der Verschütteten-Suchgeräte im Winter 84/85, in: Skilehrer und Bergführer Nr. 67, Oktober 1987
- Das Gesetz von Murphy, Warum auch routinierte Bergführer von Lawinenunfällen betroffen werden, in: Skilehrer und Bergführer Nr. 73, Januar 1989
- Ein Gutachten und seine gravierenden Folgen. Zum beklagenswerten Stand der forensischen Nivologie, in: Neue Zürcher Zeitung, 23. 4. 1992
- Neue Lawinenkunde, SAC-Verlag, 2. Auflage 1992 (übersetzt ins Französische und ins Italienische)
- Bundesgericht kriminalisiert klassisches Bergsteigen. Kritische Bemerkungen zum Urteil vom 16.1.1992 betreffend Lawinenunfall Val S-charl vom 1.4.1988, in: Berg + Ski, Nr. 1/1993
- Lawinenkunde muß vermehrt auch Menschenkunde sein, in: Basler Zeitung, 5.11.1993
- Zur Grundlagenkrise der praktischen Lawinenkunde, in: Schneeweiss/Ritschel, Skitouren, Bruckmann 1996
- Die Reduktionsmethode als Planungs- und Kontrollinstrument, in: Berg + Ski, Oktober 1997. Übersetzung ins Französische in: Berg + Ski, November 1997
- Warum Werner Munter eine Lawine losgetreten hat, in: Alpin, November 1997
- Das Risiko kalkulierbar machen – Skitourenplanung nach der Reduktionsmethode, in: Der Bergsteiger, Januar 1998
- Von der analytischen zur probabilistischen Lawinenkunde – Eine formalisierte Methode zur Risikoabschätzung des Einzelhangs, in: Jahrbuch 98 der öster. Gesellschaft für Alpin- und Höhenmedizin
- Vom Sicherheitsdenken zum Risikomanagement – der Paradigmenwechsel in der praktischen Lawinenkunde, in: Alpinismus-Beilage, Neue Zürcher Zeitung, 13. Dezember, 2001, (abgedruckt im Anhang Seite 213)

Register